获取本书配套学习资料
助力拓展创新创业能力

—— 本书专属二维码：为每一本正版书保驾护航 ——

1.扫码获得正版专属资源

微信扫描下方二维码，获得正版授权，即可获取专属资源

盗版图书可能存在内容更新不及时、印刷质量差、版本版次错误等问题，造成读者重复购买。请通过正规书店及网上开设的官方旗舰店购买正版图书。

2.智能阅读向导为您严选以下专属服务

【配套课件】
各章节课件详情，使师生便捷获取海量信息。

【补充案例】
案例拓展分析，使学生从实战案例中获得新思路。

扫码添加智能阅读向导

3.操作指南

第一步 微信扫描本书二维码。

第二步 选取您需要的资源，付费获取。

第三步 如需重复使用，可再次扫码，或将其添加到微信“收藏”功能。

中国生态环境产教融合丛书
创 新 创 业 系 列 教 材

生态环境创新创业实践教程

刘立忠　冀广鹏　张文莉　主　编

中国环境出版集团·北京

图书在版编目（CIP）数据

生态环境创新创业实践教程/刘立忠，冀广鹏，张文莉主编．—北京：中国环境出版集团，2022.1（2022.8 重印）
（中国生态环境产教融合丛书）
创新创业系列教材
ISBN 978-7-5111-5021-9

Ⅰ．①生…　Ⅱ．①刘…②冀…③张…　Ⅲ．①生态环境—环境工程—企业管理—高等职业教育—教材
Ⅳ．①X5

中国版本图书馆 CIP 数据核字（2022）第 009424 号

出 版 人　武德凯
责任编辑　曹　玮
责任校对　任　丽
封面设计　岳　帅

出版发行　中国环境出版集团
（100062　北京市东城区广渠门内大街 16 号）
网　　址：http：//www.cesp.com.cn
电子邮箱：bjgl@cesp.com.cn
联系电话：010-67112765（编辑管理部）
发行热线：010-67125803，010-67113405（传真）
印　　刷　北京中科印刷有限公司
经　　销　各地新华书店
版　　次　2022 年 1 月第 1 版
印　　次　2022 年 8 月第 2 次印刷
开　　本　787×1092　1/16
印　　张　16
字　　数　326 千字
定　　价　78.00 元

中国生态环境产教融合丛书

编 委 会

本书编委会

主　编：

刘立忠（西安建筑科技大学）

冀广鹏（北控水务集团有限公司）

张文莉（北京投智网络科技有限公司）

副主编：

王顺波（山东水利职业学院）

袁瑞霞（东北石油大学）

程永高（河北科技工程职业技术大学）

参　编：

周广阔（杨凌职业技术学院）

王　健（山东水利职业学院）

李金成（青岛理工大学）

张　伟（河北环境工程学院）

唐文文（山东水利职业学院）

许俊仪（北控水务集团有限公司）

刘俊恺（北创绿色科技基金）

杨　波（北京云网联科技有限公司）

黄　凯（北京投智网络科技有限公司）

王园圆（河北科技工程职业技术大学）

邓宏颖（河北科技工程职业技术大学）

郭京豪（河北科技工程职业技术大学）

王松雪（青岛理工大学）

统　稿：

张　觅（北控水务集团有限公司）

总 序

2021 年是“十四五”开局之年，我国生态环境产业将继续迎来蓬勃发展的重要机遇期，国家着力建立健全绿色低碳循环发展经济体系，促进经济社会发展全面绿色转型。面对新的发展时期，在“绿水青山就是金山银山”理念和生态文明思想的指引下，水务行业将从传统的水资源利用和水污染防治逐渐发展为生态产品价值体现以及环境资源贡献。

随着生态环境产业的迅速发展，对技术创新力的要求不断提高，市场竞争中行业人才供给有着非常大的缺口，而“产教融合”正是解决这一“缺口”的有效途径。企业通过与高校开展校企合作，联合招生，共同培养水务人才；企业专家和高校教师共同制定培养方案并开发教材，将污水处理厂作为学生的实习基地；企业专家担任高校授课教师，从而将对岗位能力的实际需求全方位地融入学生的培养过程。

2017 年，《关于深化产教融合的若干意见》印发，鼓励企业发挥重要主体作用，深化引企入教，促进企业需求融入人才培养环节，培养大批高素质创新人才和技术技能人才；2019 年，《国家产教融合建设试点实施方案》再次强调，企业应通过校企合作等方式构建规范化的技术课程、实习实训和技能评价标准体系，在教学改革中发挥重要主体作用，在提升技术技能人才和创新创业人才培养质量上发挥示范引领作用；2021 年，《中华人民共和国国民经济和社会发展第十四个五年规划和 2035 年远景目标纲要》提出，建设高质量教育体系，推行“学历证书+职业技能等级证书”制度，深化产教融合、校企合作，鼓励企业举办高质量职业技术教育，实施现代职业技术教育质量提升计划，建设一批高水平职业技术院校和专业。

北控水务集团有限公司是国内水资源循环利用和水生态环境保护行业的旗舰企业，集产业投资、设计、建设、运营、技术服务与资本运作为一体。近年来，在国家政策导向和企业发展战略的双重驱动下，北控水务集团有限公司在多年实践经验的基础上，进一步推动在产教融合领域的积极探索，把握（现代）产业学院建设、1+X 证书制度试点建设、“双师型”教师队伍建设、公共实训基地共建共享等重大政策机遇，围绕产教融合“大平台+”建设规划开展了一系列实践项目，并取得了显著成果。北控水务集团有限公司希望通过践行产教融合战略，推动行业人才培养和技术进步，为水务行业的持续发展提供有力的支持和帮助。

“中国生态环境产教融合丛书”（以下简称丛书）主要包括智慧水务管理、职业技能等级标准、大学生创新创业、实习培训基地等，聚焦生态环境领域人才培养，采用校企双元合作的教材开发模式和内容及时更新的教材编修机制，深度对接行业企业标准，落实“书证融通”相关要求，同时适应“互联网+”发展需求，加强与虚拟仿真软件平台的结合，重视对学生实操能力的培养。

由于丛书内容涉及多学科领域，且受编者水平所限，难免有遗漏和不足之处，敬请读者不吝指正。

北控水务集团有限公司轮值执行总裁

生态环境职业教育教学指导委员会副秘书长

2021 年 12 月

序

“创新是社会进步的灵魂，创业是推动经济社会发展、改善民生的重要途径。”在国家推动创新创业高质量发展，打造“双创”升级版的背景下，高校学生等青年群体成为推进“大众创业、万众创新”的生力军。

保护环境是我国的基本国策，生态文明建设是中国特色社会主义事业的重要内容，关系民生福祉，关乎民族未来。生态环境产业是战略新兴产业，其发展离不开市场导向的绿色技术创新体系构建。近年来，我国生态环境科技取得显著进步，有力支撑了生态环境质量改善。但是，我国生态环境保护形势依然严峻，生态环境质量改善成效不稳固、区域不平衡、生态安全等问题凸显。碳达峰碳中和战略的实施，将促使各个行业低碳生产竞争的加快，生态环境技术侧创新也将在我国“零碳经济”转型中发挥日益重要的作用。

在此背景下，《生态环境创新创业实践教程》探求了什么是创新精神，如何找到创业路径，创新创业如何与专业和产业结合，创新创业需要哪些素质和能力等问题，并结合生态环境产业发展面临的难点和痛点，阐述了生态环境技术、产品和服务、创新创业应把握哪些关键点和着力点。本书还以成功的案例、翔实的实践经验为基础，阐述了生态环境创新创业的需求与选题，生态环境工艺、技术与产品创新，服务创新，商业模式选择，商业计划书的撰写与实施等工作过程和要点，内容丰富、系统性强，是一部集科学性和实践性于一体的教材和“双创”手册，对生态环境领域创新创业的发展有重要参考价值。

清华大学环境学院 教授

教育部环境科学与工程类教学指导委员会 秘书长

2021 年 10 月 25 日

前言

为贯彻落实党的十九大精神，进一步响应国家“大众创业、万众创新”的号召，提高人才培养质量、促进大学生全面发展，满足创新创业通识教育和专业教育的新需求，我们编写了这部集科学性、实践性为一体的《生态环境创新创业实践教程》，本书具有知识新颖、内容丰富、案例鲜活、体系完备、逻辑清晰的特点。

本书以创新创业大赛的相关要求为导向，深度挖掘创新创业教育中的德育因素，将创新创业内容与社会主义核心价值观、中华优秀传统文化有机融合，面向生态环境行业创新创业群体，系统阐述了生态环境创新创业的需求与选题，工艺、技术与产品创新，服务创新，商业模式选择，商业计划书撰写与实施等工作过程和要点，致力于打造符合我国国情和生态文明建设的创新创业创造环境。

本书的完成离不开各位编写者的协助，全书共 8 章，由西安建筑科技大学刘立忠先生、北控水务集团有限公司冀广鹏先生和北京投智网络科技有限公司张文莉女士主编，各章编写人员和内容简介如下：

第 1 章 创新、创业与创造概述（山东水利职业学院王顺波、王健），主要介绍了创新、创业、创造的概念，列举了创新的方法，讲述了创业能力与创业精神。

第 2 章 创新创业形势与政策（河北科技工程职业技术大学程永高、王园圆、邓宏颖、郭京豪，西安建筑科技大学刘立忠），主要介绍了大学生教育的特点，解读了大学生创新创业的政策、现状、问题，总结了创新创业需要的能力。

第 3 章 生态环境创新创业需求与选题（杨凌职业技术学院周广阔，北控水务集团有限公司许俊仪等），主要分析了中国生态环境现状，解读了生态环境产业的产业状况和问题，总结了污染治理、废物循环利用、生态环保设备设施、环境监测、工艺运行等方面的新需求。

第 4 章 生态环境工艺、技术与产品创新（东北石油大学袁瑞霞，青岛理工大学李金成、王松雪，北控水务集团有限公司许俊仪，北京云网联科技有限公司杨波），主要解读了生态环境工艺、技术与产品的含义、创新路径和创新能力。

第 5 章 生态环境服务创新（东北石油大学袁瑞霞，北控水务集团有限公司许俊仪，北京云网联科技有限公司杨波），主要介绍了生态环境服务的类型、发展现状及发展趋势，深入探讨了生态环境项目运作模式及市场营销的创新路径。

第 6 章 生态环境创业企业商业模式选择（北创绿色科技基金刘俊恺），主要介绍了商业模式的内涵及特征，总结了生态环境行业特征、客户分类及分析方法，介绍了商业模式选择的一般原则，强调了商业模式持续变化的必要性和重要性。

第 7 章 商业计划书的撰写与实施（山东水利职业学院唐文文），主要介绍了商业计划书的内涵及作用，明确了撰写商业计划书的前期准备及撰写步骤，并结合大赛要求指导撰写创业计划书的核心构架。

第 8 章 生态环境创新创业案例分析与实战训练（北京投智网络科技有限公司张文莉、黄凯，河北环境工程学院张伟），主要介绍了创新创业项目创新发展的一般规律和惯例，结合实际案例讲解项目创新的方式和方法，开拓创新思维和创业视野，指明了创新创业的新发展理念和动向。

中国环境出版集团曹玮女士对本书的编辑、出版、发行工作提供了大力帮助，北控水务集团有限公司张觅女士对本书的编目、统稿等工作提供了大力协助。在此，向参与和协助本书编写的所有人员致谢！

由于时间、资料和编者水平等因素的限制，书中难免有不足之处，恳请各位专家及读者批评指正。

编者

2021 年 6 月

目 录

第 1 章　创新、创业与创造概述

学习目标：

1. 结合生态环境产业特点，将创新、创业与创造知识点融入实践环节，通过理论讲授与案例分析相结合，采用头脑风暴、小组讨论、角色体验等教学方式，把知识传授、思维碰撞和实践体验有机统一起来；

2. 通过创新思维、创业能力和生态环保产品设计训练，学习创新创业知识，锻炼创新思维与创新能力，培养创业能力与创业精神，提升创造实践能力。

学习要求：

1. 了解创业能力与创业精神的含义；
2. 掌握创新、创业与创造的概念及特征；
3. 掌握常见的创新思维形式及创新思维方法。

1.1　创新、创业与创造的内涵与逻辑关系

各行各业的从业者对于创新、创业与创造的概念，从不同的角度，会产生不同的认知，本节我们重点分析三者的内涵与逻辑关系。

1.1.1　创新的含义与特征

（1）创新的含义

【案例 1-1】　带橡皮的铅笔

美国佛罗里达州有位穷画家，名叫律薄曼。他当时仅有一点点画具，仅有的一支铅笔也是削得短短的。有一天，律薄曼绘图时找不到橡皮擦，费了很大劲儿找到时，铅笔又不见了。铅笔找到后，为了防止再丢，他索性将橡皮用丝线系到铅笔的尾端。但用了一会儿，橡皮又掉了。

律薄曼为此事琢磨了好几天，终于想出主意来：他剪下一小块薄铁片，把橡皮和铅笔绕着包了起来。果然，用一点工夫做出来的这个东西相当好用。后来，他申请了专利，

并把这专利卖给了一家铅笔公司，从而赚得55万美元。

【案例 1-2】 吸水纸的故事

有一名造纸工人在生产纸时，不小心弄错了配方，生产出了一批不能书写的废纸。因此，他被老板解雇。正在他灰心丧气、愁眉不展时，一位朋友劝他："任何事情都有两面性，你不妨换一种思路，也许能从错误中找到有用的东西。"后来，他发现，这批纸的吸水性能相当好，可以吸干家用器具上的水分。接着，他把纸切成小块，取名吸水纸，拿到市场去卖，竟然十分畅销。

创新这一概念，早在20世纪初就有经济学家从技术应用的角度提出。随着社会的发展变化，创新的意义也在不断扩展和深化。从字面上看，创新是以新思维、新发明和新描述为特征的过程，既包括事物发展的过程，又包括事物发展的结果，主要包括新的发现和发明、新的思想和观念、新的学说与技术以及新的方法等。创新是人类特有的认识能力和实践能力，是人类主观能动性的高级表现形式，是推动民族进步和社会发展的不竭动力。一个民族要想走在时代前列，就不能没有科技创新，也不能停止理论创新。创新在经济、科技以及社会科学等领域都有着非常重要的意义。

创新是近年来出现和使用频率最高的词汇之一。关于创新的概念，不同学科、不同领域有不同的解释，创新的定义达 400 多种。其中，最经典的是经济学家熊彼特的创新概念。熊彼特认为创新是指以新的方式展开的生产，如对于某一给定的生产线，以新的方式组合各种原料及生产活动，以获取更好的经济产出。它具体包括以下 5 种情况：生产出一种新的产品、采用一种新的生产方法、开辟一个新的市场、获得一种原料或半成品的新的供应来源、实行一种新的企业组织形式。

创新不仅是新的想法、发明、发现，还要创造价值。创新可以是任何人在任何时间、任何行业做的任何一件事，也可以以新思维、新发明和新描述等形式出现，它不局限于科技领域，也不必一定是产品和实物，但应符合比较明确可行的判定标准，即创新必须能够为客户提供价值和满意度。

（2）创新的特征

1）差异性

改变产品和服务。每一项创新一定要有改变，要有自己独特、不可替代的地方，要创造出新的东西，这也是"山寨""复制"和创新的本质差别所在。

2）价值性

为客户提供价值和满意度。创新提供的价值既可以体现为经济价值，也可以体现为社会价值，因为创新最终的价值是让世界因为创新而变得更美好。

3）可行性

创新就是通过改变产品和服务，为客户提供价值和满意度。创新是一个把改变转变成价值的过程，必须具有可行性和可操作性，解决方案和途径可以有很多，但是仅仅停留在纸上谈兵层面的方案、幻想和意念等是不可能为客户提供价值和满意度的，这就是创意和创新的差别，也是科幻和科学的差别。创意和科幻都不要求可行性和可操作性，而创新和科学要求具有可行性和可操作性。

创新的 3 个特征是互相支撑、缺一不可的。没有差异性就没有创新的起点，有了差异性但仅仅停留在概念阶段是纸上谈兵，只有努力把具有差异性的创新做出来、实现了，这样的创新才可能给我们带来物质和精神的价值。

1.1.2　创业的含义与特征

（1）创业的含义

创业有狭义和广义之分。狭义的创业通常指创建一家新的企业；广义的创业一般指创造新事业的过程。1911 年熊彼特在《经济发展理论》一书中提出，创业是产生新产品、新生产方法或新市场的新要素组合，是一种创造性的破坏。创业是启动、发展和经营一家企业以及规避其财务风险的过程。这是在以创办企业、获得市场和经济效益为代表的领域里广泛被接受的普通意义的创业。

（2）创业的特征

1）创新性

从上述创业的定义可以看到，创业与“新”有关，与创新、创造、新产品、新技术、新市场有关，创业的本质是新进入，即新企业进入市场或创建新市场，可以通过进入新的或现有的商品或服务的新市场或已建立的市场去创造价值。

2）冒险性

创业是一个国家在不断变化和竞争日益激烈的全球市场中取得成功的多种能力的重要组成部分，所以，创业必然伴随着破坏和重建，也必然要承担一定的风险，这种风险不仅是财务上的，也是精神上的，只是创业不是纯粹地为了猎奇而冒险，而是为了实现创新的价值而进行的一场进取性冒险，是开创一番事业的过程。

早期的创业定义比较强调精神的营利性。现代的创业定义更宽泛，强调以解决问题来改变世界，如创造一个创新型产品或者提出一个新的改变生活的解决方案，其价值的概念已经从经济价值扩展到经济与社会价值，可以是非营利性的，如社会创业、在岗创业等。因此，创业的定义并不局限于创建一家新企业，不同领域的创业可能会有不同的形式，有的创造经济价值，而有的创造社会价值。本书认为创业的概念应该是创业者凭借永不妥协的勇气和坚韧不拔的毅力尽全力去开创一番事业，通过确定产品、服务或者过程等进取行为实现人生价值的过程。

【案例 1-3】 小老板大思路

广州塑料软包装厂是一家民政福利小厂，全厂 100 多名职工中，残疾人占了 54%。1986 年的审计结果显示，27 万元流动资金亏得一干二净，欠下债务 40 多万元，已经到了破产的境地。此时，谢耀临危受命，接任厂长，之后便引进风险机制，逐步把车间集体承包，很快使企业扭亏为盈。1988 年，又通过招标实行风险承包，承包人要先交纳 2 万元的风险抵押金，确保上交厂部的利润每年递增 7%，并保证车间职工的收入每年也递增 7%。风险机制促使承包人在经营中使出浑身解数，尽全力拓展业务盈利。

【案例 1-4】 没有本钱的创业

1984 年，在深圳出现了全国第一家扫地公司——日新清洁服务公司。这家被人不屑一顾的公司，1984 年起家时，只有两辆平板三轮车。而到了 1991 年，他们用笤帚“扫”出了 150 万元的固定资产和每年 40 万元的利润。一些酒楼、宾馆、机关、工厂越来越欢迎这家扫地公司，因为如果自己雇清洁工，不仅要给他发工资，还要花钱购买吸尘器等扫除专用工具，所以，还是把卫生包给清洁公司合算。随着深圳的发展，扫地公司还会有更大的发展。

（3）创新与创业的关联性

创新创业是由创新、创业两个独立的单元因某种内在关联而结合在一起的概念。有学者认为，创新创业是指基于创新的创业，或为了创业的创新，两者之间是并列的，可以画等号。此外，也有学者认为创新创业等于两者概念的相加。

2010 年以后，我国开始把创新理念引入创业教育中，将创新与创业融合，这表明，创新创业是一个“双生”概念，二者密不可分。创新创业中的创新是支撑和服务于创业的，是创业的基础和源泉。创新是对旧有的、传统的元素进行重新整合，甚至颠覆，是推动事物发展的力量源泉。创新创业中的创业立足于创新，是社会实践环节的具体化成果，是创新的延伸和体现，是创新创业的目标。创新与创业二者虽然有个性上的差异，但是求变、求新的价值共性大于个性。可见，创新创业是一种源于创新、依靠于创新、取决于创新的实践活动。对创新创业的认识不能狭隘、简单化地理解为开办公司、创办企业等。

1.1.3 创造的含义

（1）创造的含义

创造是指将两个或两个以上概念或事物按一定方式联系起来，主观地制造客观上能被人普遍接受的事物，以达到某种目的的行为。简言之，创造就是把以前没有的事物生产出来或者制造出来，这显然是一种典型的人类自主行为。因此，创造的一个最大特点是有意识地对世界进行探索性劳动。提出的新方法、建立的新理论、作出的新成绩都是创造的成果。

当你想打扫屋顶的蜘蛛网而又够不着时，发现旁边有一个凳子，你会首先判断凳子的高度，思考自己能否爬上凳子以及站在上面能否打扫到屋顶，如果可行，头脑中会出现站到凳子上顺利打扫屋顶蜘蛛网的场景，这样你就完成了一次创造性思维。

【案例1-5】　有20多项发明专利的大学生

22岁的陈栎坛是山东科技大学电气工程及自动化专业2010级学生，她外表非常文静，跟人说话时脸上总是带着笑。从2005年跟爸爸合作第一个发明开始，陈栎坛现在已经有了20多项发明专利。

2005年，陈栎坛还是一名中学生。假期她在去西安的火车上吃了一盒泡面，就是这盒泡面，催生了陈栎坛的第一项小发明。当时吃泡面的时候不小心热水加多了，火车一晃动，热水洒到了旁边人的身上。“我当时觉得特别不好意思，一个劲儿地道歉，虽然人家原谅了我，可我还是挺内疚的。”之后，陈栎坛在火车上一直考虑这个问题，怎样才能实现在火车上吃泡面的时候不再把水洒到身上。

下火车的时候，陈栎坛脑子里已经有了初步想法。“我把我的想法跟爸爸说了一下，他觉得可行，就让我再好好考虑一下，把细节想清楚。”回忆起自己的第一项发明专利，陈栎坛印象深刻，“当时我真是绞尽脑汁，尽量把每一个细节都想仔细。”后来，在爸爸的帮助下，陈栎坛把发明用文字和图片进行说明，随后爸爸把方案寄到了专利审核部门。

“专利正式批下来那天，我真是高兴极了。”陈栎坛说。

（2）创造力的含义

创造力是与创造紧密相关的概念。一切创造都源于人类高超的创造力。

创造力是人类特有的一种综合性本领，它是知识、智力、能力及优良的个性品质等复杂因素综合优化构成的。创造力是产生新思想、发现和创造新事物的能力。它是成功地完成某种创造性活动所必需的心理品质。例如，创造新概念、新理论，发明新设备、新方法、新技术，创作新作品都是创造力的表现。创造力是一系列连续复杂的高水平心理活动，它要求人的体力和智力的高度集中，以及创造性思维在最高水平上进行。

（3）创造力的特征

1）变通性

思维能随机应变，举一反三，不易受功能固着等心理定式的干扰，因此能产生超常的构想，提出新观念。

2）流畅性

反应既快又多，能够在较短的时间内表达出较多的观念。

3）独特性

对事物具有不寻常的独特见解。

1.1.4　创新、创业与创造的关系

创新就是推陈出新，强调在原有理论、知识、技术等基础上有所发现、有所突破，体现出对原有事物的更新和改造。创造强调从无到有的发生过程，突出原创性。创业强调开端的艰辛和困难，突出过程的开拓与创新，侧重在前人的基础上有新的成就和贡献。

创新是创业的基础源泉和前提，甚至是核心和本质。创造是在创新的基础上有一定的结果，是将创新成果物化的过程，是创业的基础和前提。而创业是创新、创造的载体和外在表现形式，是创新、创造的目的与归宿，反过来也会推动创新和创造。创新、创造是创业的必要条件，创业是创新、创造的价值体现。创业强调充分发挥人的聪明才智，充分利用现有条件，开创新局面，辟出新天地，简言之，就是把创新与创造变成现实，开创出新事业。由此可以看出，创新、创造与创业虽然外延不尽相同，但内涵是相当一致的。

创新、创业与创造的关系可以用一句话概括——创业是通过创新创造价值的过程。三者关系如图 1-1 所示。

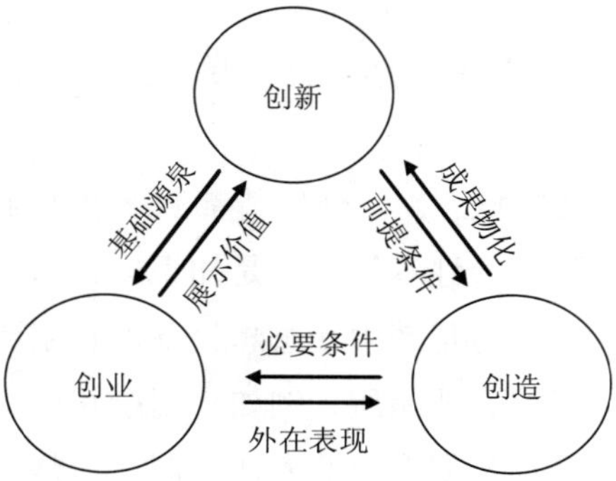

图 1-1　创新、创业与创造的关系

创新侧重思维和方法，创业则重在实践，创业将创新与创造结合起来，它实质上是对创新与创造的综合应用和具体实现。在不同的领域，创新、创造和创业的相互关系和特点有一定的差异，下面以生态环境领域为例展开说明。

生态保护、环境建设是可持续发展的必要条件和人民对美好生活追求的重要体现。通过组织生态环境创新创业大赛，可以挖掘生态环境行业中的创新创业技术，培育具备创新意识、创造能力和创业精神的高素质人才，促进教育链、人才链与产业链、创新链

的有机衔接。随着科学技术的快速发展，围绕生态环境领域中节能减排、提质增效、资源化和科技服务等主题，运用新材料、新技术、新工艺、新设备等各类创新手段，创新性地将新一代信息技术与水资源循环利用、水生态环境保护紧密结合，创造出新产品、新服务、新业态、新模式，加速科技成果转化，促进生态环境行业产业转型升级、服务环境产业供给侧升级，营造适合创业发展的良好环境。

1.2　创新思维与创新方法

我们常说要具备创新能力。我们需要问自己：到底要具备哪些能力才可以去开展创新工作呢？哪些能力算是创新能力？什么是创新思维？我们常说的创新思维和创新能力有什么关系？创新方法有哪些？

1.2.1　创新思维

要做好创新，需要解放思想，打破条条框框，冲破思维定式，敢于创新。思维方式是基石，训练的工具方法是外挂的手段，只有思维方式的转变和训练才能促进创新能力的提升。传统的思维模式在解决问题时，一般是先看出了什么问题，产生问题的根源在哪里，然后再寻找解决问题的方案。

以可乐罐游戏为例。假设可乐的价格是每罐 2 元，同时 2 个空罐可以换 1 罐可乐，如果有 6 元，问最多能喝几罐可乐？按照传统思维模式，就只能喝 5 罐可乐，然后剩 1 个空罐。如果运用创新思维模式，不要将思维局限于买可乐，就可以获得与众不同的答案。例如，可以向其他人借 1 个空罐，加上自己的空罐，又可以换 1 罐可乐，喝完了将空罐再还给出借人，这样就可以喝到 6 罐可乐；再如，向卖可乐的老板赊 1 罐可乐，等喝完这第 6 罐的空罐再和自己之前剩下的 1 个空罐一起还给老板，这样也可以喝到 6 罐可乐；还可以组一个团队，如果团队中每人都剩 1 个空罐，我们将团队所有的空罐聚集在一起换可乐，一直做下去，团队平均每个人就可以喝到不一样数量的可乐；如果我们再换成投资思维模式，其结果又会完全不同。

在同样的资本争议下要想获得更大的效益，如果按照人们习惯的思维模式，采取常规的方法，绩效不会比别人好，且往往会陷入恶性竞争。但如果换一种思维模式，和别人做的不一样，其结果就会完全不同，这就是创新思维。

（1）创新思维的含义

创新思维是指突破现有常规思路的约束，以全新的、独特的思路或方法探索未知领域或者解决新的问题，从而创造出新的物质或者精神产物的思维过程。这一概念的突出特点是，突破常规，寻求全新的、独特的解决问题的方法的思维过程。

人类历史上所有新事物都来源于创新思维。只要掌握创新思维方法，一个孩子可以用它更好地来捏泥巴，一个程序员可以用它来解决编程中的“拦路虎”，一个总经理可以用它来扭转企业经营的颓势与困境，一个外交官甚至可以借此来化解一触即发的国际争端等。换句话说，虽然孩子、程序员、总经理和外交官遇到的问题各不相同，但他们解决问题时所采用的思维方法却有可能相似。这就是思维方法的通用性，也正是创新思维的价值所在。

（2）创新思维的作用及培养方式

【案例 1-6】“清除”打印机

我们平时在办公室中最常用的输出设备就是打印机，由此带来的纸张使用量是非常大的。英国剑桥大学工程师开发出了一种可清除纸上字迹和图像的激光技术，从而可制造一种具有“清除打印”功能的打印机或复印机，以重新利用打印过的纸张。

它是通过一种短脉冲激光加热技术，清除已经印在纸上的碳粉和油墨，激光会让油墨蒸发而不会损害纸张，只要十亿分之四秒就能清除多种印刷品上的墨迹。目前效果最好的是一种可见的绿色激光，这种方法不会对纸张造成任何物理伤害，也不会让纸张变色，蒸发为气体的油墨还能通过一种过滤装置被收集起来。清除打印机技术比用化学方法回收利用废纸更环保，不仅减少了对化学药品的需求，还能减少 79%的二氧化碳排放。

这是一个比较简单的运用创新思维的案例，思路不复杂，却可以解决环保大问题，这就是创新思维的魅力所在。

要想培养创新思维，必须勇敢地冲破传统看事物、想问题的思维模式，以全新的思路来考察和分析问题。

1）张开想象的翅膀

世界上第一架飞机正是来自人们想要像鸟类一样飞翔的幻想。幻想是创造性想象的一种特殊形式，适当的幻想能够引导人们发现新事物，作出新努力、新探索和创造性的劳动。大部分人终其一生只运用了大脑想象区约 15%的空间，而开发这个空间应该从想象开始。想象力是人类运用储存在大脑中的信息进行综合分析、推断和设想的思维能力。

2）培养发散思维

发散思维指一个问题假如存在不止一种答案，可以通过思维向外发散，找出更多的创造性答案。当我们思考砖头有多少种用途的时候，充分运用发散思维可以得出很多答案：建筑房屋、铺路、刹住停靠在斜坡的车辆、砸东西、压纸、垫高、作为防卫的武器……这就是发散思维的力量。

3）发展直觉思维

直觉思维是指不经思考分析的顿悟，是创造性思维活跃的表现之一。在学习过程中，直觉思维可能表现在许多方面，如大胆的猜测、急中生智的回答或新奇的想法和方案等。达尔文在观察植物幼苗生长的过程中，发现幼苗顶端向太阳照射的方向弯曲，推测出可能是由于其顶端含有某种物质。在此基础上，他反复研究，最终发现了植物生长素。希腊国王让阿基米德想出一个办法来检测王冠是否为纯金，阿基米德冥思苦想，不得其解。有一天他在洗澡时发现，盆里溢出的水的体积与他身体浸入水中的体积相等，于是灵光一闪，顿悟了王冠的检测方法。

4）培养思维的独创性、灵活性和流畅性

创造力建立在广博的知识基础上，其包括 3 个因素：独创性、灵活性和流畅性。对刺激作出不同寻常的反应是思维的独创性，能流畅地作出反应的能力是流畅性，而灵活性是指随机应变的能力。

5）培养强烈的求知欲

精神上的需求是产生求知欲的基础，我们要有意识地设置难题或者探索前人遗留的未解之谜，激发自己进行创造性学习的欲望，把强烈的求知欲望转移到科学上去，不断探索，使它永远保持旺盛。只有这样，才能使自己在学习过程中积极主动地求索，进而探索未知的新境界、新知识，创造前所未有的新成就。

（3）创新思维的类别

1）顺向思维与逆向思维

思维模式从方向性来划分，有顺向性和逆向性两种。一个人在一个时刻只能做一件事，朝一个方向，因此在一个时刻也只能朝一个方向思考，即思维的方向性。思维方向可以是各种各样的，比较简单的思维方向是线性方向，主要有顺向思维和逆向思维。

顺向思维，是指按照常规的、常识的、公认的或者习惯的想法与做法进行思维的方式，即按照逻辑、规律或者常规去推导，按照事物的发展脉络或进程进行思考、推测或认识事物的方式。例如，龙生龙，凤生凤，老鼠的儿子会打洞；再如，袁隆平使用栽培稻品种作为试验材料进行杂交，培育出来的杂交稻，按照顺向思维，其不育株率和不育度应当达到 100%，但实际上都没达到 100%，说明哪里出了问题，沿着这个思路去找原因，有助于厘清事物在时间或空间上的联系。顺向思维通过已知来揭示事物本质的思维方法，一般只限于对一种事物的思考。

逆向思维，是指从事物的反面或对立面提出问题、思考问题、解决问题的思维方式。换句话说，是反其道而思之，以逆常规的思维方法思考问题，往往能得出一些创新性的设想。如果他人都朝着一个常规的、固定的思维方向思考问题，你却独自朝相反的方向思考，就可能通过“出奇”达到“制胜”的效果，也将另有所得。不仅你的思维能力比别人更强，创新成果更多，而且有可能开创出一片新天地。大家都知道，洗衣机脱水筒的转轴是软的，用手轻轻一推，脱水筒就东倒西歪，可是脱水筒在高速旋转时，却非常平稳，脱水效果很好。但当初设计时，为了解决脱水筒的振动和由此产生的噪声问题，工程师们想了许多办法，先加粗转轴，后加硬转轴，都无法取得满意效果，最终他们用软轴代替硬轴，成功地解决了振动和噪声两大难题。

根据逆向思维的方式，逆向思维法有以下三大类型：

一是反转型逆向思维法，是指从已知事物的相反方向进行思考。“事物的相反方向”是指从事物的功能、结构、因果关系等方面进行反向思维。例如，过去的破冰船是依靠船自身的重量来压碎冰块的，为此船的头部要采用高硬度原材料制成，十分笨重，转动方向很不方便，因此，这种破冰船很害怕侧向漂来的浮冰。苏联科学家运用逆向思维，变向下压冰为向上推冰，即让破冰船潜入水下，依靠船的浮力从冰下向上破冰。这种破冰船设计比较灵巧，不仅节约了原材料，也不需要耗费大量电力，其自身的安全性也大大提高。一旦遇到较坚厚的冰层，破冰船就像海豚一样上下起伏前进，破冰的效果特别好。

二是转换型逆向思维法，是指当运用常规的办法不能解决某一问题时，转换成另一种方法或转换思考的角度，使问题得到解决的思维方式。例如，以前的工厂效率低下，工人围着机器和零件转，每个人都很累，效率还不高；后来有人改善了工序，人不动，零件动，这样就逐渐形成了流水线的概念，效率大大提高。

三是缺点逆向思维法，是指利用事物的缺点，化被动为主动、化不利为有利的思维方法。这种方法并不是设法克服事物的缺点，而是利用缺点，化弊为利，以找到问题的解决办法。例如，时装店经理不小心将一条高档呢裙烧了一个洞，其价值一落千丈，经理突发奇想，干脆在小洞的周围又挖了许多小洞，并精于修饰，将其命名为“凤尾裙”，后来，“凤尾裙”的销路顿开，该时装店也出了名。

2）纵向思维与横向思维

纵向思维，是指依据事物发展的进化方向或阶段进行分析、判断、推理等的思维方式，是在同一问题领域里深耕细作，促使事物朝着越来越先进、便捷的方向发展的一种思维方式。例如，门的发展就经历了单开门—双开门—旋转门—感应门的演变。

横向思维，是指思维主体通过借鉴、联想、类比，充分利用其他领域的知识、信息、方法、材料等和思维对象联系起来，创造性地提出解决问题的方法的思维方式。

横向思维要求人们一是要跳出原来的问题领域，从各种不同的角度思考问题，从其他的领域寻找线索来启发自己；二是要善于借鉴其他领域的知识、信息、方法和材料等，找出并确定最佳的解决方案。如果不跳出思维定式，就很容易使自己陷入一个特定的问题领域，进而循环性地思考，这会阻碍自己从其他领域借鉴并寻求更新鲜、更有价值的素材或线索，许多富有创造性的设想都源于涉猎多个领域，并将其他领域的知识、方法等应用于现有的问题领域。

【案例 1-7】电梯的解决方案

有一家公司新建了一幢 12 层的办公大楼，员工搬进大楼不久，便开始抱怨大楼的电梯不够快、不够多，尤其是上下班高峰期，他们要花很长时间等电梯。目前有以下几种解决方案：

①上下班高峰期，让电梯分奇数和偶数楼层停靠。

②安装几部楼外电梯。

③把公司各部门的上下班时间错开，避免拥挤。

④在所有电梯旁边的墙面上安装镜子。

针对以上方案，你会选择哪一种？前 3 种解决方案用的是纵向思维，就是用传统思维方式和角度去看待问题。第 4 种解决方案采用横向思维，当员工们忙着在镜子前审阅自己或是偷偷观察别人时，注意力不再集中于等待电梯，焦虑的心情得到放松。这种解决方案跳出了思维的惯性，从更广、更新的角度上思考解决途径。

横向思维的关键在于善于运用其他领域的知识，这就需要平常多积累知识，在思考问题的时候才能做到旁征博引，融会贯通。在思考一个问题时，纵向思维在一个固定的方向上放弃了其他可能性，因而局限了创造力；横向思维则使用不同的思考方式，探索其他的可能性，开拓了新的思路。罗贯中在《三国演义》里讲到了空城计的故事，诸葛亮在思考退敌大计时，运用了纵向思维，首先想到了紧闭城门、调回大军击退等方法，但这些办法都无法抵挡司马懿的 15 万大军。为把司马懿的大军击退，诸葛亮运用横向思维，不是把敌军攻打出去，反而是打开城门把敌人迎进来。

3）求同思维与求异思维

求同思维，是指发现事物的共性或共同点的思维方式。求同思维一般是在已有知识和经验的基础上，采用某种规则或方法，寻求事物的共同性和相似性，运用的方法主要是归纳法。求同思维的积极作用在于深化、强化已有的认识成果，但也可能存在拘泥于传统、在思维过程中谨小慎微、不敢突破旧框架等消极作用。求同思维使思维条理化、逻辑化、严密化，数学中的多种证明方法（如综合法、归纳法、反证法等），均属于求同思维的范畴。

求异思维，是指从多个角度观察事物，在同类的事物中发现其特点，找出其个性的思维方式。求异思维属于发散思维，从一到多、从平面到立体等。例如，埃菲尔铁塔是法国巴黎的标志性建筑之一，它打破了西方建筑几千年来以砖石结构为主的观念，第一次展示了钢结构的巨大能力。

求异思维是有创见的思维，通过创造性的思维活动，揭露事物之间的联系，在此基础上产生新颖的、有创见性的思维成果。它是人的智力高度发展的表现，是一种高水准的思维。在思维活动的训练中，应克服常规思维的片面性、模糊性等弱点，注重提高思维的独立性、开拓性、批判性、逻辑性和敏捷性，使思维不断更新、不断开阔。那么，如何培养求异思维呢？

第一，创造富有激情的思维环境。思维环境的好坏影响着求异思维的效果，良好的思维环境包括客观环境和内在环境。如果一个学生缺乏对知识的兴趣，就不可能进行多方位思考和积极探索。所以，教师上好第一堂课，就为学生们设计了一个开展求异思维的内在环境，让他们兴趣盎然地、充满信心地进行创造性思维活动。

第二，营造一个良好的客观环境也非常重要。教师要营造良好的氛围，启发学生积极思考，引导学生将脑中的猜想、创意甚至不合理的解释都讲出来，在交流中不断厘清思路，找准方向，在实践中探索路径、获得成绩。

1.2.2 创新方法

（1）头脑风暴法

头脑风暴法是一个创新性解决问题和产生想法的技术方法，目的就是产生尽可能多的想法。它经常从一个问题或一个难题的陈述开始，每一个想法又导致一个或者更多的想法，最后产生大量的想法。

头脑风暴通过小型会议的形式，让所有参与者在轻松、愉快、自由的氛围中充分交换想法，以此激发彼此的创意和灵感，使各种设想在相互碰撞中激起创造性的“风暴”——相互启发、引起联想、发生共振。头脑风暴的主持人必须是一位善于聆听的人，在会议前需要精练地陈述进行头脑风暴的原因，并准备热身活动；在会议过程中要提醒成员注意基本规则，烘托气氛，清楚地记下每一个想法，并保证每个人都能清楚地看到。头脑风暴适合的成员人数应在5～10人，理想的人数通常是6人或7人。

当使用这个方法时，需要遵守7个原则：

①不要批评和评价其他人的想法；

②鼓励异想天开，随心所欲地想——欢迎那些看似疯狂的想法；

③合适的数量——需要大量的想法，以量求质；

④可以延续他人的创意，在其他人的想法的基础上改善和提高；

⑤探讨一定要围绕一个主题；

⑥必须有一个控场能力很强的主持人，这决定了讨论的效率和成败；

⑦对于所有的想法，无论从表面上看有多么不合逻辑和疯狂，都需要记录下来。

头脑风暴的流程并不复杂，却很好地体现了“不打无准备之仗”这一理念。准备工作越充分，会议产出就越丰富，头脑风暴效果也就越好。头脑风暴可分为7个流程环节，每个步骤需要做的工作及每个节点的产出如图 1-2 所示。

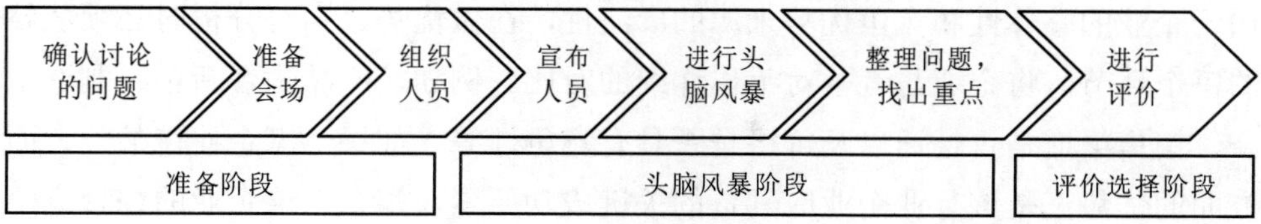

图 1-2　头脑风暴流程

在准备阶段，由主持人向参与者说明进行头脑风暴的原因，确认要讨论的问题，明确讨论的基本原则和发言顺序，同时选择一个中性话题进行活动热身，鼓励参加者变得具有创造性。

在头脑风暴阶段，时间可限定为 20～25 分钟，成员依次提出自己的想法，且每次只能提出一个想法。在某一轮中，某个成员可以不作出回答，但在下一轮中要进行回答。在这个过程中，参加者无须对想法作出解释。否则会导致不成熟的评价，进而影响头脑风暴最终效果。主持人应引导会议成员尽可能多地产生想法，并将所有的想法都记录下来，记录时注意用发言者的原话，如果某个想法太长，主持人可以总结一下，并根据发言者的意思进行调整。

在评价选择阶段，合并相似的想法，选出 5 个最好的想法，并征得每位成员的同意，写下大约 5 个条件来衡量哪一个想法是解决问题的最佳方案。条件以“应该”开头，如“它应该合法”“它应该能在 7 月 15 日前结束”，每个条件赋值 5 分。小组成员根据每个想法符合各个条件的程度，在这个范围内打分，并根据每一个条件的得分，相加得出每一个想法的总分，得分最高者就是问题的最佳解决办法。对于其他想法和得分都要保留记录，一旦选出的想法不能解决问题，仍可以试用其他的想法。

（2）SWOT 分析

SWOT 分析是基于内外部竞争环境和竞争条件的态势分析，将与研究对象密切相关的各种主要内部优势、劣势以及外部的机会和威胁等，通过调查列举出来，并依照矩阵形式排列，然后用系统分析的思想，把各种因素相互匹配加以分析，从中得出一系列相应的结论，而结论通常带有一定的决策性。运用这种方法，可以对研究对象所处的情景进行全面、系统、准确的研究，从而根据研究结果制定相应的发展战略、计划以及对策等。

S（strengths）代表优势、W（weaknesses）代表劣势、O（opportunities）代表机会、T（threats）代表威胁，优势和劣势指企业内部，机会和威胁指企业外部。按照企业竞争战略的完整概念，战略应是一家企业“能够做的”（即组织的强项和弱项）和“可能做的”（即环境的机会和威胁）之间的有机组合。

1）优势与劣势分析

由于企业的整体性和竞争优势来源的广泛性，在做优势、劣势分析时必须从整个价值链的每个环节，将企业与竞争对手作详细的对比。例如，产品是否新颖、制造工艺是否复杂、销售渠道是否畅通以及价格是否具有竞争性等。如果一家企业在某一方面或某几个方面的优势正是该行业企业应具备的关键成功要素，那么，该企业的综合竞争优势也许就强一些。需要指出的是，衡量一家企业及其产品是否具有竞争优势，应站在现有潜在用户的角度上，而不是站在企业的角度上。

2）机会与威胁分析

例如，当前社会上流行的盗版威胁，盗版替代品限定了公司产品的最高价，替代品对公司不只有威胁，也可能带来机会。企业必须分析：替代品给公司的产品或服务带来了“灭顶之灾”还是提供了更高的利润或价值？购买者转而购买替代品的转移成本是多少？公司可以采取何种措施来降低成本或增加附加值来降低消费者购买盗版替代品的风险？

3）SWOT 分析的目标和步骤

SWOT 分析的目标：讨论现状，发现机会，找到解决方案；详细了解讨论主题的几个关键点，考虑外部、内部条件，也从机会挑战开始，研究主题落地的可行性。利用 SWOT 分析方法，讨论主题的优势、劣势、机会和挑战。

SWOT 分析的具体步骤：

①画一个坐标轴，4 个象限分别表示“优势”“劣势”“机会”“威胁”（图 1-3）。

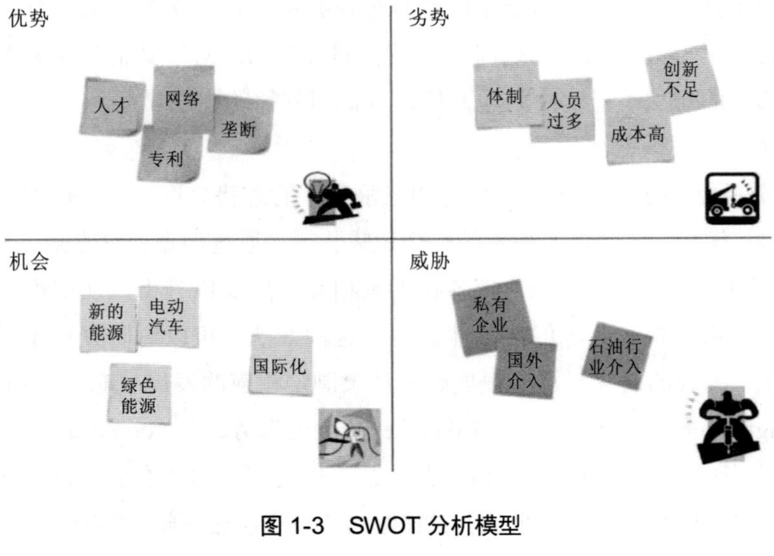

图 1-3 SWOT 分析模型

②首先讨论优势。以国家电网为例，企业在行业中占有相对的垄断地位，具有高精尖的人才专家，有很多的技术专利等。

③其次讨论劣势。例如，体制的原因使得人们缺乏主人翁的意识，公司比较老，有很多的退休员工，整体个人产出太低，企业太大等。

④再次讨论机会。例如，特斯拉以及比亚迪电动汽车的出现需要大量的电能，从而可能带来很大的机遇，加之很多科技园区的出现，产生大量电力需求等。

⑤最后讨论威胁。由于人人都看到了新能源的重要性，各大行业和企业都进入这一行业，可能导致行业重新洗牌，如石油、石化行业将加油站改造成充电桩等。

利用 SWOT 分析法，整体理解讨论问题，找到可行的机会，以期给出相应的解决方案（图 1-4）。

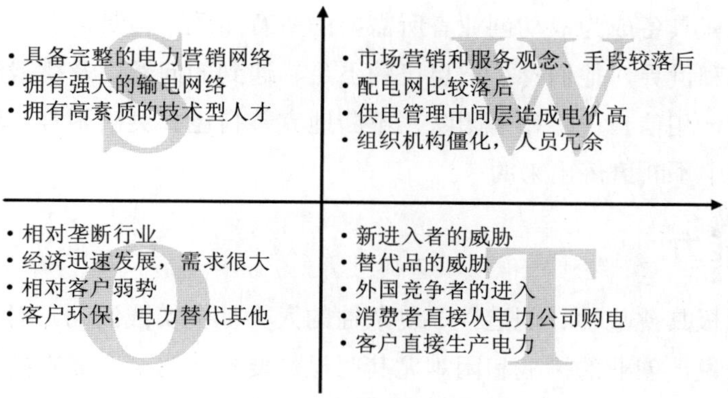

图 1-4　SWOT 分析结果

对于 SWOT 分析，可以采用如上的汇报模板，这里将讨论的结果罗列到 SWOT 的 4 个象限，可以一目了然地看到讨论的结果，这一整理的过程也是对结果的总结和认识。

1.3　创业能力与创业精神

有一位企业家说："这个世界上没有一件事能像创业一样快速推动社会的发展，也没有一件事能像创业一样激发一个人的全部潜能。"那么具备什么样的能力才能够成为一个成功的创业者呢？

1.3.1　创业者的基本素质

在研究了很多创业者之后，我们发现大部分创业者表现出以下素质：

- 勇气：愿意承担风险，尽管可能会造成损失。
- 创造力：发明新方法，跳出思维定式。

- 好奇心：渴望求知，喜欢提问。
- 决心：尽管有障碍，但拒绝放弃。
- 自律：能够集中注意力，按照时间节点完成任务。
- 同理心：能站在他人的立场去思考和感受。
- 热情：对某事充满激情，将问题视为机遇。
- 灵活性：能够适应新环境，愿意改变。
- 诚实：对他人诚实，真诚地承诺。
- 耐心：认识到大多数目标不是一蹴而就的。
- 责任：对自己的决定和行为负责，不推卸责任。
- 领导力：遇到复杂的、困难的环境，能够带领团队走出来。

没有人生来就具备成为成功创业者所需要的所有品质，但是创业者总是能够以积极的方式看待自己和世界，他们善于把自己的不足、遇到的问题以及挑战统统看作机会，保持积极的态度，相信自己，相信团队，不断地完善自己并突破困难，这些品质都是他们在创业的过程中不断磨炼出来的。

1.3.2 创业能力

创业是一项极具挑战性、创造性、复杂性的人类社会实践活动，对于社会资源相对匮乏的大学生来说，创业的挑战和困难尤其明显。要想成为一个成功的创业者，除了要磨炼个人品质，还需要不断地提升自己的创业能力。创业能力不是与生俱来的，是可以通过训练和实践获得的，需要创业者不断地学习，并在实践中应用和提升。为了成功实现创业，大学生应具备以下创业能力：

（1）执着与冒险精神

只有不惧风险、敢于打破常规思维的人，才能独具慧眼，在瞬息万变的市场环境中，抓住稍纵即逝的商机。创业企业要生存发展，创业者必须具有比竞争对手更敏锐的市场洞察力，准确、迅速地识别和断定消费者的需求趋向，从社会发展和市场竞争中发掘商机。

（2）创新能力

创新作为人的相对稳定的心理模式，持续表现出创新意愿和创新倾向。一个人的价值是通过自己进行创新性的劳动，取得新颖、独特、有社会应用价值的成果来体现的。创造性成果决定着人才价值的大小。

（3）学习能力

当今社会是学习型社会，科技发展日新月异，知识更新周期日益缩短，个体具备持续获取新知识及成果的能力尤为重要。只有会学习，不断吸收、更新知识结构，才能适应社会的新变化、胜任不同岗位的新要求，这是现代社会人才必备的素质。

（4）人格魅力

良好的人际沟通能力是成功必不可少的条件。具备人格魅力是建立良好人际关系并在竞争中获得成功的重要前提。大学生要取得事业上的成功，必须具备独特的人格魅力，包括强烈的自信心、顽强的进取心、百折不回的坚韧心和心系社会的责任心。

（5）坚强的意志力

任何有志有为者应当以拥有不断挑战心力极限的意志为荣，只有具备坚强的意志力的人，才能抵御社会的种种诱惑，不断达到新的高度，创造新的辉煌。今天很残酷，明天更残酷，后天很美好，但绝大部分人放弃在明天晚上，看不到后天的太阳。因此，做事要有永不放弃的执着信念。

1.3.3　创业精神

创业精神是指以创新精神为指导，把创新观念转化为创新实践蓝图的思维操作意识。也就是说，创业精神是创新主体在创新精神指引下，把创新观念转化为创业形象蓝图，再把创业形象蓝图转化为创新实践蓝图的精神力量。创业精神是从创新精神向创新实践蓝图转化的中介，即创新精神—创业精神—创新实践。

通过对创业学生调研发现，当代大学生应具备的创业精神主要包括：

（1）思想品质

过硬的政治素质，迫切的时代责任感、使命感和危机感，远大的理想和抱负，强烈的创业欲望和事业心，永不满足的进取心，艰苦奋斗、勇于奉献、果敢决断的创业精神，良好的遵纪守法意识等。

（2）心理素质

浓厚的创业兴趣与爱好，勇于探索、脚踏实地的钻研精神，乐观自信的创业心态，商业风险的警觉意识，坚韧不拔的毅力，战胜风险、征服困难的坚定信念，顽强的心理承受能力等。

（3）道德品质

诚实守信、谦虚谨慎的社会公德，强烈的纪律意识、集体主义观念等职业道德。

（4）思维能力

强烈的好奇心、合理的怀疑意识、敏感的问题意识、科学的批判意识等创新意识，逆向思维、发散思维、聚合思维等创业思维，市场观念、竞争观念、效益观念等商业意识。

创业精神已逐渐成为广大成功创业者的一个重要特征。创业是一个漫长而艰苦的过程，创业的成功率也很低，我们周围也不乏昙花一现的所谓创业成功的企业和人士，真正经得起长期考验的成功创业者少之又少。这是因为创业不仅需要天时、地利、人和、机遇等因素的配合，更需要创业者秉承着坚韧不拔的意志，立志用创新去改变世界，践行“敢为天下先”的理念。

褚时健就是创业者的典型代表。他一生多次创业：第一次创业是糖厂，第二次创业是农场，第三次创业是玉溪卷烟厂，最后一次创业是“褚橙”，每一次创业都非常成功，堪称创业界的奇迹。有一次记者问他创业成功的秘诀是什么，褚时健的回答出乎所有人的意料：我认定的事，只想赢、不想输！

回望褚时健60多年的创业历程，在多个领域里跌宕起伏，历经磨难，他凭借的不是专业知识上的优势，也不是商业能力上的卓越，而是“勇于创新、敢于冒险、永不满足、坚韧不拔、追求梦想”的创业精神，这不仅是褚时健不断前行的精神支柱，也是古今中外所有成功创业者的精神支柱，他们都秉承着这样的精神和信念开创自己的事业，创造人生的价值。所以，创业精神才是创业者的秘诀，而这种精神需要在创业的实践中不断磨砺才能获得。

【练习题】

1. 请列出杯子的30种用途。

分析思路：可利用顺向思维与逆向思维、纵向思维与横向思维进行思考。

2. 请列出10种导致交通堵塞的原因。

分析思路：可组织小组头脑风暴进行讨论。

3. 请列出5种可以替代现行高考制度的办法。

分析思路：可组织小组运用SWOT分析进行讨论。

4. 找出与自行车有结合点的其他事物，使自行车的构造和功用发生新的变化。

参考答案：自行车与船结合（水上自行车），自行车与健身器材结合（自行车健身器），自行车旁安装挎斗（挎斗自行车），自行车上安装货架（载货自行车），自行车装到索道上（登高自行车，用于娱乐或体育比赛，尚无产品），自行车与飞行器结合（飞行自行车，尚无产品）等。

5. 找出收音机与电话相似的地方，至少列出10点。

参考答案：①外形相似；②都能发出声音；③都可以用电池；④都是塑料外壳；⑤都有天线；⑥都有耳插孔；⑦都可以随身携带；⑧都有信号指示；⑨都有喇叭；⑩都有线路板等。

6. 列出苹果与面包的相同点与不同点，至少各列出5点。

参考答案：

相同点：①都可以吃；②都是营养食品；③都可以在商店里买到；④都属于食物；

⑤都要通过胃的消化才可以被人体吸收。

不同点：①苹果自然生长，面包是糕点师傅手工制作的；②苹果的形状很单一，面包有各种各样的形状；③苹果的颜色多是绿色、黄色、红色，面包多是麦色；④苹果多生吃，也可以蒸熟吃，但面包是一定要吃熟的；⑤苹果要按季节生长，面包一年四季都可以制作。

7. 找出表与打火机相似的地方，至少列示出10点。

参考答案：①都是固体；②都是男生用得比较多；③都怕摔；④都要花钱买；⑤自己都做不出来；⑥都便于携带；⑦都很轻；⑧都能用眼睛看到；⑨都能摸到；⑩都没有灵魂等。

8. 你的面前摆着4种物品：1本平装书，1瓶可乐，1条纯金项链，1台电视机。请从上述4种物品中找出两两之间的共同之处。

参考答案：①平装书与可乐属于价格低廉品；②平装书与电视机属于信息用品；③可乐与电视机属于诞生于现代的物品；④纯金项链与电视机属于贵重物品。

9. 某汽车轮胎厂生产一种名牌轮胎，出于公关需要，准备制作一种精美、实用又能反映该厂特点的小礼品。请根据下面提供的素材，运用求同思维方法，选出其中2种素材，设计出一个小礼品。素材：茶缸、烟灰缸、钢笔、工厂的厂牌、轮胎模型、厂办公楼模型、小相框。

参考答案：用一个橡胶仿真小轮胎套在特制的小烟灰缸上；用橡胶仿真小轮胎当底座，插上特制钢笔；在两个并立的小胶轮中间，插上一个小相框。

10. 生活中还有哪些物品是用2种或2种以上物品组合在一起发明的？

参考答案：带橡皮的铅笔、房车、沙发床等。

11. 有一家专门生产大小皮包的企业想扩大皮包的品种，你能否运用求异思维，从功能方面提出设想？

参考答案：育儿包（便于携带婴儿用品）、钓鱼专用包、运动员包、医生急救包、集邮包（装邮票册）、化妆包、旅行便携包、写生包（装外出写生的用具）、海员急救包（防水，备有救生用品）、自行车挂包（供骑自行车长途锻炼用）、经理包（高档提包）、中小学生书包（背包）、公务包（公务员及大学生用的男士、女士挎包及提包，或挎提两用包）、采访包（供摄影记者用）、电脑包、文具包（装办公常用的笔、书本、刀、日历、计算器等）。

12. 一所学校新建了一座图书馆，老图书馆的书籍、设备要搬过来，工作量很大，人手又少，如闭馆一个月进行搬迁，必然会影响读者借阅。你有什么好办法来解决这个问题呢？

参考答案：老图书馆只借出书籍，新图书馆负责收回。

参考文献

[1] 张海霞．创新工程实践[M]．北京：高等教育出版社，2016.

[2] 王竹立．你没听过的创新思维课[M]．2 版．北京：电子工业出版社，2015.

[3] 杨莹．终身创造力[M]．南京：江苏凤凰文艺出版社，2019.

[4] 陈雪梅．用故事激发孩子的创新能力[M]．北京：中国纺织出版社，2010.

[5] 赵延忱．创业其实很简单[M]．北京：中国人民大学出版社，2016.

[6] 《创新之路》主创团队．创新之路[M]．北京：东方出版社，2016.

[7] 何建湘．创业者实战手册[M]．北京：中国人民大学出版社，2016.

[8] 毛良虎．国际化视野下的创造、创新与创业[M]．南京：东南大学出版社，2016.

[9] 张海霞．创新工程实践[M]．北京：机械工作出版社，2020.

[10] 张建雄．绿色生态设计到工业产品设计的实践[J]．中国市场，2011（15）：41-42.

[11] 梁卿．创新创业教育实践的概念基础：反思与回归[J]．职教通讯，2019（7）：1-6.

[12] 林昊．产品生态设计策略研究[J]．工业设计，2018（7）：61-62.

[13] 张楚廷．论创新、创造和创业[J]．创新与创业教育，2020（6）：1-6.

（扫码获取本章课件）

第 2 章　创新创业形势与政策

学习目标：

1. 能够系统地认知和了解大学生创新创业的形势和政策；
2. 能够系统地认知和了解相关创新创业大赛的基本要求。

学习要求：

1. 了解创新创业大学生教育的特点及对大学生发展的影响；
2. 掌握扶持大学生创新创业的政策和创新创业者应具备的能力；
3. 了解常见大学生创新创业大赛的参赛要求、赛制和奖项设置等方面的知识。

2.1　创新与创业形势

就业难是一个在我国长期存在的问题，促进高校毕业生就业创业，关系基本民生，也是加快创新型国家建设的重要支撑。党的十九大报告指出，鼓励更多社会主体投身创新创业，注重解决结构性就业矛盾，鼓励创业带动就业。提供全方位公共就业服务，促进高校毕业生等青年群体通过多渠道就业创业。

2.1.1　大学生创新创业现状

随着大学的扩招，每年都会有几百万名大学生相继毕业，有限的工作岗位面对数额庞大的大学生群体，就业压力可想而知。鲁迅说过：“地上本没有路，走的人多了，也便成了路。”大学生自主创业正是一条学生自谋工作的有效出路。不想当将军的士兵不是好士兵，不想当老板的员工不是好员工，创业也是一种实现自身理想的有效途径之一。不过大学生创业也面临着很多不可忽视的难题。

第一，大部分大学生动手实践能力较弱，加之社会竞争残酷激烈，创业环境严峻，大学生对于创新创业的实际操作难以达到创新创业的理论要求，想在行业中激流勇进、占得一席之地需要面对极大的挑战，创新创业水平有待提高。

第二，大多大学生创业者缺乏创业经验，难以做到对产业信息的及时把握，缺乏管理体系知识，领导能力不足，易导致高消耗低收入，甚至血本无归。随着时间的推移，可能会对创新创业产生抵触情绪，甚至放弃。

第三，大学生对创业政策和形势方面的知识较为匮乏，很大程度上归咎于学校对创业信息指导的匮乏，创新创业教育师资基础薄弱，不少大学生创业者在不了解社会环境的情况下盲目投资，以致带来不必要的经济损失和身心伤害。

基于以上困难，开展规范而系统的创新创业教育显得十分必要。

2.1.2 创新创业与大学生教育的发展

创业是社会发展的基础和动力，只有鼓励创业、扩大就业，才能促进社会的和谐稳定，保证社会主义国家的长治久安。现代大学生受过高等教育，掌握了一定的专业知识和技能，综合素质比较高，创业的冲劲比较大，是创业的主力军。加强大学生的创新创业教育、促进高校毕业生等青年群体多渠道就业创业、培养优秀的创新创业人才十分必要。

（1）创新创业教育发展状况

在新形势下，“大众创业、万众创新”已经成为中国经济转型发展的新动力。根据《教育部　财政部关于“十二五”期间实施“高等学校本科教学质量与教学改革工程”的意见》的要求，各高校须在“十二五”期间便开始实施大学生创新创业教育项目训练计划。

中国高校的创新创业教育计划将中国高校创新创业实践项目分为创新训练项目、创业训练项目和创业实践项目。创新训练项目注重设计项目的创新能力以及创新探究的过程。创业训练项目注重对现今中国经营体制的学习以及经营项目所有的商业可行性计划进行的调研。创业实践项目注重实际操作、市场化经营管理情景还原以及模拟企业运作。这 3 种项目都需要由资深的导师进行临场指导、学生自主完成，从而有效提高大学生的创新创业能力。

各大高校相继建成了初步的创新创业课程体系。近年来，“创业基础”由教育部明确规定为高等院校必开课。各大高校相继开设了理论与实际并重的各类课程。在创新创业课程中，教师可以通过师生互动、案例分析、实地见习、角色模拟、创业大赛等丰富的手段和方式开展具有中国特色的高校创新创业教育。

目前国内各大高校逐步形成了以“兴趣驱动、自主实验、重在过程、面向需求”为原则，以“模拟公司制管理”为经营模式，以“孵化器、创业导师”为实践方案，以“教学计划和创业计划相结合”为培养计划，以“创业氛围的营造”为交流平台，有着中国特色的全套高校创新创业培养模式。

（2）创新创业教育与学科教育的关联度

创新创业教育并不是孤立存在的，它与专业教育之间存在紧密的联系，创新创业教育能否成功，在很大程度上取决于专业教育进行得是否有效。

专业教育讲究“学有所长”。由于社会分工日益细化，不同领域之间的区隔和壁垒越来越严实，高校为提高人才与社会的匹配度，在推进素质教育的同时，一直在强化专业教育。专业教育是以专业理论、专业知识和专业技能培养为内容的教育，是为社会某领域进行的有针对性的人才培养，其课程内容、培养方式和培养目标均具有鲜明的差异性。正是这种差异性的专业教育，才能源源不断地为社会主义建设培养出特定领域的专业人才。

创新创业教育重在“学创事业”。创新创业从字面来看可分为创新和创业两部分内容，“创新”为“创业”服务，反过来“创业”规定了“创新”的应用属性。以此划分，创新教育培养学生的创新意识和创新思维，而创业教育则丰富了创新实践的内容，创造事业是创新创业的重点。创新教育在高校专业教育领域一直存在，没有创新，不管什么专业、什么行业都无法发展。但是，创新创业教育不仅强调创新，更强调将创新意识和创新思维落实到具体的创业实践当中，即创造事业。高校学生正处于学习知识和提高能力的黄金阶段，“学创”是高校学生与其他一般创业者的最大不同，因此高校创新创业教育重在培养学生具备创造事业的理念、思维和能力。

创新创业教育面对的是市场前沿，要根据市场发展的需求，拟定创新创业项目，做到有的放矢。在这个意义上，缺乏专业面向的创新创业教育是空洞而又不切实际的。当前市场竞争激烈，但凡成功的企业或品牌都对市场有着清晰的细分，针对所有人的企业或品牌营销已经无法跟上新时代的发展节奏。大学生创新创业的选题项目必须同样进行市场细分，找到自身存在和生存的生态位才能成功。当前高校创新创业教育依托不同的专业，根据不同专业的特点进行，是符合市场规律的。因此，创新创业教育必须始终紧扣专业教育，高校学生应在牢固掌握基础专业知识的基础上进行创新创业实践。

（3）创新创业与大学生思政教育融合

近年来，大学毕业生人数不断增加，就业压力逐步增大，在创新创业教育中融入思想政治教育，培养学生树立勇于奋斗的坚定信念，形成务实理性的价值观、积极向上的人生观、辩证发展的世界观，对大学生今后的发展十分必要。

思政教育包括理想教育，理想教育就是社会理想、职业理想和人生理想的综合，高校学生树立创业理想后，需要坚持自己的理想信念，不断努力，在创业之前确定好自己的奋斗目标。通过思想教育引导，学生能够更加明确创新方向，也慢慢懂得创业目标需要不断的奋斗和坚持才能得以实现，从而更加坚定理想信念。高校学生由于成长于精心呵护的温室，从小到大没有经历过挫折，一旦遇到困难，一些学生会因无法承受而萌生极端想法。因此，思想政治教育具有重要的意义，可以帮助学生学会自我心理调节，强大自己的内心，保持心态的健康，不断提高心理承受能力。

高校开展创新创业教育，目的是培养国家和时代需要的高素质人才。教育要高瞻远瞩，依据时代发展的趋势和前沿讲授知识。高校的思政教育更是离不开时代发展的背景，需要随时代的发展而不断更新。高校创新创业教育，并不是学生根据教师的指导按部就班地机械式重复，而是要以高校学生为主体，提高学生的主观能动性，给予足够的发挥空间，教师适时进行引导，帮助学生树立正确的创业观念，建立良好的心态，从容应对未来可能出现的各种挑战和困难，以积极的思想态度和价值观开展创业活动。

（4）创新创业典型人物案例与分析

【案例 2-1】 从大学时代的创新思维到世界 500 强——联邦快递创业之路

联邦快递于 1971 年成立，创始人史密斯当时才 27 岁。创业的前五年诸事不顺，公司累积亏损 3 000 万美元，史密斯被银行控告诈欺背信，被家人控告侵占，执行长职位被投资机构派代表取代。但史密斯坚持创业愿景，以极大的热忱凝聚员工同甘共苦的共识，以诚恳态度与极大耐性与投资人沟通，化解一波又一波的危机，终于成就伟大的事业，并实现快递业“隔夜送到”的典范经营模式。

转运中心式（Hub-and-Spokes System）的创新经营模式以及史密斯的领导风格，是联邦快递创业成功的关键因素。史密斯的成功之处在于他勇于利用理性分析与坚强的毅力，降低创业风险。他委托研究机构验证转运中心营运模式的可行性，并且用这些事实数据以及他个人极大的热情说服投资者提供资金，最后筹集到 5 200 万美元的创业资金。

创业不是一个人的行为，塑造愿景、沟通与宣扬愿景、说服他人共同追随愿景是创业领导人的重要职责。创业者的领导统御与沟通能力影响创业成败，许多创业个案显示，创业者的冒险精神和领导统御能力与其人格特质、经验背景有密切的关系。

联邦快递的创业过程充满了无数的困难，而史密斯能一一克服这些困难，联邦快递获得成功的故事带给创业者最重要的启示是：伟大的创业构想并不难产生，但实现创业构想却需要一位能够塑造愿景、坚持信念，并且具有领导魅力的伟大创业者。因此，培育创业者将是发展创业型社会所要面对的最重要的挑战。

【案例 2-2】 “谭木匠”商业模式的选择与创新

“谭木匠”是我国近年来选择了独特商业模式而获得快速发展的企业。企业创业之初，缺乏资金、缺少技术实力，更没有官方背景和垄断资源，是同期千百万创业企业中的普通一员。独特商业模式的选择与实施是其成功的关键。

谭木匠用一把木梳打天下，为一件不起眼的小产品赋予了浓郁的文化品位，将企业做得个性十足。1997 年，企业发展遇到资金“瓶颈”，面对困难，谭木匠公司及时策划，在《重庆商报》上刊登“企业招聘银行”的广告，向社会诉说企业发展所遇到的资金困难和未来发展前景，使得银行竞相和企业接触并主动向谭木匠公司提供贷款。这一举措既是一次成功的企业公关活动，也解决了企业发展的资金“瓶颈”。企业通过全力打造“谭木匠”品牌，塑造了高品质的具有中国传统内涵的木梳产品形象，产品在市场上具有较高的美誉度。在此基础上，企业通过虚拟经营的方式，利用外部资源在全国招募和遴选经销商，逐步在全国建立了 500 多家特许加盟店，建立了覆盖全国的销售渠道。

国外理论界在 20 世纪末提出的虚拟经营的企业发展理论，被谭木匠公司很好地运用于企业实践。通过虚拟经营，企业充分整合利用了外部资源，有效培育和打造了企业的核心竞争力。

2.2　创新与创业政策

2.2.1　引领扶持创新创业的相关政策

国家为了鼓励和支持大学生创业，制定出台了一系列相关政策，其中包括财政政策、金融政策、税收政策、收费政策和场地政策等。2005 年，国务院针对我国劳动力处于并将长期处于供大于求的这一情况，初次提出通过创新创业带动就业倍增的想法。2006 年，劳动和社会保障部通过积极响应国务院的相关通知，联合其他相关部门，为创新创业活动提供了健康的金融环境，逐步缓解应届毕业生的就业压力。2007 年，为促进创新创业，我国政府对中小型高新技术企业进行投资，从而在税收方面带动就业。2010 年，针对大学生遭遇的各种就业问题，人力资源和社会保障部出台了相关政策，对大学生创新创业活动作出明确规划，鼓励大学生进行创新创业。与国外创新创业发展进行比较，我国大学生创新创业发展的进程并不理想，因此，近年来我国对大学生创新创业的重视程度普遍越来越高，并出台了相关的鼓励扶持政策，以下是我国支持高校毕业生和在校生创新创业的相关政策介绍。

（1）支持高校毕业生创新创业的相关政策

高校毕业生（含五年内往届毕业生）申办有限责任公司，注册资本在 50 万元以下的（涉及国家和人民生命财产安全的前置许可项目除外），允许“零首付”。鼓励高校毕业生以实物、知识产权等作价出资创办企业，知识产权可占注册资本总额的 100%。允许高校毕业生将符合条件的自有住房、租赁房、临时商业用房作为登记注册的住所，可实行“一址多照”和“一照多址”。

高校毕业生申请经营项目需经前置许可审批的，除涉及国家和人民群众生命财产安全的前置许可审批项目外，可实行“先照后证”。在全市各级注册登记大厅为大学生创业开辟绿色通道；坚持实行“优先咨询、优先受理、优先登记”的“三优先”服务；坚持对符合政策条件的大中专毕业生实行“零收费”“零成本”创业；坚持实行创业“试营业”和“首违不罚”制度；继续开通“创业咨询热线电话”等。

注册公司所需的材料：

①《公司设立登记申请书》，由公司法定代表人签署；

②《指定代表或者共同委托代理人的证明》，由董事会签署；

③由发起人亲自签署的或由会议的主持人与出席会议的董事亲自签字的股东大会或创立大会的会议记录相当于股东会决议；

④由全体发起人签署或者全体董事签字的公司章程；

⑤自然人身份证件复印件；

⑥董事、监事和经理的任职文件及身份证件复印件；

⑦法定代表人任职文件及身份证件复印件；

⑧住所使用证明；

⑨《企业名称预先核准通知书》。

注册公司的详细流程：

①公司名称核准。准备至少 5 个名字作为备用，因为各行各业的中小企业数量很多，一旦重复就无法通过。想好公司名字后，到工商局领取一份《企业名称预先核准申请书》，填完由所有股东进行签名确认，再由工商局人员经过系统审查有无重复的名字，如果没有，工商局会给一份《企业名称预先核准通知书》。（3 个工作日后领取）

②在银行开设临时账户。带齐法人和股东身份证原件、《企业名称预先核准通知书》、股东章、法人章到某一家银行以公司名义开一个临时账户，股东可以将股本投入其中。（特殊行业需验资，其他行业由于采用认缴制可省略）

③办理工商营业执照（五证合一）。到工商局领取一套新公司设立登记的文件及表格，按要求填写并由股东法人签字，将《企业名称预先核准通知书》、场地租赁合同、所有股东身份证原件递交到工商局的注册科，注册科审查后会发放一份受理文件。（7 个工作日后领取）

④刻章。一般需要刻公章、法人章。（包括备案 3 个工作日）

⑤银行开户。带齐全部办理完毕的证件，包括营业执照正副本（三证合一）、法人代表身份证原件、公章、法人章，到开户行办理基本户。（5 个工作日后领取）

到此，公司的注册基本完成，全部证件有营业执照正副本（三证合一）、银行开户许可证、公章、法人章等。

（2）鼓励在校大学生创新创业的相关政策

1）大学生创业税收优惠

持人力资源和社会保障部门核发的就业创业证（注明“毕业年度内自主创业税收政

策”）的高校毕业生，在毕业年度内（指毕业所在自然年，即1月1日至12月31日）创办个体工商户、个人独资企业的，3年内按每户每年8 000元为限额依次扣减其当年实际应缴纳的营业税、城市维护建设税、教育费附加和个人所得税。对于高校毕业生创办的小型微利企业，按国家规定享受相关税收支持政策。

2）创业担保贷款和贴息

符合条件的大学生自主创业的，可在创业地按规定申请创业担保贷款，贷款额度为10 万元。鼓励金融机构参照贷款基础利率，结合风险分担情况，合理确定贷款利率水平，对个人发放的创业担保贷款，在贷款基础利率上浮 3 个百分点以内的，由财政给予贴息。

3）免收有关行政事业性收费

毕业 2 年以内的普通高校学生从事个体经营（除国家限制的行业外）的，自其在工商部门首次注册登记之日起3年内，免收管理类、登记类和证照类等有关行政事业性收费。

4）享受培训补贴

对大学生创办的小型微利企业新招用毕业年度高校毕业生，签订 1 年以上劳动合同并缴纳社会保险的，给予 1 年社会保险补贴。对大学生在毕业学年（即从毕业前一年 7月1日起的12个月）内参加创业培训的，根据其获得创业培训合格证书或就业、创业情况，按规定给予培训补贴。

5）免费创业服务

有创业意愿的大学生，可免费获得公共就业和人才服务机构提供的创业指导服务，包括政策咨询、信息服务、项目开发、风险评估、开业指导、融资服务、跟踪扶持等一条龙创业服务。

6）取消高校毕业生落户限制

高校毕业生可在创业地办理落户手续（直辖市按有关规定执行）。

7）创新人才培养

创业大学生可享受各地各高校实施的系列“卓越计划”、科教结合协同育人行动计划等，同时享受跨学科专业开设的交叉课程、创新创业教育实验班等，以及探索建立的跨院系、跨学科、跨专业交叉培养创新创业人才的新机制。

8）开设创新创业教育课程

自主创业大学生可享受各高校挖掘和充实的各类专业课程和创新创业教育资源，以及面向全体学生开发开设的研究方法、学科前沿、创业基础、就业创业指导等方面的必修课和选修课，享受各地区、各高校资源共享的慕课、视频公开课等在线开放课程和在线开放课程学习认证、学分认定制度。

9）强化创新创业实践

自主创业大学生可共享学校面向全体学生开放的大学科技园、创业园、创业孵化基地、教育部工程研究中心、各类实验室、教学仪器设备等科技创新资源和实验教学平台。参加全国大学生创新创业大赛，全国高职院校技能大赛和各类科技创新、创意设计、创业计划等专题竞赛，以及高校学生成立的创新创业协会、创业俱乐部等社团，提升创新创业实践能力。

10）改革教学制度

自主创业大学生可享受各高校建立的自主创业大学生创新创业学分累计与转换制度，学生开展创新实验、发表论文、获得专利和自主创业等情况可折算为学分，将学生参与课题研究、项目实验等活动认定为课堂学习的新探索。同时也为有意愿、有潜质的学生制订创新创业能力培养计划，将创新创业档案和成绩单等客观记录，并量化评价学生开展创新创业活动的情况。优先支持参与创业的学生转入相关专业学习。

11）完善学籍管理规定

有自主创业意愿的大学生，可享受高校实施的弹性学制，放宽学生修业年限，允许调整学业进程、保留学籍休学创新创业等管理规定。

12）大学生创业指导服务

自主创业大学生可享受各地高校对自主创业学生实行的持续帮扶、全程指导、“一站式”服务，以及地方、高校两级信息服务平台为学生实时提供的国家政策市场动向等信息，创业项目对接、知识产权交易等服务。可享受各地在充分发挥各类创业孵化基地作用的基础上，因地制宜地建设大学生创业孵化基地和相关培训、指导服务等扶持政策。

2.2.2 大学生对创新创业政策的正确选择与把握

（1）大学生创新创业的学习与培养

在意识形态上，大学生首先要明确当前严峻的就业形势，以往的就业模式已经不能完全适应当前的发展需要。当代大学生要建立对创新创业的正确认识，创业是近年来一种逐渐步入主流的就业方式，进行相关创新创业活动是适应社会和时代的发展需求。此外，明确时代赋予青年人尤其是大学生的使命和责任，青年人是国家发展的重要力量，大学生应当积极主动地响应国家“双创”号召，多了解创新创业，大胆尝试，争取为国家和社会发展提供更多内生动力。

在正式行动前，不断培养创新创业的兴趣和意识，积极有效地利用周边的资源，尽可能多地接受创新创业类教育及相关技能培训，为以后进行相关活动打下基础。要主动参加创新创业的活动和比赛，学会在比赛交流中积累成功的经验、总结失败的教训，有意识地培养和提高自己的创新创业素质，打好创新创业模拟战。

此外，在创新创业中提倡团队合作，大学生要增强团队合作意识。社会上大多数的工作都建立在合作共赢的基础上，每一项工作都不是单枪匹马可以完成的，个人能力是前提，但成功既离不开团队，也离不开集体，在创新创业中要增强合作意识。团队合作有利于提高个人的工作能力和创新水平，创新创业项目的成功进行也推动着个人能力的全面发展。

（2）大学生创新创业的建议和策略

创新创业是时代发展的需要，但大学生创业也有一定的难度。创业需要在知识、技能、资源、市场等各方面做充分准备，明确创业目标，制订科学的创业计划，不能一味地依赖热情和激情。

1）创新创业者应具备的素质

①创业意识：创业意识是创业实践活动中源生创业动力的个性意识倾向，由创业的动机、兴趣、理想、信念等心理成分构成。

②创业精神：要具备自信、自强、自主、自立的创业精神，相信自己可以克服各种困难，勇于担当责任，独立思考问题，避免受舆论和环境的影响，凭借自身的努力和拼搏建立生活和事业的基础。

③竞争意识：创业者要敢于竞争、善于竞争，扬长避短、发挥优势，在众多竞争者中凸显自己，为创业项目赢得更多成功的机会。

④创业心理素质：创业中机会与风险同时存在，在创业的过程中失误和挫折难以避免，在挫折和困难面前能够冷静分析和处理问题是创业者走向成功的重要条件。

2）创新创业应具备的能力

①专业技术能力：专业技术能力是创业者必须具备的，创业者只有熟悉专业和职业的特殊性，才能施展和发挥其经营管理的能力。

②经营管理能力：科学合理的经营管理可以使人、财、物等效益最大化，进而达到服务和产品被社会认可的目的。

③人际沟通能力：在创业中人际关系是非常重要的一大影响因素，良好的人际关系可以化解多方面合作交流中不可避免的矛盾，降低工作难度，促进创业者形成良好的社会支持系统。

④判断决策能力：自主创业面临着环境以及经营发展的各种变动，准确分析外部创业环境、有效获取创业信息、把握创业时机并能及时处理创业中遇到的各种问题，这些都需要创业者具备良好的判断决策能力。

3）创业前的准备

①流程方面：大学生创业的步骤一般包括明确创业目标、把握创业商机、分析创业

项目、制订行动计划等，创业前要密切关注社会的需求和市场环境的变化，把握商机，根据自身的专业技能来选择发展方向，制定创业目标，对目标和项目综合分析，进一步了解其可行性和风险性，最后制订详细的行动计划，按计划稳步进行。

②政策方面：近年来政府相继出台了多种鼓励创新创业的优惠政策，提供了优良的大环境，各种相关法律法规也为创业的成功提供了外部保障，大学生创业必须要多方了解这些政策和法律法规，遵循政策规章，依法保护自己的合法权益。

2.3 创新与创业赛道解读

2.3.1 中国国际“互联网+”大学生创新创业大赛

中国国际“互联网+”大学生创新创业大赛，由教育部与政府、高校共同主办。大赛旨在深化高等教育综合改革，激发大学生的创造力，培养造就“大众创业、万众创新”的主力军；推动赛事成果转化，促进“互联网+”新业态形成，服务经济提质增效升级；以创新引领创业、创业带动就业，推动高校毕业生更高质量创业就业。

“互联网+”大学生创新创业大赛将新兴信息技术与农业、制造业、能源、环保、社会服务等领域相互融合，内容丰富，涵盖多个学科专业。“互联网+”大学生创新创业大赛给大学生带来了挑战与机遇，提供了锻炼大学生创新创业能力的平台，锻炼了大学生的专业知识掌握能力、创新意识和实际操作能力，提高了其自身的创新创业能力，缓解了就业压力。

“互联网+”大学生创新创业大赛面向普通高等学校在校生，鼓励学生将理论和实践相结合，为培养学生的创新思维模式以及实际动手操作解决问题的能力提供了适宜的平台；培养大学生自主创业，能够缓解当前大学生就业压力，应鼓励学生积极参加；对于学生而言，大赛是推动学生创新创业全面发展的途径，为大学生工作积累经验和实际生产制造提供有效可行的办法，增强学生自主创业的信心与能力，促进学生全面发展。

截至 2021 年，“互联网+”大学生创新创业大赛已成功举办七届。下面以第七届大赛为例进行简单介绍，关于第七届中国国际“互联网+”大学生创新创业大赛的具体参赛要求、赛程安排及各赛道方案简介见官网通知（http://cy.ncss.cn/index.html）。

（1）大赛主题

我敢闯，我会创。

（2）总体目标

更中国、更国际、更教育、更全面、更创新，传承跨越时空的伟大的井冈山精神，聚焦“五育”并举的创新创业教育实践，推进赛事组织线上线下相融合，打造共建共享、融通中外的创新创业盛会。

更中国。在更深层次、更广范围体现红色基因传承，为全球创新创业教育提供中国经验、中国模式，提升高等教育感召力。

更国际。汇聚全球知名高校、企业和创客，融入经济双循环创新浪潮，搭建全球性创新创业竞赛平台，提升高等教育影响力。

更教育。建设德智体美劳“五育”并举的实践平台，提升青年学生的爱国情怀、社会责任感和创新创造精神，展现高等教育塑造力。

更全面。形成创新创业教育在高等教育、留学生教育、职业教育、基础教育各学段的全覆盖，打通创新创业人才培养各环节，提升高等教育引领力。

更创新。优化竞赛形式与内容，激发全社会创新、创业、创造动能，助推科技创新成果转化应用，服务国家创新发展，提升高等教育创造力。

（3）大赛目的

1）以赛促教，探索人才培养新途径。全面推进高校课程思政建设，深化创新创业教育改革，引领各类学校人才培养范式深刻变革，建构素质教育发展新格局，形成新的人才培养质量观和质量标准，切实提高学生的创新精神、创业意识和创新创业能力。

2）以赛促学，培养创新创业生力军。服务构建新发展格局和高水平自立自强，激发学生的创造力，激励广大青年扎根中国大地了解国情民情，在创新创业中增长智慧才干，坚定执着追理想，实事求是闯新路，把激昂的青春梦融入伟大的中国梦，努力成长为德才兼备的有为人才。

3）以赛促创，搭建产教融合新平台。把教育融入经济社会产业发展，推动互联网、大数据、人工智能等领域成果转化和产学研用融合，促进教育链、人才链与产业链、创新链有机衔接，以创新引领创业、以创业带动就业，努力形成高校毕业生更高质量创业就业的新局面。

（4）比赛赛制

1）大赛主要采用校级初赛、省级复赛、总决赛三级赛制（不含萌芽赛道以及国际参赛项目）。校级初赛由各院校负责组织，省级复赛由各地负责组织，总决赛由各地按照大赛组委会确定的配额择优遴选推荐项目。大赛组委会将综合考虑各地报名团队数（含邀请国际参赛项目数）、参赛院校数和创新创业教育工作情况等因素分配总决赛名额。

2）大赛共产生 3 200 个项目入围总决赛（港澳台地区参赛名额单列），其中高教主赛道 2 000 个（国内项目 1 500 个、国际项目 500 个）、“青年红色筑梦之旅”赛道 500 个、职教赛道 500 个、萌芽赛道 200 个。

3）高教主赛道每所高校入选总决赛项目总数不超过 5 个，“青年红色筑梦之旅”赛道、职教赛道、萌芽赛道每所院校入选总决赛项目各不超过 3 个。

（5）2015—2020 年历届中国国际“互联网+”大学生创新创业大赛简介

第一届中国“互联网+”大学生创新创业大赛在吉林大学成功举办，主题为“‘互联网+’成就梦想，创新创业开辟未来”，参赛项目主要包括“互联网+”传统产业、“互联网+”新业态、“互联网+”公共服务和“互联网+”技术支撑平台 4 种类型。全国共产生 300 个团队入围全国总决赛，其中创意组 100 个团队，实践组 200 个团队。大赛共吸引了 31 个省（区、市）及新疆生产建设兵团 1 878 所高校的 57 253 个团队报名参加，提交项目作品 36 508 个，参与学生超过 20 万人，带动全国上百万名大学生投入创新创业活动。最终评出大赛金奖项目 34 个、银奖项目 82 个、铜奖项目 184 个、单项奖项目 4 个、优秀组织奖 9 个、集体奖 20 个。冠军项目是哈尔滨工程大学项目——“点触云安全系统”。

第二届中国“互联网+”大学生创新创业大赛，主题为“拥抱‘互联网+’时代，共筑创新创业梦想”。大赛自 2016 年 3 月启动，吸引了全国 2 110 所高校参与，占全国普通高校总数的 81%，报名项目数近 12 万个，参与学生超过 55 万人。大赛评出冠军、亚军、季军共 4 名，金奖项目 32 个、银奖项目 115 个、铜奖项目 448 个、单项奖项目 4 个、参赛鼓励奖项目 24 个、优秀组织奖 10 个、先进集体奖 22 个。冠军项目为西北工业大学“翱翔系列微小卫星”。

第三届中国“互联网+”大学生创新创业大赛，增加了参赛项目类型，鼓励师生共创。主题为“‘互联网+’新时代　壮大创新创业主力军”。大赛评出冠军、亚军、季军共 4 名，金奖项目 35 个、银奖项目 110 个、铜奖项目 481 个、单项奖项目 5 个、参赛鼓励奖项目 20 个、优秀组织奖 10 个、先进集体奖 20 个；国际赛道金奖项目 4 个、银奖项目 13 个、铜奖项目 41 个。冠军项目为浙江大学杭州光珀智能科技有限公司研发的一代固态面阵激光雷达。

第四届中国“互联网+”大学生创新创业大赛，主题为“勇立时代潮头敢闯会创，扎根中国大地书写人生华章”。大赛评出冠军、亚军、季军共 6 名，金奖项目 58 个、银奖项目 130 个、铜奖项目 465 个、单项奖项目 8 个、优秀组织奖 10 个、先进集体奖 22 个；“青年红色筑梦之旅”赛道金奖项目 18 个、银奖项目 42 个、铜奖项目 143 个、优秀组织奖 8 个、先进集体奖 24 个；国际赛道金奖项目 15 个、银奖项目 45 个。冠军项目为北京理工大学“中云智车——未来商用无人车行业定义者”项目。

第五届中国“互联网+”大学生创新创业大赛，主题为“敢为人先放飞青春梦　勇立潮头建功新时代”，来自全球五大洲 124 个国家和地区的 457 万名大学生、109 万个团队报名参赛，参赛项目和学生数接近前四届大赛的总和。大赛评出冠军 1 名、亚军 1 名、季军 1 名，高教主赛道省市优秀组织奖 10 个，高校集体奖 21 个，单项奖项目 3 个，金奖项目 67 个、银奖项目 140 个、铜奖项目 439 个；“青年红色筑梦之旅”赛道省市优秀组织奖 8 个，高校集体奖 23 个，单项奖项目 3 个，金奖项目 18 个、银奖项目 51 个、铜奖项目 134 个；职教赛道单项奖项目 1 个，金奖项目 18 个、银奖项目 50 个、铜奖项目

133 个；国际赛道季军 1 名，金奖项目 14 个、银奖项目 45 个、铜奖项目 215 个；萌芽版块单项奖项目 4 个，创新潜力奖项目 20 个，成功入围全国总决赛项目 208 个。冠军项目为清华大学交叉双旋翼复合推力尾桨无人直升机。

第六届大赛正式更名为中国国际“互联网+”大学生创新创业大赛，主题为“百舸千帆敢闯新时代，起舞弄潮绘创世界梦”，将原国际赛道并入高教主赛道，以线上线下相结合的方式举办了一场创新创业“云”盛会，形成了一道展现我国软实力、巧实力，促进国际交流合作的亮丽风景线。大赛参赛项目涉及人工智能、航空航天、高端制造、医学生物、环境保护、能源开发、新材料、文化创意、公益服务等各个领域，推动了新一代信息技术与经济社会各领域的紧密结合。共有 164 个中国大陆（内地）参赛项目、23 个中国港澳台地区参赛项目和 111 个国际参赛项目从全球 147 万个参赛项目中脱颖而出，参与总决赛比赛。大赛评出高教主赛道省市优秀组织奖 10 个，高校集体奖 20 个，冠军 1 名、亚军 2 名、季军 3 名，单项奖项目 4 个，金奖项目 104 个、银奖项目 214 个、铜奖项目 772 个，入围总决赛项目 112 个；“青年红色筑梦之旅”赛道省市优秀组织奖 8 个，高校集体奖 29 个，单项奖项目 4 个，金奖项目 23 个、银奖项目 59 个、铜奖项目 127 个；职教赛道单项奖项目 1 个，金奖项目 25 个、银奖项目 60 个、铜奖项目 128 个，入围总决赛项目 25 个；萌芽版块单项奖项目 1 个，创新潜力奖项目 20 个，入围总决赛项目 207 个。冠军项目为北京理工大学的“星网测通”。

（6）历届优秀获奖项目解析

1）天下无臭——基于高效复合菌剂的恶臭治理技术（第六届中国国际“互联网+”大学生创新创业大赛职教赛道银奖）

该项目的核心产品为复合微生物除臭菌剂，是一种精选多种有益微生物经复合发酵而成的新型生物除臭剂。微生物分泌的酶能有效分解硫化氢、氨气等恶臭气体分子，除臭率和抑蝇率达 90%以上，并能有效抑制有害细菌滋生，实现源头除臭。其特点包括：工艺简单，前期建设成本低，不受工况条件限制；处理彻底，无毒害无残留，无二次污染；相对植物萃取液成本较低；除臭效果好，时效长，应用范围广。

该项目的核心技术为高密度发酵技术和常温保存技术。创新点为环保、无毒害、高效、源头除臭、常温保存。该项目产品和市场上同类产品相比，具有源头除臭、环保无毒害、高效除臭、可常温保存 18 个月以上以及成本低等优势。该项目团队具有从菌种筛选、复配到菌剂生产等一条龙的较强的产品研发能力，这是该项目团队的核心竞争力。目前该项目已获得 10 项专利，其中发明专利 1 项。

2）项目名称：授粉熊蜂行业领跑者（第四届中国“互联网+”大学生创新创业大赛“青年红色筑梦之旅”金奖）

邦卜生物科技有限公司（以下简称邦卜生物）自主研发，用创新方法繁育熊蜂，以独特商业配套，推出授粉熊蜂产品，致力于提高大棚农户收益。研发团队通过两年多的技术攻关，掌握了熊蜂繁育最优方案。每箱产品内含熊蜂蜂王 1 只、工蜂 80～100 只及营养供给盒等，可对 1～2 亩①农作物授粉 4～8 周，质量稳定，使用简单，授粉效果好。以番茄为例，其授粉成本比人工少 81%，亩产提升至少 30%。果实饱满，口感纯正。对农户而言，每亩仅花费 280 元便能增收至少 3 000 元。公司实现了繁育过程可控化，在打破滞育期这一关键环节上，采用复合刺激法，提高了熊蜂成群率，达到成群率 50%的国际一流水平；针对人工交配这一环节，用一定配比的营养液，可显著提升熊蜂交配成功率，目前相关技术已申请专利保护。自主设计的繁育与产品于一体的原生态蜂箱，可以保证蜂群的高质量、高效率，降低成本。

在精准扶贫上，邦卜生物优先培育低收入农户成为科技示范户，签订帮扶协议，低价销售授粉熊蜂，并保证每月到户和在线培训不少于 2 次，指导农户科学利用熊蜂进行授粉，切实增产增收，累计受益农户超过 200 余户。

在红色对接方面，以江苏省宿迁泗阳县为例，邦卜生物自 2017 年年底与其开始对接合作，陆续对成子湖片区卢集镇、高渡镇的 3 家合作社 80 余亩草莓、茄子、番茄使用邦卜熊蜂。截至 2018 年 7 月，累计增收 9 万 kg，为农户增收高达 60 余万元，助力成子湖地区产业脱贫。

公司精准定位于规模近 400 亿元的设施农业授粉市场，在常州建立了标准化熊蜂繁育基地，凭借专业团队，进行产品推广，公司成立以来，半年内已完成近 2 000 箱的销售，服务 140 余家农户，切实提高农户收益。公司致力成为国际一流的本土熊蜂授粉企业，实现科技兴农、质量兴农、绿色兴农。

2.3.2 全国大学生节能减排社会实践与科技竞赛

全国大学生节能减排社会实践与科技竞赛以“培养普及节能减排意识，提高科技创新能力”为宗旨。大赛主要培养具有节能减排意识的创新型人才，培养自主学习能力、激发学生的科技创新思维；培养学生动手实践能力、科技创新能力；多学科融合与交叉，培养团队协作能力。参赛学生参加节能减排竞赛可提高自身科技创新能力以及综合素质，为学生今后的科研以及工作奠定良好的基础。

全国大学生节能减排社会实践与科技竞赛是由教育部高等学校能源动力类专业教学指导委员会指导、全国大学生节能减排社会实践与科技竞赛委员会主办的学科竞赛。该竞赛充分体现了“节能减排，绿色能源”的主题，紧密围绕国家能源与环境政策，紧密结合国家重大需求，在教育部的直接领导和广大高校的积极协作下，起点高、规模大、精品多、覆盖面广，是一项具有导向性、示范性和群众性的全国大学生竞赛。

① 1 亩≈666.67 m^2。

（1）大赛主题

节能减排，绿色能源。

（2）竞赛内容

紧扣竞赛主题，作品包括实物制作（含模型）、软件、设计和社会实践调研报告等，体现新思想、新原理、新方法以及新技术。

（3）优秀获奖项目展示（科技作品特等奖）

1）项目名称：基于生物法的粪尿分离式水循环生态厕所（图 2-1）

项目简介：针对人类排泄物污染环境及厕所水资源消耗巨大的问题，本作品通过新型管道结构设计，实现粪尿分离并使用生物法去除污染物。污水循环使用，粪便资源化回收，使该厕所实现废物无害化、无须外接管网、节水节能。管路结构与自动控制系统结合达到粪尿分离。粪便进行生物好氧堆肥，废物资源化利用，污水经初步沉淀后进入生物活性炭（BAC）厌氧消化处理水箱，除去污染物，出水进入下部水箱进行物理吸附，由太阳能-紫外灯联合消毒后可用于冲洗厕所，完成水循环过程。整套系统通过使用微生物和太阳能去除粪尿中污染物及回用水中病原体，在能耗极低的条件下实现资源循环利用。整套厕所不消耗水资源，还可产出生物有机肥料。

2）项目名称：一种两轮车用防霾空气清新机（图 2-2）

项目简介：本作品是一种针对雾霾问题、应用于两轮车辆的空气清新装置，可作为辅助部件装配于两轮车，其功能主要有过滤空气、去除臭氧、控温控湿、负离子添加、智能控制、人机交互等，在有效保护使用者呼吸健康的同时还可提升其呼吸品质以及用户体验。

项目原理：基于机械传动和电磁感应，在自行车前轮加装轴承花鼓发电机以及轮胎摩擦发电机进行发电，并配备太阳能光伏板进行能量补充，然后通过稳压整流模块将电能储存在锂电池内，电力一部分通过离心风机转化为空气的压力能以完成过滤，另一部分用于空气的控温控湿以及负离子发生等辅助功能，处理后的空气最终通过软管以面罩的形式送至面部供应呼吸。

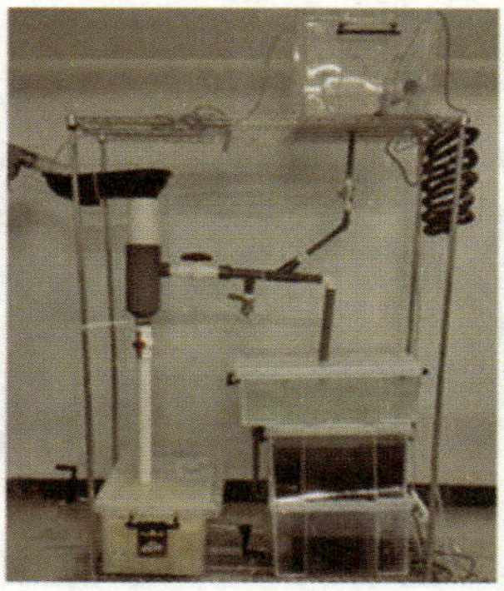

图 2-1　基于生物法的粪尿分离式水循环生态厕所

图 2-2　一种两轮车用防霾空气清新机

3）项目名称：西北贫困农村地区现代绿色夯土民居设计建造示范研究（图 2-3）

项目简介：在中国广大黄土高原地区，生态环境脆弱、资源短缺、村民经济及教育水平低下是房屋建设的主要挑战。目前村民新建房屋在生态安全、传统继承、经济适用方面存在极大问题。在此背景下，团队通过探索适宜的建造技术以及有效的建造技术传播方式，改善西北贫困农村地区的生活环境。团队争取无止桥慈善基金赞助、法国国际生土建筑研究中心的技术支持，成立志愿者团队，发起现代夯土绿色民居建造模式研究及示范项目。以文化传承、生态环保、就地取材、简单易行和廉价节约为原则，采用高科学低技术的策略介入生态民宅的建造模式研究与推广实践。在研究实践过程中，团队在夯土材料、夯筑工具、施工工艺、夯土民宅设计以及施工技术推广等方面取得突破；同时，组织志愿者与村民同吃同住，互相学习，发掘民间智慧，保证实施效果。该项目在安全性、经济性、可持续性及舒适度上远高于村民自建砖混房屋。它成功诠释了一种全新的适合广大贫穷农村地区的生态农宅建设新模式。

4）项目名称：低温等离子体协同催化温室气体高效资源化利用系统（图 2-4）

项目简介：针对目前温室气体减排和能源利用的需求，本系统基于低温等离子体协同催化技术，将介质阻挡放电（DBD）与催化剂相结合应用于 CO_2 重整 CH_4 过程，在较温和的条件下将 CO_2 和 CH_4 转化为以合成气（H_2 和 CO）为主的气态产物，避免了传统热催化重整反应能耗高、催化剂容易失活等问题。通过参数优化确定了兼顾反应物转化率和合成气生产成本的反应结构参数和过程参数；并研制获得了反应活性高、抗积碳性能强的 Ni 基双金属催化剂配方，该催化剂的抗积碳性能优于常规热催化反应中类似的双金属催化剂。在此基础上开发了一体化大规模的高效温室气体转化系统，通过选择合适的激励电源提高了系统的能量效率，降低了合成气的生产成本。将本系统与可再生能源相结合时可形成绿色环保的工作模式，提高了经济性。本系统相关技术可应用于温室气体减排、可再生能源消纳及化工合成等领域，并可进一步推广至生物沼气、天然气、煤层气以及页岩气等自然资源的开发利用过程。

图 2-3　西北贫困农村地区现代绿色夯土民居设计建造示范研究

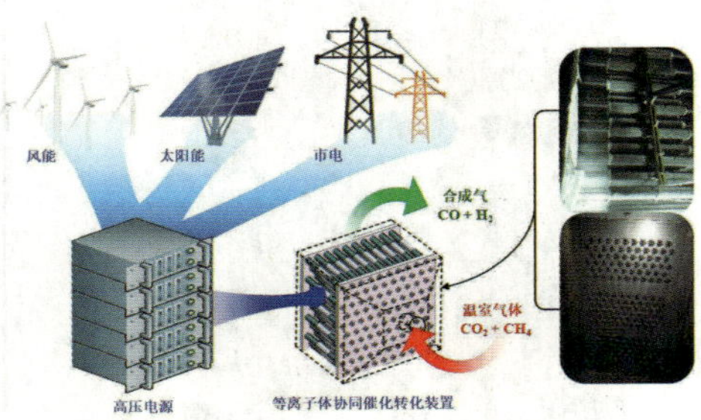

图 2-4　低温等离子体协同催化温室气体高效资源化利用系统

5）项目名称：基于机器视觉的太阳能小型水域智能清洁船（图 2-5）

项目简介：水面污染的治理是一项艰难的长期任务，是全人类必须共同面对的问题。人工清洁效率低、能耗大、资金投入大，且有些危险水域无法人工作业。本作品以太阳能作为船体驱动电源，利用智能优化算法规划了全水域的垃圾清扫路径，采用图像处理技术实现漂浮污染物的自主识别与定位，是一款绿色、智能、高效的环保节能清洁设备。船体仿双体船设计，采用太阳能和锂电池混合供电系统，根据发电量和储电量自动选择供电方式，不工作时通过太阳能向锂电池充电，实现能量的储存。为降低天气、背景杂波等因素造成的噪声干扰，提高水面图像质量，提出了基于图像增强、图像分割与深度学习融合的水面漂浮物识别方法。该船可实现自主巡航、实时画面回传监控、路线规划、水面垃圾的识别与自动清扫等功能。在自主巡航模式下，地面站控制无人机定时起飞，分块采集整体水域的图像，对整体水域中垃圾位置进行粗略全局定位，智能规划垃圾清扫路径。

6）项目名称：升水芬芳——翻转式“无水”蹲便器（图 2-6）

项目简介：水资源短缺问题日益严重，日常生活中冲厕是主要的用水方式，节水潜力巨大。传统厕所存在着耗水量大、不易洗净、病菌扩散、臭气不适、地面湿滑等问题，严重影响人们的使用体验。为此，该项目设计了一种新型翻转式“无水”蹲便器。该项目创新性地采用了可翻转式双面便池，利用混合动力源，实现自重力排污和扇形射流清污；为了确保便池准确翻转 180°并保持稳定，该项目自主设计了零功耗的人力驱动不完全齿轮传动装置；为了完全清洁便池面，在便池下方布置 3 个扇形喷嘴，依次射流清除残留；同时，该项目设计了便池筒体球阀式结构、水封槽和弹簧挡板以达到结构式密封效果。该装置用水量少于 1 L（约 0.9 L），相较于传统蹲便器平均节水 87%，该装置颠覆传统的外部冲洗过程，将清洗过程转移至下方，实现外部无水效果，减少了因外部冲洗过程造成的微生物向环境中的扩散污染，同时也降低了因水渍外溅带来的人力物力的清洁成本，改善如厕环境和用户体验，让“方便”真正方便。

图 2-5 基于机器视觉的太阳能小型水域智能清洁船

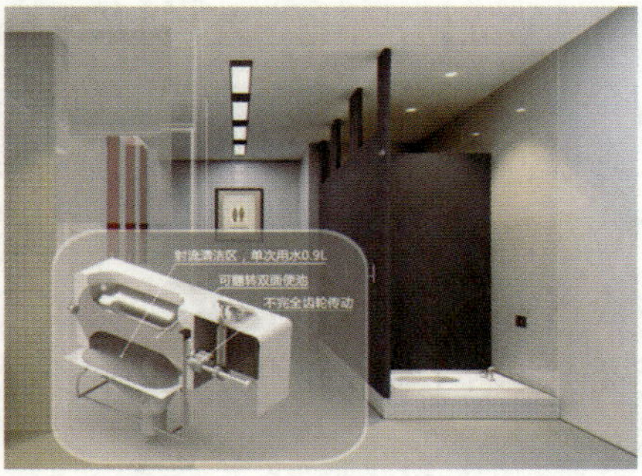

图 2-6 升水芬芳——翻转式“无水”蹲便器

2.3.3 “挑战杯”全国大学生课外学术科技作品竞赛

“挑战杯”全国大学生课外学术科技作品竞赛（以下简称“挑战杯”竞赛）是由共青团中央、中国科协、教育部、全国学联和地方政府共同主办，国内著名大学、新闻媒体联合发起的一项具有导向性、示范性和群众性的全国竞赛活动。自1989年首届竞赛举办以来，在促进青年创新人才成长、深化高校素质教育、推动经济社会发展等方面发挥了积极作用，在广大高校乃至社会上产生了广泛而良好的影响，被誉为当代大学生科技创新的“奥林匹克”盛会。该竞赛得到党和国家领导的亲切关怀。“挑战杯”竞赛已经成为吸引广大高校学生共同参与的科技盛会，促进优秀青年人才脱颖而出的创新摇篮，引导高校学生推动现代化建设的重要渠道，深化高校素质教育的实践课堂，展示全体中华学子创新风采的亮丽舞台。

“挑战杯”竞赛注重学术科技发明带来的实际意义和特点，与创新培养联系较为紧密；提升大学生解决实际问题的能力以及独立设计实验、独立科学研究的习惯和能力；更加注重市场与技术服务的完美结合，商业性更强，较为注重培养大学生的创业精神。

通过“挑战杯”竞赛项目可以锻炼大学生的专业知识和技能应用能力，创新创意和调查研究能力，实践动手和团队协作能力。“挑战杯”竞赛注重交叉学科的综合应用，为培养复合型人才奠定基础；充分发挥学生的主观能动性，提高学生的创新能力；遇到问题积极交流，培养团队合作意识。

（1）竞赛目的

竞赛的宗旨为崇尚科学、追求真知、勤奋学习、锐意创新、迎接挑战。目的为引导和激励高校学生实事求是、刻苦钻研、勇于创新、多出成果、提高素质，培养学生创新精神和实践能力，并在此基础上促进高校学生课外学术科技活动的蓬勃开展，发现和培养一批在学术科技上有作为、有潜力的优秀人才。

（2）组织机构

竞赛设立领导小组，由主办单位和承办单位的有关负责人组成，负责指导竞赛活动，并对全国组织委员会和全国评审委员会提交的问题进行协调和裁决。

竞赛设立全国组织委员会（以下简称全国组委会），由主办单位、承办单位和联合发起单位（含高校、新闻单位、相关企业）的有关负责人组成。

全国组委会下设秘书处，负责按照全国组织委员会通过的章程组织竞赛活动并向全国组委会报告工作。秘书处设秘书长、副秘书长若干名，由主办单位、承办单位的有关领导担任。

竞赛设立全国评审委员会，由主办单位聘请的相关学科中具有高级职称的非高校专家组成。全国评审委员会经主办单位批准成立，有权在当年竞赛章程和评审规则所规定的原则下，独立开展评审工作。

竞赛设立作品资格评判委员会，在全国组委会第二次全体会议召开时成立，资格评判委员会主任由全国评审委员会常务副主任担任。资格评判委员会会议由资格评判委员会主任负责召集。

（3）参赛资格与作品申报

对于参赛作品，论文类每篇在 8 000 字以内，调查报告类每篇在 15 000 字以内。为党政部门、企事业单位所做的各类发展规划、工作方案和咨询报告，已被采用者亦可申报参赛，同时附上原件和采用单位证明的复印件和鉴定材料等。

参赛作品类别包括哲学类、经济类、法律类、社会学类、教育类和管理类。以上仅供参考，不同届可能会有变动。

1）凡在举办竞赛终审决赛的当年 7 月 1 日以前正式注册的全日制非成人教育的各类高等院校在校专科生、本科生、硕士研究生和博士研究生（均不含在职研究生）都可申报作品参赛。

2）申报参赛的作品必须是距竞赛终审决赛当年 7 月 1 日前 2 年内完成的学生课外学术科技或社会实践活动成果，可分为个人作品和集体作品。申报个人作品的，申报者必须承担申报作品 60%以上的研究工作，作品鉴定证书、专利证书及发表的有关作品上的署名均应为第一作者，合作者必须是学生且不得超过 2 人；凡作者超过 3 人的项目或者不超过 3 人，但无法区分第一作者的项目，均须申报集体作品。集体作品的作者必须均为学生。凡有合作者的个人作品或集体作品，均按学历最高的作者划分至本（专）科生、硕士研究生或博士研究生类进行评审。

3）增加作品自查环节，申报学校签订承诺书，承诺作品符合“挑战杯”竞赛申报作品的要求，接受竞赛组委会抽查。一旦发现不符合申报要求的作品，将取消参赛资格，该学校不得补报作品。经核实有舞弊、抄袭、作假等的作品，从该参赛学校总分中扣除相当于三等奖分值的双倍分数，同时取消该学校参评集体奖项的资格。

4）本校硕博连读生（直博生）若在决赛当年 7 月 1 日以前未通过博士资格考试的，按硕士生学历申报作品；若通过，则按博士生学历申报作品。没有实行资格考试制度的学校，按照前 2 年为硕士、后续为博士学位申报作品。医学等本硕博连读生，按照 4 年、2 年及后续分别对应本、硕、博申报。

5）毕业设计和课程设计（论文）、学年论文和学位论文、国际竞赛中获奖的作品、获国家级奖励成果（含本竞赛主办单位参与举办的其他全国性竞赛的获奖作品）等均不在申报范围之列。

6）申报参赛的作品分为自然科学类学术论文、哲学社会科学类社会调查报告和学术论文、科技发明制作三类。自然科学类学术论文作者限本（专）科生。哲学社会科学类社会调查报告和学术论文限定在哲学、经济、社会、法律、教育、管理 6 个学科内。科技发明制作类分为 A、B 两类：A 类指科技含量较高，制作投入较大的作品；B 类指投入较少，且为生产技术或社会生活带来便利的小发明、小制作等。

7）参赛作品涉及下列内容时，必须由申报者提供有关部门的证明材料，否则不予评审。

①动植物新品种的发现或培育，须有省级以上农科部门或科研院所开具的证明。

②对国家保护动植物的研究，须有省级以上林业部门开具的证明，证明该项研究的过程中未产生对所研究的动植物繁衍、生长不利的影响。

③新药物的研究须有卫生行政部门授权机构的鉴定证明。

④医疗卫生研究须通过专家鉴定，并最好附有在公开发行的专业性杂志上发表过的文章。

⑤涉及燃气用具等与人民生命财产安全有关用具的研究，须有国家相应行政部门授权机构的认定证明。

8）参赛作品必须由 2 名具有高级专业技术职称的指导教师（或教研组）推荐，经本校学籍管理、教务、科研管理部门审核确认。

9）每个学校选送参加竞赛的作品总数不得超过 6 件，每人限报 1 件，作品中研究生的作品不得超过作品总数的 1/2，其中博士研究生的作品不得超过 1 件。参赛作品须经过本省（区、市）组织协调委员会进行资格及形式审查和本省（区、市）评审委员会初步评定，方可上报全国组委会办公室。各省（区、市）选送全国竞赛的作品数额由主办单位统一确定。每所发起学校可直接报送 3 件作品（含在 6 件作品之中）参加全国竞赛。

（4）奖励设置

全国评审委员会对各省级组织协调委员会和发起高校报送的参赛作品进行预审，评出 80%左右的参赛作品入围获奖作品，评出入围作品中的 40%获得三等奖，其余 60%进入终审决赛。在终审决赛中评出特等奖、一等奖、二等奖，其余部分获得三等奖。参赛的自然科学类学术论文、哲学社会科学类社会调查报告和学术论文、科技发明制作三类作品各设特等奖、一等奖、二等奖、三等奖。各等次奖分别约占各类入围作品总数的 3%、8%、24%和 65%。本（专）科生、硕士研究生、博士研究生 3 个学历层次作者的作品获奖数与其入围作品数成正比。科技发明制作类中 A 类和 B 类作品分别按上述比例设奖。

入围获奖的作品，确认资格有效的，由全国组织委员会向作者颁发证书，并视情况颁发相应的奖金。参加各省（区、市）预赛的作品，确认资格有效而又未进入全国竞赛的，由各省（区、市）组织协调委员会向作者颁发证书。

竞赛以学校为单位计算参赛得分，团体总分按名次排列，按位次公布。最高荣誉“挑战杯”为流动杯，授予团体总分第一名的学校；设“优胜杯”若干，分别授予团体总分第二名至第二十一名的学校。累计3次获得“挑战杯”的学校，可永久保存复制的“挑战杯”一座。

各等次奖计分方法如下：特等奖作品每件计100分，一等奖作品每件计70分，二等奖作品每件计40分，三等奖作品每件计20分，上报至全国组委会但未通过预审的作品每件计10分。如遇总积分相等，则以获特等奖的个数决定同一名次内的排序，以此类推至三等奖。

竞赛设10个左右省级优秀组织奖和获得入围作品高校数30%左右的高校优秀组织奖，奖励在竞赛组织工作中表现突出的省份和高校。省级优秀组织奖由主办单位评定，报全国组织委员会确认。高校优秀组织奖由各省（区、市）组织协调委员会提名，主办单位评定后报全国组织委员会确认。

在符合竞赛宗旨、具有良好导向作用的前提下，可联合社会有关方面设立、评选专项奖。专项奖不计分。

（5）赛程安排

1）组织发动阶段（每年11月左右）

召开全国组委会第一次全体会议，讨论通过并下发《“挑战杯”全国大学生课外学术科技作品竞赛章程》《“挑战杯”全国大学生课外学术科技作品竞赛评审规则》《“挑战杯”全国大学生课外学术科技作品竞赛申请承办办法》《“挑战杯”全国大学生课外学术科技作品竞赛组织实施计划》等，并将这些文件作为本届竞赛的指导性文件。

各省（区、市）成立由省级团委、科协、教育部门、学联及有关单位牵头的省级组织协调委员会。

各参赛高校在校党委等部门领导下，于规定日期前成立由校团委等有关部门及学生会、研究生会共同参加的参赛协调小组，并确定本校参赛组织实施计划，在学生中开展充分的宣传发动工作。

2）省级初评和组织申报阶段（每年4—6月）

4月，各校按“挑战杯”章程有关规定举办本校的竞赛活动，并择优推出本校参赛作品。

5月底前，各省（区、市）组织协调委员会完成对本地申报作品的初评。

6月10日前，发起高校需将本校3件直报作品报送“挑战杯”竞赛全国组委会，寄出截止日期以当地邮戳为准。直报作品需一式四份，直接报送的作品不计入各省（区、市）报送作品限额内（寄送地点：主办大学团委，如第十二届是大连理工大学团委）。

6月15日前，各省（区、市）从各校申报的作品中每校至多选出6件作品［其中，发起高校至多3件作品，各省（区、市）选定作品总数不得超过全国组委会规定的限额］报送“挑战杯”竞赛全国组委会，寄送作品一式四份及目录表，寄出截止日期以当地邮戳为准（寄送地点：主办大学团委，如第十二届是大连理工大学团委）。

同时，请各省级组织协调委员会组织本地参加终审决赛的学生在“挑战杯”竞赛官方网站（www.tiaozhanbei.net）上报送作品及申报书①。

3）全国复赛和参赛准备阶段（每年6—10月）

全国评审委员会于6月成立，并召开评审委员会主任办公会议，制定《评审实施细则》；于7月对作品进行预审；于8月向各地各有关高校下达终审参展通知及作品展览、演示等有关技术性规范要求。

各地各校按照组委会要求，于9月上旬至10月做好参评参展的各项物资技术准备和组团组队准备。

4）全国决赛和表彰阶段（每年10月左右）

各校参赛队到主办高校，如第十二届是大连理工大学报到、布展。

举行全国组委会第二次全体会议，通报竞赛筹备情况、作资格及形式审查报告、通过终审日程安排、抽签产生评审委员会委员并组成资格评审委员会。

举行参赛作品展览、组织作品转让洽谈活动，聘请律师和公证人员为技术转让各方提供服务。

全国评审委员会对参赛作品进行终审，对参展作品作者进行问辩。

若竞赛期间接到对作品资格的质疑投诉，则召开资格评审委员会会议，按程序评定该作品的参赛资格。

举行全国组委会第三次全体会议，通报评审情况，表决通过下一届“挑战杯”承办高校。

公布获奖情况，并向获奖单位及个人颁发奖杯、证书，举行承办高校交接仪式。

以上只作为参考，每年的时间都会有所变动。

（6）优秀作品简介

1）项目名称：化工剩余污泥减量化与资源化技术

来源：第十二届“挑战杯”作品；

小类：能源化工；

大类：科技发明制作A类；

简介：化工剩余污泥体积大、含水率高，且含多种有害物质。本作品首先研究了利用烟气废热直接干燥化工污泥，干燥后污泥的含水率降至约20%，体积大幅缩小，并创制了化工污泥干燥减量成套中试装置。进而研究了减量化后污泥的资源化利用，成功研制出利用化工剩余污泥制备活性炭、生态砖和陶粒的成套技术。本创新研究小组已申报9

① 很多高校和省（区、市）会在这个阶段或稍早举办自己学校［省（区、市）］的“挑战杯”校赛（省赛），以选出优秀作品，比赛时间不一样，具体时间请以自己高校和省份通知为准。

项国家专利，本发明目前正在南京化学工业园建设 100 t/d 规模的化工剩余污泥减量化与资源化示范工程（图 2-7）。

图 2-7　化工剩余污泥减量化与资源化技术项目作品

2）项目名称：废旧报纸回收纤维/聚乳酸生物可降解复合新材料的研制

来源：第十二届“挑战杯”省赛作品；

小类：能源化工；

大类：科技发明制作 A 类；

简介：日常生活中会产生大量的废旧报纸，如不采取相关的回收措施，不仅造成环境污染，还会造成资源的浪费。本作品是利用日常生活中产生的废旧报纸，通过回收纤维作为增强材料，利用可降解聚乳酸塑料为基体，通过一定的成型工艺研制的生物可降解复合材料。该复合材料可广泛应用于各类电器外壳、汽车内饰件、室内装饰等材料，材料废弃后可以在自然环境中完全降解为二氧化碳和水，不会对生态环境造成任何污染，是一种绿色复合材料（图 2-8）。

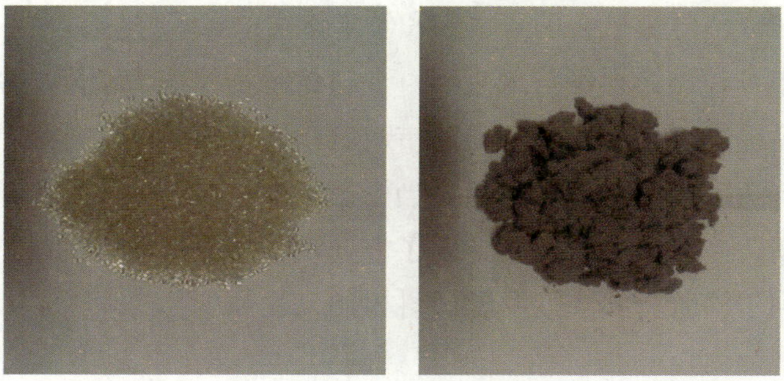

图 2-8　废旧报纸回收纤维/聚乳酸生物可降解复合新材料的研制项目作品

3）项目名称：湖南省农村医疗改革调查

来源：第十二届“挑战杯”省赛作品；

小类：社会；

大类：哲学社会科学类社会调查报告和学术论文；

简介：随着经济的快速增长，我国的医疗卫生状况得到了改善，但医疗卫生事业发展滞后，与世界上其他国家相比存在明显差距。农民看病难、看病贵等问题仍未得到解决，改革医疗卫生体制已成为当前突出的民生问题，湖南省响应国家政策提出了相应的改革措施。湖南省医疗改革制度自2003年开展试点以来，取得了可喜的成绩，但仍存在诸多问题。为了解湖南省医疗改革情况，该项目对湖南省农村地区进行了调查，并针对存在的问题提出了对策和建议（图2-9）。

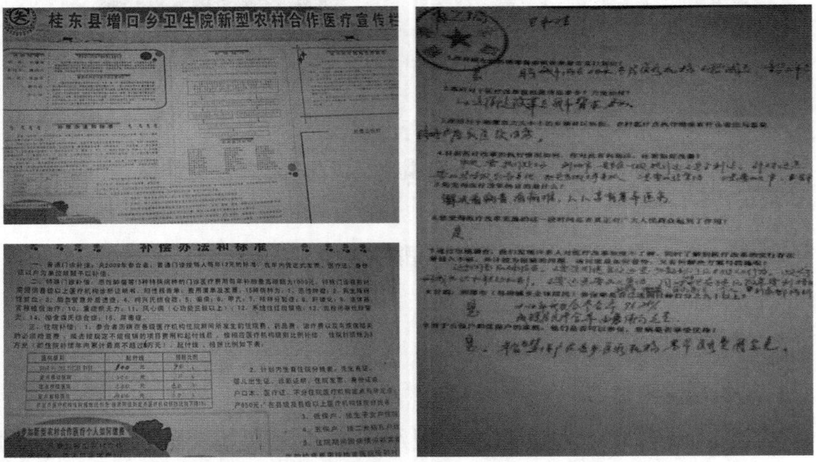

图2-9　湖南省农村医疗改革调查作品

4）项目名称：关于衡阳乡村发展低碳旅游新模式的构想

来源：第十二届“挑战杯”省赛作品；

小类：经济；

大类：哲学社会科学类社会调查报告和学术论文；

简介：衡阳市乡村旅游已经形成规模，乡村旅游不仅成为衡阳旅游业的重要组成部分，也是衡阳居民提高生活水平、享受到市政府惠民政策的具体体现。然而，旅游现状大同小异，没有特色、耗能量大等问题是当今衡阳乡村旅游在发展中遇到的困难。低碳旅游的提出，为衡阳乡村旅游的发展指明了方向。采用低碳旅游的模式可以改善现阶段的困扰。同时有利于旅游业的持续发展（图2-10）。

图 2-10 关于衡阳乡村发展低碳旅游新模式的构想作品

2.3.4 “挑战杯”中国大学生创业计划竞赛

创业计划竞赛起源于美国，又称商业计划竞赛，是风靡全球高校的重要赛事。它借用风险投资的运作模式，要求参赛者组成优势互补的竞赛小组，提出一项具有市场前景的技术、产品或者服务，并围绕这一技术、产品或服务，以获得风险投资为目的，完成一份完整、具体、深入的创业计划。竞赛采取学校、省（区、市）和全国三级赛制，分预赛、复赛、决赛 3 个赛段进行。

（1）竞赛目的

竞赛的宗旨是培养创新意识、启迪创意思维、提升创造能力、造就创业人才。竞赛的目的是引导和激励高校学生弘扬时代精神，把握时代脉搏，将所学知识与经济社会发展紧密结合，培养和提高创新、创造、创业的意识和能力，并在此基础上促进高校学生就业创业教育的蓬勃开展，发现和培养一批具有创新思维和创业潜力的优秀人才。

（2）组织机构

竞赛设立领导小组，由主办单位和承办单位的有关负责人组成，负责指导竞赛活动，并对全国组织委员会和全国评审委员会提交的问题进行协调和裁决。

竞赛设立全国组织委员会，由主办单位、承办单位的有关负责人组成。全国组织委员会设主任 1～2 名，副主任若干名。

全国组织委员会下设秘书处，负责按照全国组织委员会通过的章程组织竞赛活动并向全国组织委员会报告工作。秘书处设秘书长、副秘书长若干名，由主办单位、承办单位有关负责人担任。

竞赛设立全国评审委员会，由全国组织委员会聘请各相关领域的专家、学者、企业家、青年创业典型等非高校人士组成。全国评审委员会设主任 1 名，副主任和评审委员若干名。

（3）参赛资格与作品申报

高等学校在校学生通过申报商业计划书参赛，有条件的团队可在此基础上进行商业运营实践；聘请专家评定出具备一定操作性、应用性以及良好市场潜力和发展前景的优秀作品，给予奖励；组织作品和成果的交流、展览、转让活动。在符合竞赛宗旨、具有良好导向的前提下，竞赛可设立专项赛事，具体规则另行制定和颁布。

1）凡在举办竞赛终审决赛的当年 7 月 1 日以前正式注册的全日制非成人教育的各类高等院校在校专科生、本科生、硕士研究生和博士研究生（均不含在职研究生）都可参赛。

2）参加竞赛作品分为已创业（甲类）与未创业（乙类）两类；前者分为农林、畜牧、食品及相关产业，后者分为生物医药、化工技术、环境科学、电子信息、材料、机械能源、服务咨询等。实行分类、分组申报。

3）拥有或授权拥有产品或服务，并已在工商、民政等政府部门注册登记为企业、个体工商户、民办非企业单位等组织形式，且法人代表或经营者为在校学生、运营时间在 3 个月以上（以预赛网络报备时间为截止日期）的项目，可申报已创业类（甲类）。拥有或授权拥有产品或服务，具有核心团队，具备实施创业的基本条件，但尚未在工商、民政等政府部门注册登记或注册登记时间在 3 个月以内的项目，可申报未创业类（乙类）。

4）参赛形式：以学校为单位统一申报，以创业团队形式参赛，原则上每个团队人数不超过 10 人。对于跨校组队参赛的作品，各成员须事先协商明确作品的申报单位。对于经授权的发明创造或专利技术，在报名时须提交具有法律效应的发明创造或专利技术所有人的书面授权许可、作品鉴定证书、专利证书等。对于已注册运营项目的，在报名时须提交相关证明材料（含单位概况、法定代表人情况、营业执照复印件、税务登记证复印件、组织机构代码复印件等材料）。

5）参赛作品涉及下列内容时，必须由申报者提供有关部门的证明材料，否则不予评审。动植物新品种的发现或培育，须有省级以上农科部门或科研院所开具证明。对国家保护动植物的研究，须有省级以上林业部门开具证明，证明该项研究的过程中未产生对所研究的动植物繁衍、生长不利的影响。新药物的研究须有卫生行政部门授权机构或具有同等资质机构的鉴定证明。医疗卫生研究须通过专家鉴定，并最好附有在公开发行的专业性杂志上发表过的文章。涉及燃气用具等与人民生命财产安全有关用具的研究，须有国家相应行政部门授权机构的认定证明。

6）每个学校选送参加主体竞赛的作品总数不得超过 3 件（专项竞赛名额另计），每人（每个团队）限报 1 件。参赛作品须经过本省（区、市）组织协调委员会进行资格及形式审查和本省（区、市）评审委员会初步评定，方可上报全国组织委员会办公室。各省（区、市）选送全国竞赛的作品数额由主办单位统一确定。

（4）奖项设置

1）全国评审委员会对各省（区、市）报送的参赛作品进行复审，评出参赛作品总数的 90%左右进入决赛。竞赛决赛设金奖、银奖、铜奖，各等次奖分别约占进入决赛作品总数的 10%、20%和 70%；各组参赛作品获奖比例原则上相同。

全国评审委员会将在复赛、决赛阶段，针对已创业（甲类）与未创业（乙类）两类作品实行相同的评审规则；计算总分时，将视已创业作品的实际运营情况，在其实得总分基础上给予 1%～5%的加分。

专项赛事单独设置奖项。

2）参加全国终审决赛的作品，确认资格有效的，由全国组织委员会向作者颁发证书，并视情况给予奖励。参加各省（区、市）预赛的作品，确认资格有效而未进入全国竞赛的，由各省（区、市）组织协调委员会向作者颁发证书。

3）竞赛设 20 个左右的省级优秀组织奖和进入决赛高校数 30%左右的高校优秀组织奖，奖励在竞赛组织工作中表现突出的省份和高校。优秀组织奖的评选主要依据为网络报备作品的数量和进入决赛作品的质量。省级优秀组织奖由主办单位评定，报全国组织委员会确认。高校优秀组织奖由各省（区、市）组织委员会提名，主办单位评定后报全国组织委员会确认。

4）在符合本章程有关规定的前提下，全国组织委员会可联合社会有关方面设立、评选专项奖。

（5）赛程安排

1）申报方式

每届竞赛的作品申报方式以网络申报为主，纸质申报为辅。作者本人申报，学校、省级组委会、全国组委会审核均在网上进行。按照规定日期，参赛学生、参赛高校及省级组委会可登录竞赛官方网站（www.tiaozhanbei.net），按导航提示进行网上申报操作。

2）申报程序

作者申报：参赛学校团委负责组织本校参赛团队以作品报备时注册的用户名登录竞赛官方网站进行申报。学生必须在网上填写团队信息、作品信息，并根据需要上传商业计划书、附加材料、图片等资料，经确认后在线提交，提交材料将作为评审工作的重要参考。为保证竞赛的公平、公正，所有网络申报及纸质申报商业计划书均须隐去作者及学校信息。

学校审核：参赛高校根据全国组委会授予的账户和密码登录竞赛官方网站，在网上审核本校参赛作品，并在线提交省级组委会。同时在线导出作品申报表，加盖相关公章后连同商业计划书一起报送至省级组委会。其中，申报表和商业计划书要求分开装订，一式六份，封面采用 230 克 A4 纸，正文采用 70 克 A4 纸。每校作品不得超过 3 件，每人（每个团队）限报 1 件作品。对于跨校组队参赛团队，须经所在高校团委事先协商明确竞赛团队的申报单位并提供书面说明。

省级审核：省级组委会根据全国组委会授予的账户和密码登录竞赛官方网站，在网上审核本地选送作品，于规定日期前在线提交给全国组委会。同时，对纸质版申报表和商业计划书审核后，加盖相关公章。

全国组委会审核：全国组委会根据关于组织开展“挑战杯”中国大学生创业计划竞赛通知的要求，对各省级组委会申报作品进行资格审核，没有通过资格审核的项目将取消参赛资格。

3）时间安排

按照规定时间进行作品网上申报，各地须严格按照时间要求，做好作品申报工作。

各省级组委会严格按照作品数额分配表的规定，通过特快专递的方式将纸质版申报表、商业计划书及《“挑战杯”中国大学生创业计划竞赛参赛作品汇总表》（含纸质版及电子版）报送全国组织委员会办公室（地址：×××××，邮编：×××××，电子邮箱：×××××），寄出截止日期以当地邮戳为准。

（6）优秀作品简介

1）作品名称：内蒙古鸿昇活性炭再生科技有限公司创业计划

团队名称：鸿昇科技创业团队；

来源：第八届“挑战杯”中国大学生创业计划竞赛作品；

作品类别：乙类（未创业）；

作品领域：化工技术、环境科学组；

作品简介：鸿昇活性炭再生科技有限公司是一家集回收、再生、经营、研发为一体的活性炭再生高科技企业，坐落于内蒙古赤峰红山高新技术开发区。公司以废旧活性炭为原料，成本低廉，使用专利技术“一种微波活性炭再生装置”和“溶剂+微波辐照再生法”进行再生，打破传统生产工艺的局限，提升再生效果，再生后的活性炭将广泛用于净化环保等领域。

2）作品名称：吉林清流有限责任公司商业计划书

团队名称：清流创业团队；

来源：第八届“挑战杯”中国大学生创业计划竞赛作品；

作品类别：乙类（未创业）；

作品领域：化工技术、环境科学组；

作品简介：通过在岸上设计水体循环净化系统中植物根系层、基质吸附层进行循环过滤净化污染水体，实现植物根层和基质过滤层的双层联合清除水体污染物，探索污染水体的植物修复和物理修复技术联合的方式。同时建立水体自循环体系，解决滞留型污染水体失活问题，实现污染水体修复工程与绿化带景观工程相结合的技术体系，为污染水体提供新的生态修复方法，以此达到净化水质，减少水体污染物的目的。

3）作品名称：河南德行丰民种植专业合作社

团队名称：德丰团队；

来源：第八届“挑战杯”中国大学生创业计划竞赛作品；

作品类别：甲类（已创业）；

作品领域：农林、畜牧、食品及相关产业组；

作品简介：河南德行丰民种植专业合作社于 2010 年 7 月注册成立，紧贴农村、农民和农业的需求，扎根农村，服务“三农”，带领农户创办现代化新型农民专业合作社，通过适度规模经营土地，以种植粮食作物为主，进行现代农业的探索。发展至今，已建立周口、漯河和南阳 3 个科技服务站，正在筹备建立服务站 1 个，经营管理土地面积达 1.6 万亩，其中直营土地 5 000 亩，社员土地 1 万亩，具有 1 个对外合作千亩山地药材种植项目。

2.3.5 “北控水务杯”中国“互联网+”生态环境创新创业大赛

大赛以中国生态环境产教联盟为依托，会聚生态环境行业企业顶级专家、环境教育知名学者、产业资深投资人共同搭建院校生态环境创新创业项目与产业资源交流对接服务平台。通过挖掘和培育生态环境创新创业优质项目，推动生态环境产业发展及良好生态环境建设，有利于深化产教融合，促进人才、教育、产业、创新“四链”有机衔接，推动校企共同体建设，共享产教创新资源，共建行业创新生态。

“北控水务杯”中国“互联网+”生态环境创新创业大赛以生态环境领域为主体，会集环境行业企业顶级专家、环境教育知名学者和产业资深投资人，建立服务平台，培养生态环境行业创新创业技术优秀人才，有助于大学生创新创业能力的增强，通过理论指导实践，同时在实践中验证理论，实现理论和实践相结合。符合参赛条件的个人、团队、企业均可参赛。该赛事为生态环境行业赛，3 年来聚集行业高科技人才达 7 956 人，参与项目 931 项，参与单位 558 家，支持科技成果转移转化 1 048 项，生态合作意向签约 32 家，为行业、院校搭建了交流互通、资源共享平台。

2021 年举办了“北控水务杯”第四届中国“互联网+”生态环境创新创业大赛，该届赛事由生态环境“产业前沿”系列讲座、创新创业导师辅导、行业创新成果展、生态环境创新项目对接会四大活动构成。下面对第四届大赛及历届优秀获奖项目进行简单介绍。

（1）第四届大赛主题

绿色远景，智创未来。

（2）第四届大赛目标

旨在挖掘和培育高等院校生态环境专业创新科技成果及优秀创业人才，面向全社会宣传环保理念，推动产教融合协同创新发展，展示生态环境行业创新创业成果，打造行业生态圈。

（3）历届优秀获奖项目简介

1）欧卡无人驾驶清洁船（第三届“北控水务杯”大赛冠军项目）

目前水域环保维护市场容量较大，包括市政人工湖、水库、内河、近海水域等。团队研发出欧卡无人驾驶技术全自动化和标准化机器人，针对小、中、大不同的水域开发出不同标准化的机器人，依靠26组传感器达到业界第一。无人驾驶清洁船已形成智能化的工作流程，通过PC端和手机端在水域中可以自适应地进行巡检、清洁、监测等工作以及自动返回原位置。全自动化机器人目前通过欧盟认证，已达到量产，可获得水质、水生和水面垃圾量等数据。目前已落地 300 个水面机器人，涉及地点包括中国长三角、珠三角，英国、西班牙等国家和地区，获得一致好评。

项目团队由清华大学和西北工业大学的研究生组成。获得47项国家专利和亚太环保地球卫士中国创新创业大赛一等奖。未来规划将基于更加成熟的水上无人驾驶技术，辐射更多水域应用场景。

2）二维氧化石墨烯分离膜（第三届“北控水务杯”大赛亚军项目）

分离在化工生产和生活中应用较为广泛，其所消耗的能源占据人类消耗能源量的一半左右。在众多的分离方法中，膜分离法具有分离效果好、占地面积小等优势。而在众多的膜分离方法中，纳滤膜孔径较细，分离精度高，对水体净化程度比较高。近几年，纳滤膜在膜分离产业中所占比例仍比较低。原因在于传统纳滤膜生产方式比较复杂，生产成本高；另外，膜材料和结构的限制导致膜通量不足，耐污染性比较差。

将二维氧化石墨烯的片层，通过大孔的微滤和超滤膜，即得到纳滤膜。纳滤膜很薄，且亲水性比较好，其筛分过滤原理与传统的分离膜机理不同。通过过滤系统就可以将超滤膜或者微滤膜改造成纳滤膜，与传统方法相比有很多优势，如性能、单位含水量、适用pH范围以及抗污染能力都有了显著提升。此外，成本较低，对压力和能源要求较小。二维氧化石墨烯分离膜通过试制和应用，在药物浓缩、工业废水净化、城市供水等领域都展现了良好的效果。此外，该项目还研究开发了家用直饮龙头净水器，价格只有传统净水器的1/10，该产品市场比较广阔。

项目团队由哈尔滨工业大学的硕士、博士、博士后等组成，项目有自主知识产权，并且与合作伙伴有良好的产业合作关系，吸引了众多合作伙伴投资入股。产品的最终落地得到哈尔滨工业大学创新创业园的支持，预期在一两年内年收入将达到1 000万元，今后将深度开发二维氧化石墨烯分离膜技术。

【练习题】

1. 大学生应根据什么标准选择参加适合自己的创新创业赛道？

参考答案：

大学生应根据自己及项目的实际情况与成果类型选择适合自己的赛道和组别。首先根据自己的就读学校选择高教赛道或职教赛道；其次如果是扶贫项目，首选“青年红色筑梦之旅”赛道，根据项目主题内容、进展情况选择适合自己的组别（如果还没有注册公司，选择创意组；若已经注册公司，则应选择创业组）。

2. 中国国际“互联网+”大学生创新创业大赛与“北控水务杯”中国“互联网+”生态环境创新创业大赛的主要区别是什么？

参考答案：

中国国际“互联网+”大学生创新创业大赛涉及农业、制造业、能源、环保、社会服务等多个领域，内容丰富，涵盖多个学科专业，培养创新创业型人才。而“北控水务杯”中国“互联网+”生态环境创新创业大赛以生态环境领域为主体，主要培养生态环境行业创新创业技术优秀人才。

中国国际“互联网+”大学生创新创业大赛高教主赛道、“青年红色筑梦之旅”赛道、职教赛道的参赛对象须为普通高等学校在校生［可为本（专）科生、研究生，不含在职生］或毕业 5 年以内的毕业生；萌芽赛道的参赛对象为普通高级中学在校学生。前三届“北控水务杯”中国“互联网+”生态环境创新创业大赛的参赛对象除全国院校本（专）科生、研究生创新创业团队外，社会型创新创业团队或环保公司也可参赛；第四届大赛将参赛对象聚焦为在校本（专）科生、研究生以及毕业 5 年以内的毕业生。

中国国际“互联网+”大学生创新创业大赛高教主赛道参赛组别包括创意组、初创组、成长组、师生共创组；“青年红色筑梦之旅”赛道参赛组别包括公益组、创意组、创业组；职教赛道参赛组别包括创意组和创业组。前三届“北控水务杯”中国“互联网+”生态环境创新创业大赛的项目类别包括命题组、创新组、创业组和公益组；第四届进一步将创业组划分为初创组和成长组，将已设立企业的团队按成熟度进一步分组，精细化、公平化评审标准。

3. 高校毕业生和在校大学生创新创业在政策上有何不同？

参考答案：

高校毕业生（含五年内往届毕业生）申办有限责任公司，注册资本在 50 万元以下的（涉及国家和人民生命财产安全的前置许可项目除外），允许“零首付”。鼓励高校毕业生以实物、知识产权等作价出资创办企业，知识产权可占注册资本总额的 100%。允许高校毕业生将符合条件的自有住房、租赁房、临时商业用房作为登记注册的住所，可实行“一址多照”和“一照多址”等。在校大学生享受 12 项国家优惠政策，相比高校毕业生来说，政策支持力度更大。

（扫码获取本章课件）

第 3 章　生态环境创新创业需求与选题

学习目标：

1. 能够陈述我国生态环境产业现状、发展趋势；
2. 能进行生态环境产业需求分析；
3. 能根据生态环境生产实践中的难点和痛点进行创新创业项目选题；
4. 能评估评价生态环境创新创业项目价值。

学习要求：

1. 能详细说明中国生态环境现状及问题，准确讲述生态文明及建设美丽中国的内涵；
2. 能具体分析我国生态环境产业状况、产业政策，判断行业发展的新业态，了解生态环境行业新技术、新产品和新服务；
3. 能分析污染治理、废物循环利用、生态环保设备设施、环境监测、工艺运行等方面的需求；
4. 能对高性价比解决行业痛点的关键技术和研发的创新产品及服务进行价值评估。

3.1　生态环境产业现状

“十三五”期间，我国生态环境质量明显改善，但生态环境保护形势依然严峻，生态环境质量改善成效不稳固、区域不平衡、生态安全等问题凸显。

3.1.1　水资源环境治理

（1）人均水资源量贫乏

全国水资源总量大，但受地理、地形以及气候等因素影响，水资源量分布极不均匀，水资源短缺情况严峻。2019 年，我国人均水资源量为 2 077.7 m^3，仅为世界人均水平的 1/4，处于中度缺水的边缘，属于全球人均水资源贫乏的国家之一，全国 11 个省（区、市）的人均水资源量在缺水警戒线（人均 1 000 m^3）以下。北京、天津、河北、山东、河南、山西等 6 省（市）呈“资源性缺水”，西部省（区、市）水资源量丰富，但区域水资源开发利用程度较低，呈“工程性缺水”；南方省（区、市）水资源储存量巨大，但水资源保护未能与区域高速的经济发展相同步，呈“水质性缺水”。随着我国工业化、城镇化进程的不断推进和全球气候变化的影响，水资源短缺已成为制约我国社会、经济发展的重要因素之一。

解决水资源短缺的措施除了跨流域调水、开采地下水，还可选择提高用水效率、雨水利用、海水淡化、污水资源化利用等。其中，污水资源化利用是将污水或雨水通过污水处理工艺，使其达到特定的水质标准，成为再生水源重新利用。再生水替代常规水资源，对优化供水结构、增加水资源供给、缓解供需矛盾和减少水污染、保障水生态安全具有重要意义。相比其他措施，污水资源化利用有明显优势。城市再生水 70%来源于城市污水处理厂，水源充足稳定，能实现连续稳定供水。经处理达到特定水质标准的再生水，可用于工业生产、市政杂用、居民生活、生态补水、农业灌溉、回灌地下水等。再生水成本较低，污水再生利用系统灵活、适应性强，便于实施。污水资源化利用可以减少对水源的开发，保护生态环境，具有良好的生态效益。

（2）地表水持续改善

“十三五”期间，我国地表水、重要河流、重要湖泊水质情况持续改善，地表水优良水质占比、长江流域总体水质达到生态环境保护规划要求，水体治理成效显著。2020 年全国 1 940 个国家地表水考核断面中，水质优良（Ⅰ～Ⅲ类）断面比例为 83.4%，同比上升 8.5 个百分点；劣Ⅴ类断面比例为 0.6%，同比下降 2.8 个百分点。全国地下水污染情况仍比较严重，地下水的主要污染途径有农药化肥残留物渗滤液、城市垃圾渗滤液、工业废弃物渗滤液、地下水过量开采导致海水等苦咸水的侵入等。

“十四五”时期，地下水保护工作重点是关注生活饮用的地下水，通过地表水的治理，防范地下水污染，确保地下饮用水水源地的安全，清理地下水源保护区内违法违规活动及生产等，在不断改善水环境质量的基础上，更加注重水生态保护修复，注重“人水和谐”，让人民群众拥有更多生态环境获得感和幸福感。

（3）生活用水量增加

近年来，我国的总用水量缓慢降低，其中工业用水量和农业用水量在缓慢降低，而生活用水量和生态用水量则逐年递增，导致城镇污水排放量持续上升，从 2017 年的 517.8 亿 m^3 上升到 2019 年的 750 亿 m^3，生活污水已成为污水的主要来源。在“十四五”期间，工业用水占比将逐步下降，生活用水和生态用水占比将逐渐上升，水污染治理任务依然艰巨。

（4）污水资源化利用

再生水又被称作城市的“第二水源”，是缓解我国水资源短缺的重要途径之一。《水污染防治行动计划》（国发〔2015〕17 号）、《国家节水行动方案》（发改环资规〔2019〕695 号）等政策文件强调了再生水利用的重要性，规划了再生水利用及节水目标，提出以缺水及水污染严重地区城市为重点完善再生水利用设施，工业生产、城市绿化、道路清扫、车辆冲洗、建筑施工以及生态景观等用水优先使用再生水等要求。

再生水的循环利用如图 3-1 所示，污（废）水资源化包括提供水处理技术解决方案、运营服务、污（废）水资源化产品生产与销售，业务的市场领域主要包括饮用水深度处理、市政污水和工业废水的深度处理及资源化等。

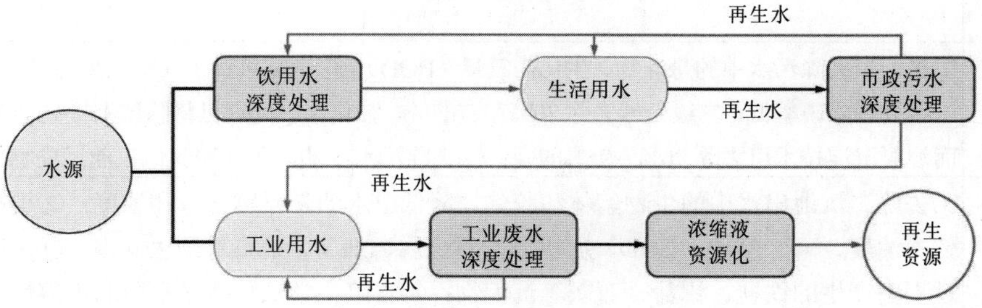

图 3-1　再生水的循环利用示意

经污水处理厂二级处理后达标排放的出水便可用于非食用作物灌溉、限制性景观水体补充、工业冷却等。随着与人体接触程度的增加，后续的处理程度和成本费用也将同步增加，经过滤和消毒处理后的再生水可用于城市杂用及工业系统用水等，而进一步通过深度处理后的再生水可用于非饮用水回用，污水处理典型工艺流程如图 3-2 所示。

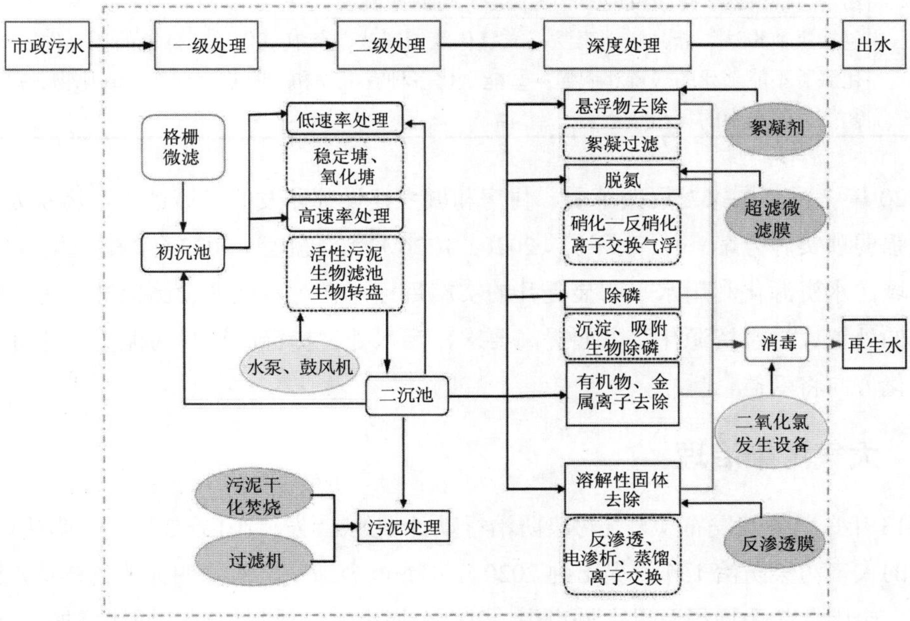

图 3-2　生活污水处理典型工艺流程

污水深度处理需要混凝、过滤、消毒、膜分离、吸附等技术组合，以满足各类污水再生利用用途，微滤、超滤、电渗析、纳滤、反渗透等膜分离技术为景观环境用水、城市杂用水、工业用水等提供了可靠的技术保障，污水深度处理常用技术举例如表 3-1 所示。

表 3-1 污水深度处理常用技术举例

处理技术	主要作用
混凝沉淀	①进一步去除污水中的悬浮物、生化需氧量（BOD）、化学需氧量（COD）；②去除污水中的磷，一级处理除磷率低，二级处理去除 20%左右的磷，强化二级处理可将除磷率提高至 70%～80%，而混凝沉淀技术可去除 90%～95%的磷；③去除污水中的乳化油和其他工业污染物
过滤	①去除二沉池出水中的生物絮体和胶体，降低出水的悬浮物含量和浊度；②提高对悬浮固体、浊度、磷、BOD、COD、有机氮、重金属、细菌、病毒等的去除率；③去除化学絮凝过程中产生的铁盐、铝盐、石灰等沉积物；④去除化学法除磷时水中的不溶性磷；⑤提高消毒效率，并降低消毒剂用量；⑥提高回用的连续性和可靠性
活性炭吸附	去除污水处理中难以生物降解的少量有机物（BOD、COD）、色素、嗅味、重金属等；生物活性炭技术可有效去除污水中的溶解性有机污染物、氨氮等，且活性炭再生周期长
膜分离	通过利用特殊的有机高分子或无机材料制成的膜对混合物中各组分的选择渗透作用的差异，以外界能量或化学位差为推动力，对污染物进行分离、分级、提纯和富积，包括微滤、超滤、电渗析、纳滤、反渗透等技术，广泛应用于污水及给水深度处理工程
微波	微波技术可以有效去除污水中的有机物、金属离子、氮、磷等物质。其工艺流程为：加入药剂、混合器—微波反应器—沉淀池—过滤—出水
消毒	包括氯消毒法、紫外线消毒法、二氧化氯消毒法、臭氧氧化法。臭氧的主要作用：①能杀死氯所不能杀死的病毒和胞囊；②能氧化多种有机物和无机物，如酚、氧化物、铁和锰等；③能去除水中的臭和味

2020 年 7 月，国家发展改革委、住房和城乡建设部印发的《城镇生活污水处理设施补短板强弱项实施方案》（发改环资〔2020〕1234 号），提出到 2023 年缺水地区和水环境敏感区域污水资源化利用水平明显提升的实施目标，在污水处理设施标准、污水处理中间产物的处置、污水资源化等方面提高要求，污水处理提标改造、污泥无害化处置及污水资源化方向将受益。

3.1.2 大气污染治理

2013 年，国务院发布《大气污染防治行动计划》（国发〔2013〕37 号），强化以 $PM_{2.5}$ 为重点的大气污染防治工作，提出到 2020 年年底，全国空气质量明显改善，重点区域持续向好；全国 337 个地级及以上城市中，202 个城市空气质量达标，同比增加 45 个；全国地级及以上城市优良天数比率为 87%，全面完成各项治理任务。多污染物协同控制有待强化，重污染天气仍有发生。

（1）大气污染源及主要污染物

生态环境部发布的《中国移动源环境管理年报（2020）》显示，移动源排污占比逐渐超过燃煤、工业等源头，成为我国空气污染的重要源头，移动源成为颗粒物排放的“头号祸首”。汽车是大气污染物排放总量的主要贡献者，其排放的一氧化碳（CO）、碳氢化合物（HC）、氮氧化物（NO_x）和颗粒物（PM）等四项主要污染物均超过污染物排放总量的 90%，其中汽油车是 HC 和 CO 排放的主要污染源，柴油车是 NO_x 和 PM 排放的主要污染源。

常见的大气污染物包括二氧化硫（SO_2）、NO_x、CO、臭氧（O_3）、PM（包括 $PM_{2.5}$、PM_{10}）、挥发性有机物（VOCs）等。VOCs 是 O_3 和 $PM_{2.5}$ 的重要前体物，VOCs 与 NO_x 发生光化学反应生成 O_3，还可通过凝结等方式形成 $PM_{2.5}$，导致大气污染；VOCs 中的许多物质有恶臭，对眼睛及呼吸道系统有强烈的刺激作用，危害内脏及神经系统，会造成急慢性中毒，诱发癌变。VOCs 具有范围广、种类多、排放量大、毒性强等特点，我国已将 VOCs 列为防控重点污染物，其主要来源如图 3-3 所示，表 3-2 列出了 VOCs 治理的主要技术。

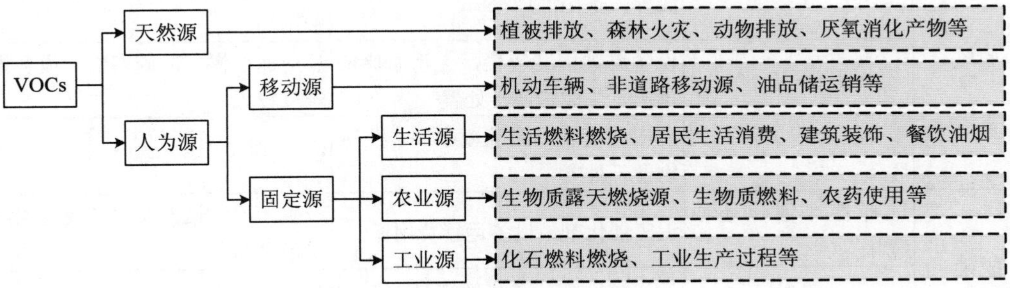

图 3-3　VOCs 的主要来源

表 3-2　VOCs 治理的主要技术

技术类别	工艺方法	技术特点	运行费用
销毁技术	直接燃烧	运行条件极为苛刻，燃烧温度高，产生 NO_x 二次污染物	高
	催化燃烧	操作方便但操作条件严格，催化剂容易导致中毒	较高
	蓄热式燃烧	热回收率高，但管理难度大，产生二次污染物	较高
	等离子法	设备小，投资较大	高
	生物法	投资费用低，操作方便，但处理周期长，适应性较差	低
回收利用法	吸附	吸附床层易堵塞，再生困难	高
	吸收	技术成熟，可回收溶剂	较高
	冷凝	操作条件苛刻，设备投资大	高
	膜分离法	投资费用高，膜清洗难度大	低

（2）大气污染治理技术与工艺

经过多年治理，非电工业成为我国主要的大气污染源，在“十四五”期间，随着环保标准不断提升，钢铁、建材、有色、焦化、电解铝等行业废气治理需求也将大幅提升，非电工业废气治理市场空间持续扩大。

工业废气治理技术主要为脱硫、脱硝和除尘，表 3-3 列出了常用的污染治理技术。其中钢铁冶炼与加工业、水泥制造业与石油化工行业的通用废气处理技术主要为脱硫、脱硝和除尘，但由于非电领域行业众多，不同行业之间生产工艺差异较大，适用的废气治理技术也存在一定差异。要针对性解决各个行业特定工艺造成的污染，需研发相适应的污染处理技术，多种污染物协同控制技术值得推广。

表 3-3　常用的大气污染治理技术

治理技术		优点	缺点
脱硫	湿法烟气脱硫	反应速度快，脱硫效率高，技术成熟，适用面广	生成物较难处理，设备易被腐蚀，能耗高，占地面积大，投资和运行费用高
	干法烟气脱硫	设备腐蚀程度较轻，无污水废酸排出，生成物便于处置	反应速度慢，脱硫率低，设备维护难度较大
	半干（半湿）法烟气脱硫	反应速度快，脱硫效率高，生成物便于处置	—
脱硝	选择性非催化还原脱硝	无需催化剂，设备运行费用低	产生二次污染，难保证反应温度和停留时间
	选择性催化还原脱硝	二次污染小，净化效率高，技术成熟	设备投资大，关键技术难度大
除尘	静电除尘	维护费用低，设备运行阻力小，除尘效率高	易受煤、飞灰等成分变化的影响
	袋式除尘	正常情况下出口烟尘浓度低且稳定	运行阻力较高，滤袋使用寿命受烟尘浓度、烟气温度、烟气成分等因素的影响
	电袋复合除尘	适应性较高，运行阻力较小，滤袋负荷较低	易受臭氧腐蚀影响，运行阻力较高，投资大

3.1.3　土壤污染防治

人类活动产生的污染物进入土壤并积累到一定程度，会引起土壤质量恶化，导致土壤污染。土壤污染的程度主要取决于进入土壤的污染物数量、强度及土壤自净能力。土壤污染物可分为无机污染物和有机污染物，无机污染物包括汞、铬、铅、铜、锌等重金属和砷、硒等非金属；有机污染物包括苯、甲苯等挥发性有机污染物和多环芳烃、多氯联苯、有机农药等半挥发性有机污染物。土壤污染具有隐蔽性和潜伏性，各类污染物通过农作物及摄食的人或动物的健康状况才能逐步显现出来，危害后果严重。土壤污染极难恢复，重金属污染是一个不可逆的过程，而有机污染物也需要较长的降解时间，具有不可逆性和长期性。

（1）土壤污染形势严峻

2014 年环境保护部和国土资源部公布的《全国土壤污染状况调查公报》显示，我国土壤状况整体不容乐观。污染类型以无机型为主，无机污染物超标点位占全部超标点位的 82.8%。重污染企业用地、工业废弃地、工业园区等典型地块土壤污染尤为严重；我国现有耕地中，有相当数量耕地受到中度、重度污染，土壤点位超标率接近 20%，大多不宜耕种。从污染分布情况来看，南方土壤污染重于北方；长三角、珠三角、东北老工业基地等部分区域土壤污染问题较突出，西南、中南地区土壤重金属超标范围较大；镉、汞、砷、铅 4 种污染物含量分布呈现从西北到东南、从东北到西南逐渐升高的态势。2019 年 1 月 1 日实施的《中华人民共和国土壤污染防治法》明确了土壤污染治理的责任主体，建立了土壤污染防治基金制度，提升了土壤污染防治行业的规范化程度。

（2）土壤修复市场巨大

2016 年 5 月，国务院印发《土壤污染防治行动计划》（国发〔2016〕31 号）（简称“土十条”），提出开展土壤污染调查、推进土壤污染防治立法、加强土壤污染预防、开展污染治理与修复、加大科研力度、强化责任追究等，标志着土壤修复市场的开启。2020 年 2 月，财政部、生态环境部等六部门印发了《土壤污染防治基金管理办法》（财资环〔2020〕2 号），明确各省（区、市）设立的土壤污染防治基金用于农用地土壤污染防治、土壤污染责任人或者土地使用权人无法认定的土壤污染风险管控和修复；对工业污染地块鼓励采用“环境修复+开发建设”模式，土壤修复行业商业模式得到优化，修复市场进一步打开。我国工业场地、农田、矿区待修复面积巨大，巨大的市场空间及政策红利吸引了众多企业进入土壤修复行业。

（3）土壤修复技术

土壤修复是指利用物理、化学和生物的方法，转移、吸收、降解和转化土壤中的污染物，使其浓度降低到可接受水平，或将有毒有害的污染物转化为无害的物质。土壤修复按照技术种类可分为物理修复、化学修复、生物修复；按照土壤是否迁移，可分为原位修复和异位修复；按照污染物类型，可分为有机物修复、重金属修复；按照土壤修复标的类型，可分为工业场地修复、耕地修复、矿山修复等。常用的土壤修复技术如表 3-4 所示。

表 3-4 常用的土壤修复技术

序号	技术名称	适用范围	技术特点
1	固化/稳定化技术	镉、汞、铅、铬、锌、铜、镍、砷等重金属和类金属污染的土壤、废渣、污泥、飞灰等	适用范围广，处理效率高，修复效果长期有效，处理成本低，药剂安全
2	土壤淋洗技术	可用于重金属、多氯联苯、多环芳烃等污染物	可彻底去除土壤污染物，修复效果稳定，不改变土壤原有用途；设备模块化设计；洗脱废液量少，操作简单；环境友好，药剂安全环保，对环境无二次污染
3	原位电流加热热脱附（ERH）技术	能够原位快速去除场地内土壤和地下水中存在的含氯/不含氯的挥发性有机物，重油中的挥发性有机物以及燃油等其他非水相液体	该技术无须开挖污染土壤，可永久性去除污染物，具有操作性强、运行管理便捷、二次污染风险小等优点。ERH 技术可均匀加热污染土壤和地下水，其能源利用效率达 80%以上，不产生环境风险
4	异位热脱附技术	适用于挥发性、半挥发性有机污染物（如石油烃、农药、多环芳烃、多氯联苯等）的修复	可彻底去除土壤中的污染物，热脱附处理设备集成化程度高，安装调试周期较原位加热处理技术周期短
5	异位化学氧化/还原技术	处理石油烃、苯系物、酚类、甲基叔丁基醚、含氯有机溶剂、多环芳烃、农药等大部分有机物和重金属等	化学反应速度快、修复时间短（几周至几个月），反应强度大，对某些难以用其他方法处理的有机污染物有效
6	原位注入技术	有机污染物（氯乙烯、氯乙烷、苯系物、多环芳烃、酚类、自由氰化物、邻苯二甲酸盐等）、六价铬等	二次污染小，采用集成化的注入控制系统，成本低，修复效果好，周期短，在多个大型修复工程中得以应用，效果良好
7	多相抽提技术	苯系物、多环芳烃和石油烃类等有机污染物	适用于各种条件的地质状况，机具设备较容易获得，可同时对土壤和地下水进行修复，修复周期较短
8	柔性垂直防渗技术	各种污染场地的生态修复，地下水源及生态保护，污染阻隔与治理	防渗性能优越，连续性好，抗化学性能强，使用寿命长
9	生物修复	重金属，大面积、低浓度的石油污染，多氯联苯，杀虫剂，甲苯，多环芳烃等	通过植物、动物、微生物直接或间接提取、转移、吸收、分解、转化或固定土壤中的污染物。操作简单，成本低，对环境扰动小，不易造成二次污染，但修复周期长

土壤污染治理“治标”的主流技术为固化/稳定化技术，而“治本”的关键是“预防为主”，将防控前置，做好大气、污水和固体废物等污染的处理，土壤污染即可得到有效缓解，且土壤污染的预防成本仅约为修复治理成本的 1%，明显具有更大的经济效益。土壤污染治理的“治标”技术路径较多，以固化/稳定化技术等为主，其他各项新型技术

也在逐步推广。在市场资本积累的驱动下，未来将有更多高性价比的新型治理技术不断出现。

土壤修复是资金密集型和技术密集型行业，随着政策的不断完善、技术的持续升级以及修复标准的逐步提高，土壤修复的行业壁垒也会提升。

3.1.4　垃圾分类及处理

（1）生活垃圾量持续增长

随着经济稳步发展，民众生活消费水平、城镇化率不断提高，生活垃圾产生量持续走高，2013—2018 年，全国大、中城市生活垃圾产生量年均复合增长率为 5.54%，随着垃圾清运覆盖范围的扩大，农村地区垃圾量也持续增加。2019 年全国餐厨垃圾产生量突破 1.2 亿 t，推动了我国餐厨垃圾处理行业的发展，各地对餐厨垃圾处理设施的建设、投资力度加大。垃圾分类后，餐厨垃圾回收率显著提升。以北京为例，2020 年 10 月，北京餐厨垃圾分出量从垃圾分类实施前的 309 t/d 增至 3 946 t/d，增长了 11.7 倍。

（2）固体废物产业链重塑

2020 年 7 月，国家发展改革委等部门印发《城镇生活垃圾分类和处理设施补短板强弱项实施方案》（发改环资〔2020〕1257 号），设定到 2023 年，具备条件的地级以上城市基本建成分类投放、分类收集、分类运输、分类处理的生活垃圾分类处理系统。2020 年 9 月 1 日正式施行的新《中华人民共和国固体废物污染环境防治法》，明确了国家推行生活垃圾分类制度，坚持减量化、资源化、无害化原则，统筹城乡促进生活垃圾的源头减量、投放、收集、运输、处置、资源化利用。京津冀及周边、长三角、粤港澳大湾区、长江经济带、黄河流域、生态文明试验区是深入开展生活垃圾分类处理的重点推动区域。2020 年 11 月，住房和城乡建设部印发《关于进一步推进生活垃圾分类工作的若干意见》（建城〔2020〕93 号），计划在 2025 年基本建立配套完善的生活垃圾分类法律法规制度体系，地级及以上城市因地制宜地建立生活垃圾分类投放、分类收集、分类运输、分类处理系统，居民普遍形成生活垃圾分类习惯；全国城市生活垃圾回收利用率达到 35%以上。

制度的完善和实施推动了城市垃圾分类处理系统的建设，生活垃圾的分类、收集、运输、处理系统从源头上改变了固体废物的产业格局，优化和重塑了固体废物的处理处置产业链。从市场空间来看，一个区域垃圾分类体系的建立，除了最前端的分类系统，对占生活垃圾比重最大的餐厨垃圾收运、中转与终端处置体系也将产生更大需求，固体废物处理行业的市场空间快速释放，促进前端垃圾分类收集和运输，带动环卫服务、设备装备的需求，并促进后端餐厨垃圾处理市场的发展，垃圾焚烧发电领域也将面临调整。图 3-4 为垃圾分类制度下的固体废物处理产业链示意图。

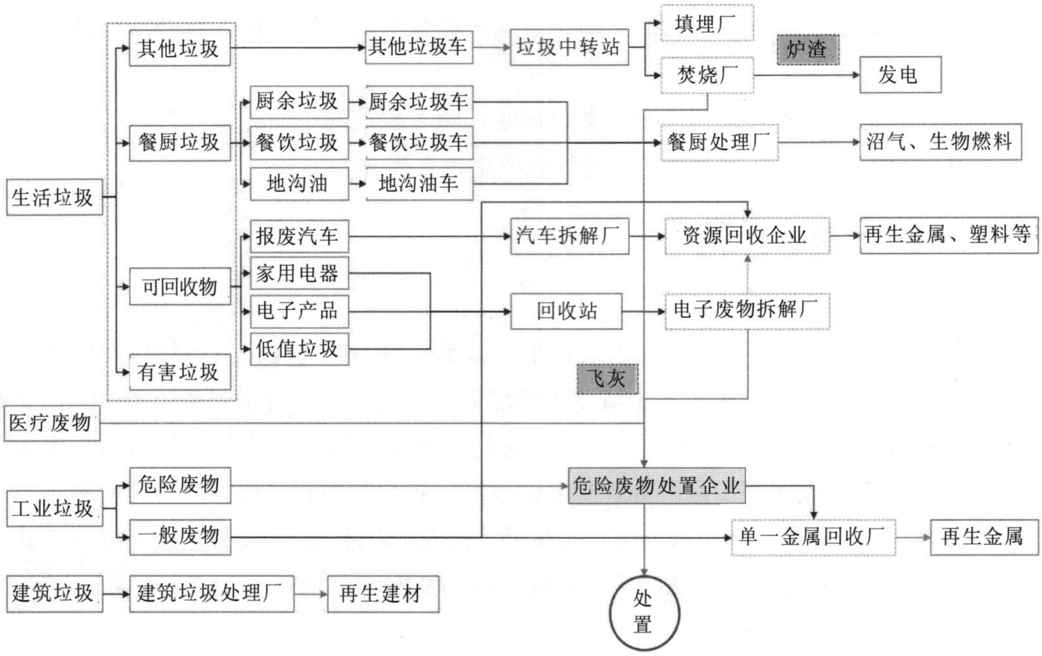

图 3-4　垃圾分类制度下的固体废物处理产业链示意

（3）垃圾分类全面推广

2019 年 7 月 1 日，上海成为我国第一个实施生活垃圾强制分类的城市，2020 年 5 月 1 日，北京开始实施垃圾分类。北京市垃圾分类正式落地实施半年后，家庭厨余垃圾分出量大幅提升。上海市垃圾分类实施一年多来，市民积极履行分类义务、分类实效显著提升、全程分类体系基本建成、配套制度规范日趋完善、社会宣传动员取得实效，如表 3-5 所示。北京、上海试点取得的经验为其他城市提供了很好的参考，2021 年，城市垃圾分类全面推广。

表 3-5　上海市垃圾分类实施效果

项目	实施前（2019 年 6 月）	实施后（2020 年 6 月）
居民区分类达标率/%	15	90
单位分类达标率/%	—	90
可回收物回收量/（t/d）	3 982.3	6 813.7
有害垃圾分出量/（t/d）	0.3	3.3
湿垃圾分出量/（t/d）	6 954.6	9 632.1
干垃圾处置量/（t/d）	19 349.4	15 518.2
干垃圾末端处理量上限/（万 t/d）	2.14	1.81
湿垃圾分类处理量下限/（t/d）	3 480	6 300
可回收物资源回收利用量下限/（t/d）	660	1 100

（4）垃圾处理技术及工艺

随着餐厨垃圾处理需求的增加，餐厨垃圾无害化处理和资源化利用设备设施建设将持续推进。餐厨垃圾有机物含量高，垃圾分类后餐厨垃圾单独收集有利于餐厨垃圾资源化处置，包括生产油脂、沼气、有机肥、土壤改良剂、饲料添加剂等，餐厨垃圾处理催生专业化的渗滤液处理需求，餐厨垃圾渗滤液处理中脱氮成为重点，渗滤液处理设施需要进行针对性改造。餐厨垃圾的处理工艺流程如图 3-5 所示。

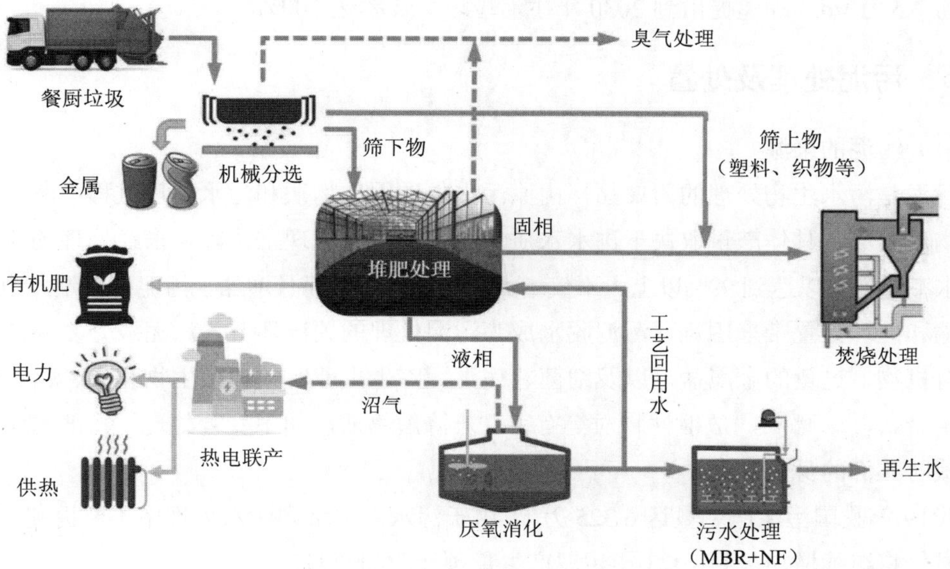

图 3-5 餐厨垃圾的处理工艺流程

复盘发达国家垃圾焚烧处置的历程可以发现，焚烧处置是垃圾处置的主要方式，国内垃圾焚烧市场仍大有可为。近年来，我国垃圾焚烧发电快速发展，城市生活垃圾焚烧处理厂由 2006 年的 69 座增至 2019 年的 389 座，焚烧处理能力由 2006 年的 4.0 万 t/d 上升至 2019 年的 45.6 万 t/d，2019 年城市生活垃圾焚烧处置量为 1.22 亿 t，占无害化处置量的 51%。根据《完善生物质发电项目建设运行的实施方案》（发改能源〔2020〕1421 号）以及《关于促进非水可再生能源发电健康发展的若干意见》（财建〔2020〕4 号），国家明确了生物质发电项目的补贴政策，电价补贴是垃圾焚烧厂重要收入来源之一，而未来新项目的补贴将逐步由地方承担。同时国家出台《城镇生活垃圾分类和处理设施补短板强弱项实施方案》（发改环资〔2020〕1257 号），环保要求不断提高，现有的焚烧处理设施要进行提标改造，确保污染物稳定达标排放，飞灰处置设施加快建设。面对环保要求不断提高、行业竞争逐渐加剧、发电补贴降低、运营成本可能上升等形势，垃圾焚烧发电企业需要在精益管理、提质增效方面发力。

垃圾填埋在早期因技术简单、成本低等特点得到大规模应用，但随着土地资源紧张和选址困难，填埋产能新增难度较大，且现有垃圾填埋场超负荷运转，库容加速饱和，需提前封场，如2020年2月封场的陕西省西安市江村沟垃圾填埋场，在超负荷运转下提前20年迎来饱和。相较而言，垃圾焚烧产能建设需求较旺盛，各省（区、市）生活垃圾焚烧中长期规划纷纷出台，新增垃圾焚烧厂提高了焚烧处理能力，并设置了较高的焚烧占比规划目标。如江苏提出2022—2030年新建垃圾焚烧厂39座，预计新增垃圾焚烧处置能力4.5万t/d；福建提出到2030年生活垃圾焚烧率达100%。

3.1.5 污泥处理及处置

（1）污泥的来源

污泥是污水生物处理的附属品，由原污水中的固体物质和污水处理过程中所产生的固体物质组成，具体产量取决于进水水质、污水及污泥处理工艺等。未经处理的原始污泥含水率通常可以达到99%以上，不仅增大了污泥体积，而且增加了污泥的重量，为后续的运输和处理处置带来困难，污泥脱水成为污泥处理的关键环节。污泥成分复杂，含有大量有机物、过量的金属盐，以及细菌、病毒、寄生虫卵等致病微生物和汞、铬、铅、铜等重金属、二噁英、放射性物质等有害且难降解物质，如不妥善处理，将严重污染环境，威胁人们的身体健康。

2019年我国污泥产生量达6 325万t，由于污水产生量和污水处理率不断提高，污泥产生量仍将继续增加，到2023年污泥产生量预计达到9 772万t。

（2）污泥的处理及处置

污泥中含有丰富的营养物质，污泥无害化处理既是治理污染的需要，也可对其中的资源回收利用，如作为土壤改良剂和有机肥料，用处理过程中产生的沼气发电、发热等。污泥处理及处置全流程工艺如图3-6所示。我国污泥处理仍以填埋为主，填埋处理占63%，土地利用处理占11%，建材利用仅占3%，未明确统计的占23%。

污泥处理及处置以减量化、稳定化、无害化和资源化为原则，减量化的工艺包括污泥浓缩、污泥脱水、污泥干化、污泥焚烧；稳定化的工艺包括厌氧消化、好氧发酵、石灰稳定、污泥焚烧；资源化的工艺包括污泥厌氧消化、污泥土地利用及污泥建材利用，各种污泥处理及处置方法优缺点对比如表3-6所示。国内污泥处理领域各技术路线中，机械脱水是主流的技术路线之一，压滤机过滤是机械脱水最重要的设备之一，具备刚性需求。我国压滤机的生产工艺和技术装备水平已经取得较大进步，设备运行效率接近或达到国际先进水平，设备运行的可靠性与国外的差距也越来越小，产品已进入国际市场。

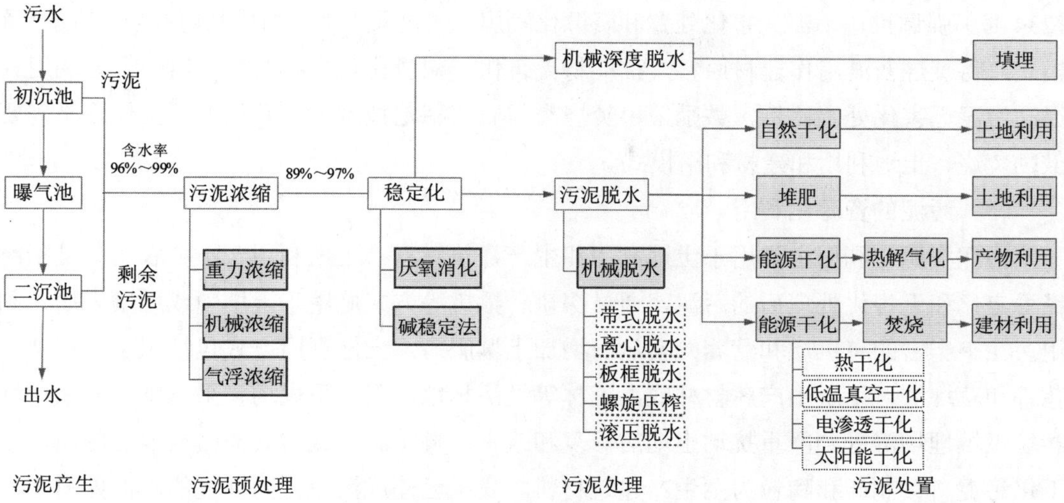

图 3-6　污泥处理及处置全流程工艺

表 3-6　各种污泥处理及处置方法优缺点对比

污泥处理及处置方案		厌氧消化+土地利用	好氧发酵+土地利用	机械干化+焚烧	工业窑炉协同焚烧	石灰稳定+填埋	深度脱水+填埋
最佳适用的污泥种类		生活污水污泥	生活污水污泥	生活污水及工业废水混合污泥	生活污水及工业废水混合污泥	生活污水及工业废水混合污泥	生活污水及工业废水混合污泥
环境安全性评价	污染因子	恶臭 病原菌生物	恶臭 病原菌生物	恶臭 烟气	恶臭 烟气	恶臭 重金属	恶臭 重金属
	安全性	总体安全	总体安全	总体安全	总体安全	总体安全	总体安全
资源循环利用评价	循环要素	有机质 氮磷钾、能量	有机质 氮磷钾	无机质	无机质	无	无
	循环利用效率	高	较高	低	低	无	无
能耗物耗评价	能耗	低	较低	高	高	低	低
	物耗	低	较高	高	高	高	高
	建设费用	较高	较低	较高	较低	较低	低
	占地	较少	较多	较少	少	多	多
	运行费用	较低	较低	高	高	较低	低
碳排放评价		负碳排放	低水平碳排放	中等水平碳排放	中等水平碳排放	中等水平碳排放	高水平碳排放

随着对污泥环境风险和危害认识的不断深入，国家和地方各类政策、法规、规划陆续出台，“泥水并重”的态势正逐步形成，污泥处理处置费用的标准也呈现逐年提升的趋势。2020 年 7 月出台的《城镇生活污水处理设施补短板强弱项实施方案》（发改环资〔2020〕

1234号）强调推进污泥无害化处置和资源化利用，鼓励采用“生物质利用+焚烧”的处置模式，将焚烧灰渣用作建材原料，推广将无害化、减量化处理后的污泥用于土地利用。提高污泥无害化处置比例，鼓励采用焚烧类与石灰稳定技术；提升污泥资源化水平需要鼓励焚烧、土地利用和建材利用模式。

（3）污泥的资源化利用

污泥资源化利用主要用于土地利用和生产建筑材料。土地利用（不含农用）是指将经稳定化和无害化处理后的污泥，通过深耕、播撒等方式施用于土壤中或土壤表面，利用污泥中丰富的有机质和营养元素从而增加土壤肥力。土地利用方式包括用于景观林、花卉和草坪等，用于生产薪材林或人工林等经济林地，用于采煤场、采石坑、露天矿坑和垃圾填埋场等受到严重扰动土地的修复和改良，直接施肥或与其他肥料混合施用，以干化污泥直接制砖和陶粒为主生产建筑材料。我国已建成污泥协同处置的水泥熟料生产线近40条，但存在生产技术不成熟、污泥掺混比例低、成品质量和稳定性难以保证、生产成本与普通制品相比没有优势等问题。

欧盟的污泥处置方式一是农业利用，二是焚烧、堆肥和填埋；美国主要是循环利用，填埋的比例正逐渐下降，美国污水处理厂年产的710万t污泥（干重）中约60%处理成生物固体，用作农田肥料，另外有17%用于填埋，20%用于焚烧，3%用于矿山恢复的覆盖。日本的污泥最终处置中，建材利用（包括生产水泥和其他建材）占比37.4%，填埋处置占比30.9%，由于日本土地稀缺，污泥焚烧及资源利用的比例正在逐步提高。相比欧盟、美国、日本等国家和地区的污泥资源化比例（均超50%），我国污泥资源化利用还有很大的提升空间。2018年，我国污泥用于土地利用的比例约为18%，用于生产建筑材料的比例约为11%，约48%的污泥直接被填埋处置，约23%的污泥被焚烧处置，我国污泥资源化利用成为当前污水治理的难点和痛点。

3.2 生态环境产业发展趋势

在节能环保产业成为国民经济支柱产业的背景下，绿色消费、绿色制造、绿色发展将驱动环保产业升级。在国内大循环为主体、国内国际双循环相互促进的新发展格局下，现代环境治理体系的构建将不断加速，资金投入还会加大，环保产业市场会不断拓宽，生态环境保护相关财税、价格、金融、贸易等优惠扶持政策将持续出台并落地，环保产业大发展势在必行。

3.2.1 生态环境产业分析

环保产业高速发展了近20年，但整体产业规模和技术水平仍无法满足环境公共产品供给侧改革的需求，生态环境产业当前的痛点是性能好、品质优、可靠度高的环境公共产品供给不足；企业普遍缺少研发投入，自主创新能力不强，设计制造能力较弱，品牌建设水平有待提升。

（1）技术创新弱，成果转化慢

我国生态环境基础研究与应用基础研究与发达国家相比仍存在差距，核心理论、方法、技术多源于发达国家，技术创新总体上处于跟跑状态，形成的专利、核心产品和技术标准等重大创新成果较少，支撑生态环境质量改善的应用基础研究还较薄弱。多数环保企业将工艺设计作为研发重点，技术创新能力有限，预研能力不足，尚未取得环保产业相对发达国家的技术优势。技术研发、成果转化及推广应用等关键环节薄弱，创新成果推广应用缓慢，难以在企业中实现产业化应用。环保行业进入了以环境质量改善为核心的转型时代，行业格局整合重塑加速，拥有科技创新能力、核心技术实力和系统解决方案提供能力的企业将在竞争中占据优势，人才将成为影响环保企业发展壮大的核心因素，生态环境行业急需既懂管理、又懂技术与生产运营的高级复合型人才。

随着一大批环保龙头国企逐渐崛起，中小企业逐渐成为业内龙头企业的配套供应商，行业集中度进一步提升，知名环保品牌将逐渐成长，行业将沿着“工艺装备化，装备标准化、模块化、智能化”的趋势发展，拥有核心技术和研发创新能力、能以高性价比解决行业痛点的企业将快速胜出。在大规模环保项目的投资运营方面，国企有资金与管理的天然优势，而民企是我国环保产业最早的拓荒者，是打赢污染防治攻坚战的重要力量，也是吸纳就业的重要渠道，在引领装备发展与技术创新等环保领域中发挥着不可替代的作用。

要提高环保项目在运营阶段的盈利，降低污染治理的成本是关键。技术创新和工艺进步在降低成本方面扮演着重要角色，化工、制药、冶金、钢铁、造纸等工业生产工艺复杂，排放环节、污染物介质、排放浓度均不同，处理手段和技术路径多样，并不断有新工艺、新设备涌现；污染治理需求越来越专业化，环保需求越来越细分，投资机会更多地来自潜在市场大、渗透率低、边际变化显著的方向。未来环保领域最大的科技创新有可能是物联网技术对业态和主导力量的改变。

（2）环境治理需求稳步增长

党的十八大以来，我国加大自然生态系统和环境的保护力度，把生态文明建设融入经济建设、政治建设、文化建设、社会建设各方面和全过程，环境治理投资稳步增长。2020 年，我国环保投资占 GDP 的比例不低于 3.5%，环保投资仍有很大空间。根据中国环境保护产业协会发布的《中国环保产业发展状况报告（2020）》，2019 年全国环保产业营业收入为 1.78 万亿元，较 2018 年增长约 17.4%，其中环境服务营业收入为 1.12 万亿元，同比增长约 23.2%。2015—2018 年环保产业营业收入占国内生产总值从 1.40%增长到 1.67%，环保行业在国民经济中的地位稳步提升。

“十四五”期间，我国将持续实施大气污染防治行动，加快水污染防治，强化土壤污染管控和修复，加强固体废物和垃圾处置，污染排放标准不断提高，打赢蓝天保卫战，实施流域环境和近岸海域综合治理，开展农村人居环境整治等行动，环境污染治理需求依然强劲，环保产业仍将保持快速发展态势。

（3）环境治理继续深化

多领域政策齐发力，环境治理继续深化。我国对火电行业超低排放改造效果良好，一方面对火电企业给予环保税减免等激励措施，另一方面对逾期未完成改造目标的企业依法从严处罚，通过“激励+倒逼”机制加速推动超低排放改造进程。据此，生态环境部、国家发展改革委等五部门联合发布《关于推进实施钢铁行业超低排放的意见》（环大气〔2019〕35 号），提出有序推进钢铁企业超低排放改造工作，到 2025 年年底前，重点区域钢铁企业超低排放改造基本完成，全国力争 80%以上产能完成改造，“激励+倒逼”机制加速推动钢铁行业的超低排放改造进程。此外，全国非电提标改造也拉开序幕，非电提标改造市场有望迎来新发展。例如，江苏将对规模小、产业关联度低、基础设施不完善、安全环境问题突出和周边敏感目标分布密集的化工园区取消定位，并大幅压减现有企业数量，随着化工园区的减少和退出，未来会产生大量场地修复需求。

污水管网体系建设成为水污染治理提质增效的先决条件。污水管网直接影响城市水环境质量，我国的污水管网还存在很大缺口。一方面，小城镇现有污水管网不完善，已建管道多为雨污合流管，容易溢流而造成环境污染；另一方面，老城区的排水管网年久失修，缺乏规划，也需要进行雨污分流和标准化改造。住房和城乡建设部、生态环境部、国家发展改革委印发的《城镇污水处理“提质增效”三年行动方案（2019—2021 年）》（建城〔2019〕52 号）提出，到 2021 年，地级及以上城市建成区基本无生活污水直排口，基本消除城中村、老旧城区和城乡接合部生活污水收集处理设施空白区，城市生活污水集中收集效能显著提高。

第三方治污企业减税政策细则落地。2019 年 4 月，《财政部　税务总局　国家发展改革委　生态环境部关于从事污染防治的第三方企业所得税政策问题的公告》（财政部公告 2019 年第 60 号）发布，明确对符合条件的第三方污染防治企业按 15%的税率征收企业所得税。第三方污染防治企业减征所得税，减轻治污企业税负，缓解企业资金压力，保障其稳定经营，对打好污染防治攻坚战在减税政策方面有了进一步的支持，激发、鼓励第三方环境治理企业专业化、规模化发展，进一步激发市场活力。

（4）碳中和下的产业巨变

2020 年 9 月，中国在联合国大会上向世界宣布了 2030 年前实现碳达峰、2060 年前实现碳中和的目标，这一承诺除了响应《巴黎协定》，积极应对气候变化，彰显大国责任和担当外，还对加速我国经济和能源转型方面具有高瞻远瞩的战略意义。碳中和将推动我国发展从以化石能源为主向非化石能源过渡，对实现我国能源独立、确保能源安全具有重要意义；零碳经济意味着全部价值链的转型，推动产业链上下游实现低碳生产竞争力；技术侧创新也将改变能源利用方式，推动新的产业链和新的国际标准形成，并产生新的利润创造方式。当前，中国在新能源、电池技术、交通电气化、钢铁等领域具备发展优势，而零碳经济将在可再生能源、电动汽车、电池、节能等领域创造大量稳定就业机会，增强中国在全球多技术领域的领导地位，形成技术优势；未来全球主要经济体均会参与碳中和，对推动新能源发展和全球合作具有重大意义。

我国实现碳中和的主要路径为工业减排、环保监测和新能源使用。工业减排的方法包括用清洁燃料替代化石燃料、关停高耗能企业和错峰生产，将碳排放量控制在较低水平；环保监测重点是排放监测、碳捕捉与碳储存利用，排放监测系统作为碳交易所需的基础设施，将加速构建；在生产过程中或直接从空气中收集二氧化碳并将其储存在地下、海底或直接用于生产和服务的碳捕捉与储存技术前景广阔；新能源使用将大大减轻碳排放压力，新能源汽车快速推广，推动光伏、风电、氢能、特高压等配套设施建设，这些行业市场空间巨大，将迎来较好的投资机会。

3.2.2 生态环境行业发展趋势

（1）生态环境行业高质量发展

在国内大循环为主体、国内国际双循环的新发展格局下，现代环境治理体系的构建加速。随着水、土壤、大气、固体废物处理方面的环保法规的修订和实施，环保行业的法律体系陆续完善，蓝天、碧水、净土三大保卫战取得重要成效。清洁生产、节水治污、节能低碳、循环利用等专项技术改造全面实施。生态环境保护相关的财税、价格、金融、贸易等优惠扶持政策持续出台并落地，环境政策由管理型向治理型转变，环境治理的市场主体活力不断激发，政府主导、企业和社会组织等多元主体共同参与的环境治理市场建立，环保产业市场不断拓宽，资金投入力度加大，传统的高污染、高能耗行业污染治理需求正在进一步释放。环保督察力度加大且呈现常态化，政策深耕对环保产业的发展起到实质性的推动作用。

“十四五”规划和 2035 年远景目标纲要中提出推动绿色发展，促进人与自然和谐共生，具体包括加快推动绿色低碳发展，持续改善环境质量，提升生态系统质量和稳定性，全面提高资源利用效率。在节能环保产业成为国民经济支柱产业的大政策背景下，绿色消费、绿色制造、绿色发展是未来环保产业升级的驱动力。节能环保产业作为兼具带动经济增长和应对环境问题双重属性的战略性新兴产业，将成为“十四五”时期支撑我国供给侧结构性改革的重要动能，产业规模将进一步扩大，也将进入高质量发展的快车道。

（2）生态环境服务模式创新

我国从 20 世纪 80 年代初开始对生活污水进行处理，主要由国有企业统一融资建设。2002 年，开始市场化改革，逐渐探索委托运营模式、特许经营权转让等，建设经营转让（build operate transfer，BOT）模式、移交经营移交（transfer operate transfer，TOT）模式成为主流。2008 年，实行承包商设计建设并且负责运营（design build operate，DBO）模式。2016 年，推广政府和社会资本合作（public private partnership，PPP）模式，主要包括 BOT 模式、TOT 模式、建设拥有经营（building owning operation，BOO）模式等，未来生态环境项目将采用 PPP 模式，我国生态环境服务模式变迁过程如图 3-7 所示。

图 3-7　我国生态环境服务模式变迁过程

环保产业具有较强的社会责任和公益特征，“谁为环保付费”是商业模式的基础，决定了环保产业是否可持续发展。环保产业按付费主体可分为公共环境服务（政府与居民负有支付责任）和产业环境服务（工业企业负有支付责任）。

公共环境服务是与城镇化相关的公共事业商品和服务，如自来水供应、污水处理、垃圾处理、人居环境治理、城市绿化等市政环保和环境治理。居民直接付费或通过纳税（政府转移支付）来获得服务，政府财政则支付居民付费不足的部分，并为难以计量的公共环境治理付费。居民付费遵循的基本原则是“谁污染谁付费，谁使用谁付费”，可从付费制度和付费标准两个维度去观察。我国在自来水供应、污水处理等领域的商业模式比较成熟，公共环境服务付费制度较完善。在垃圾处理方面，我国垃圾处理费并未充分考虑垃圾品类、重量、体积等因素，简单地按户计量，不能公平体现“使用者付费”原则，也不利于提高垃圾处理效率和价值。我国公共事业与环境服务整体定价较低，居民承担了一部分环境服务成本，政府财政承担了大量的公共环境服务费用支付责任，缺口部分需要政府财政承担，政府为环境治理付费。自来水、污水处理、生活垃圾处理等商品化程度高、可计量、可计价、可确权的细分领域，则可以参考国际经验加快推进商业模式的完善。近年来，城市居民的消费能力在提高，对美好人居环境的需求越来越强烈，物有所值的公共产品和服务被越来越多的居民所接受，价格传导机制逐渐建立，这些变化有利于"使用者付费"占比逐渐提高和环保商业化程度的提高。政府作为环保付费主体，其动力是提高人民的满意度，其约束体现在上级政府对生态环境的考核力度，其能力取决于财政实力。随着国家环保政策的出台，政策驱动成为推动产业发展的主要力量。

产业环境服务是针对企业在生产过程中的排放物治理等环境服务，面向企业或特定用户群体（to Business，toB）的业务模式比较清晰。生产组织模式可以是企业主导设计、建造、运营、采购环保设备和耗材，也可以是企业委托第三方环境服务商运营管理，企业按照合同约定的标准付费。在工业企业产销旺盛、效益良好的情景下，产业环境服务支出也相应增加，反之则减少。大气排放标准、污水排放标准、危险废物处置标准、土壤/矿山修复标准等排污标准越高，污染治理成本越高，环保需求就越大。不同企业的生产过程和排放物各不相同，技术门槛和专业化程度要求高，商业模式清晰。

（3）智慧环保加速推进

大数据、云计算、物联网、智能制造、智能工厂、个性定制等新技术正在改变和颠覆制造业和服务业本身，正在育化、创新生态环境行业的产品和服务。华为、万科、阿里、腾讯、中国移动等企业将其物联网、大数据、云平台、移动通信、精细管理等优势移植到环保设施的建设、管理和运营服务中，颠覆和跨界竞争将是环保产业的常态，城市运营的业态和理念正在发生巨大变化。ET 环境大脑、水务云平台，智慧水务、智慧水质净化厂等技术应用已初见端倪，不少环保企业研发一体化环境监测网络、无人驾驶环卫车、环卫机器人、危险废物智慧监管系统，参与到海绵城市和无废城市建设、垃圾分类、水体和流域治理等领域。

智慧环保是环保行业的未来，是环保产业升级的内在需求和必然趋势。智慧环保在数据集中管控、精准定位、整合互联、开放共享层面完成了管理数据化、数据资源化和资源智慧化 3 个过程。"管理数据化"将环境管理各个环节要素转化成数据单元和电子档案，使环境管理行为转化成可用、有效的数字化信息；"数据资源化"将生态环保大数据深入应用于环境治理预测预警、大气污染防治、环境质量与污染源协同、环境质量评价、重点建设生态环保绿色指数评估、环境承载能力等领域；"资源智慧化"通过大数据、人工智能等技术，建立智能化业务视图、智慧化决策视图等智慧应用，形象直观地展示环保数据的变化规律，助力环保决策者精准、快速、科学地作出判断和决策。如阿里云开发了用于应对全球环境恶化的 ET 环境大脑，运用于环保行业；支付宝在上海、江苏等地推出"垃圾分类回收平台"，积极参与垃圾分类与资源回收工作；首创集团与阿里巴巴建立了生态合作伙伴关系，双方在智慧水务、智慧城市、智慧园区、智慧社区及新零售等领域开展深层次合作。阿里巴巴结合自身互联网的优势，对环境要素、污染排放要素及环境风险要素进行全面感知和动态监控，建设全向互联的新型生态环境监测监控物联网体系，探索出可复制的环保物联网建设、运营及运维的市场化和社会化模式，技术领先国内，示范效应显著。

（4）环境监测市场需求巨大

2020 年 6 月，生态环境部正式发布的《生态环境监测规划纲要（2020—2035 年）》提出，要全面深化我国生态环境监测改革创新，全面推进环境质量监测、污染源监测和生态状况监测，系统提升生态环境监测现代化能力。“十四五”期间环境监测进一步趋严，自动监测指标和覆盖范围进一步拓展，地表水监测的国控断面数量从 2 050 个增加至 4 000 个左右，大气环境监测国控点位数量从 1 436 个增加至 2 000 个左右，国家土壤监测点位数量保持在 8 万个左右，海洋环境监测国控点位数量优化至 1 400 个左右；监测指标也将进一步增加。如地表水水质监测将逐步建立国控断面“9+*N*”自动监测能力（9 即水温、浊度、电导率、pH、溶解氧、高锰酸盐指数、氨氮、总磷、总氮；*N* 即化学需氧量、五日生化需氧量、阴阳离子、重金属、有机物、水生态综合毒性等特征指标）。水质监测指标新增后，原水质检测设备必须升级，添加新的监测模块，每一个监测参数对应一个监测模块。可预测“十四五”期间水质监测设备采购规模及地表水水质监测运营维保市场巨大，我国地表水水质监测运营维保费用测算如表 3-7 所示。

表 3-7　我国地表水水质监测运营维保费用测算

年份	国控点/个	自动监测非国控点/个	单个站点运营维保费用/万元	运营维保市场规模/亿元
2020	2 050	5 000	16	11.28
2025	4 000	10 000	18	25.2

（5）污水资源化变革加速

1）水资源价值驱动污水资源化

水价是水资源价值的体现，是建立污水资源化商业模式的前提。污水资源化的潜在市场空间，取决于各类水源水价的比较。我国华北地区自然水资源匮乏，除稀缺的地表水和地下水水源外，水资源补充方式是南水北调、再生水。2019 年 4 月，国家发展改革委下发《关于南水北调中线一期主体工程运行初期供水价格政策的通知》（发改价格〔2014〕2959 号），规定了干线工程河南省南阳段、河南省黄河南段（除南阳外）、河南省黄河北段、河北省、天津市、北京市等地区的口门综合水价，分别为 0.18 元/m^3、0.34 元/m^3、0.58 元/m^3、0.97 元/m^3、2.16 元/m^3、2.33 元/m^3，该水价是进入城市管网之前的取水价格，加上处理成本、管网成本等因素，送达用户的水价应不低于区域供水成本。例如，北京市城市居民用水实行阶梯价格，第一阶梯价格为 5 元/m^3，其中水费 2.07 元/m^3，水资源费为 1.57 元/m^3，污水处理费为 1.36 元/m^3；非居民用水价格为 9.5 元/m^3（城六区自来水供水），其中水费为 4.2 元/m^3，水资源费为 2.3 元/m^3，污水处理费为 3 元/m^3。区域水资源和南水北调水源因水资源禀赋、工程造价、运营成本等因素，成本相对刚性，水价降低的潜力小。将废水或雨水经处理达标，用于特定需求的再生水，随着技术、装备、工艺的进步，设施设备及运营处理成本的降低，可实现运行能耗和吨水运行成本大幅降低，满足再生水回用应用场景需求。因此，华北地区是最有可能建立污水资源化商业模式的区域，也是污水资源化发展潜力最大的市场。

污水资源化处理工艺应用较多地是氧化沟工艺、A^2/O 工艺、传统活性污泥法工艺、SBR 工艺、AO 工艺、膜法水处理工艺等。膜技术是最适合污水资源化改造的污水深度处理技术，污水经过一级、二级处理后，通过膜生物反应器（MBR）去除溶解性总固体、病原微生物等，达到更高的排放要求或回用目的，大幅提高水质。MBR 生物膜法的适用范围越来越广泛，设备成本和单位投资成本也逐渐降低，且占地面积小。考虑到技术适用性、土地成本等因素，MBR 生物膜法更适用于华北地区的污水资源化利用。当然，其他水处理工艺也在不断改进，各具特色，可因地制宜地进行最优选择。

2）政策利好推动污水资源化行业发展

我国先后发布多项政策，推动污水资源化行业的发展。2020 年 5 月 21 日，国家发展改革委等六部委发布的《关于营造更好发展环境支持民营节能环保企业健康发展的实施意见》（发改环资〔2020〕790 号）指出，积极支持民营企业参与大气、水、土壤污染防治攻坚战，引导民营企业参与污水垃圾等环境基础设施建设、海水（苦咸水）淡化及综合利用、污水资源化利用等项目。2020 年 7 月 28 日，国家发展改革委、住房和城乡建设部联合印发《城镇生活污水处理设施补短板强弱项实施方案》（发改环资〔2020〕1234 号），指出缺水地区、水环境敏感区域，要结合水资源禀赋、水环境保护目标和技术经济条件，开展污水处理厂提升改造，积极推动污水资源化利用。2021 年 1 月 11 日，国家发展改革委、生态环境部等十部门联合印发的《关于推进污水资源化利用的指导意见》（发改环资〔2021〕13 号）提出，到 2025 年，全国地级及以上缺水城市再生水利用率达到 25%以上，京津冀地区达到 35%以上，工业用水重复利用、畜禽粪污和渔业养殖尾水资源化利用水平显著提升，污水资源化利用政策体系和市场机制基本建立；到 2035 年，形成系统、安全、环保、经济的污水资源化利用格局。要求资源型缺水地区实施以需定供、分质用水，推广再生水用于工业生产和市政杂用，通过逐段补水的方式将再生水作为河湖湿地生态补水；园区内企业间用水系统集成优化，实现串联用水、分质用水、一水多用和梯级利用，以及石化、钢铁、有色、造纸、印染等高耗水行业的企业内部废水利用。农业农村污水资源化推广工程和生态相结合的模块化工艺技术，完善农业污水收集处理再利用设施，污水就近就地资源化利用，处理达标后就近灌溉回用；以规模化畜禽养殖场为重点，开展畜禽粪污资源化利用，促进种养结合农牧循环发展。

3）再生水利用率较低，市场空间大

再生水回用应用领域广，主要应用领域包括景观环境用水、工业用水、农业用水、城市杂用及休闲娱乐、地下水补给等方面。我国污水资源化再生水主要用于景观环境用水和工业用水，生态补水主要用于回补地下水和地表水，以政府付费为主，工业回用主要用于循环冷却水、洗涤水、锅炉补给水、产品用水等，主要用于高耗水行业，采取市场化定价原则，由用水企业付费，且再生水回用标准较高。2019 年，我国再生水利用量占总污水处理量的比例为 19.21%，各省市水资源再生利用率普遍较低，相比发达国家 70% 的再生水利用率，我国污水资源化开发潜力巨大。

国家发展改革委、生态环境部等十部门联合印发了《关于推进污水资源化利用的指导意见》（发改环资〔2021〕13 号），指出 2025 年北京、天津、河北再生水利用率将分别为 80%、35%、35%，轻度缺水、中度缺水、重度缺水、极度缺水地区的利用率分别为 25%、30%、35%、40%；若 2020—2025 年每年污水处理量增速为 4%，且 2025 年再生水产能利用率达 75%，按目前的污水资源化项目膜工艺处理投资额 3 000 元/t 计，“十四五”期间的膜工艺市场规模将达 1 207 亿元。

4）污水处理厂提标改造带来广阔市场空间

随着环境保护的标准和要求不断提高，污水处理厂排放标准由原来的《城镇污水处理厂污染物排放标准》（GB 18918—2002）中的一级 B 标准提升为一级 A 或更高标准，污水处理厂提标改造的空间巨大。提标改造涉及的 MBR、移动床生物膜反应器（MBBR）、曝气生物滤池（BAF）等新工艺及相关膜材料、水处理剂企业会受益。此外，加强配套排水污水管网建设，解决城市污水处理管网不足，强化黑臭水体沿岸的污水截流和收集，对年久失修、漏损严重的老旧污水管网进行维修改造，保证过流能力，确保污水收集的水量和水质稳定，建设投资的规模巨大。

（6）无废城市建设重塑产业格局

无废城市是推进固体废物源头减量和资源化利用，最大限度地减少填埋量，将固体废物环境影响降至最低的城市发展模式。城市建筑垃圾、工业垃圾处理的商业模式清晰，运行体制较为成熟，城市生活垃圾收运和处置的关键是以城市公共卫生服务和城市管理服务为核心的环卫服务，涉及垃圾分类、收集、清运、中转站管理、道路清扫、公厕管理等，垃圾分类涉及垃圾分类设施、垃圾分选设备、垃圾分类服务、推广宣传、软硬件 IT 服务、分类实施效果测评服务、咨询服务等。

我国城市、县城、乡镇的环卫市场，包括道路清扫服务市场、垃圾清运市场、公厕运营市场，规模预计到 2022 年约为 3 032 亿元。此外，我国环卫车销量增幅大，如上海市湿垃圾专用收运车辆从 2018 年的 640 辆增至 2020 年年底的 920 辆，增幅为 43.7%，国内环卫设备市场规模非常可观。如图 3-8 所示为国内环卫装备市场规模趋势。

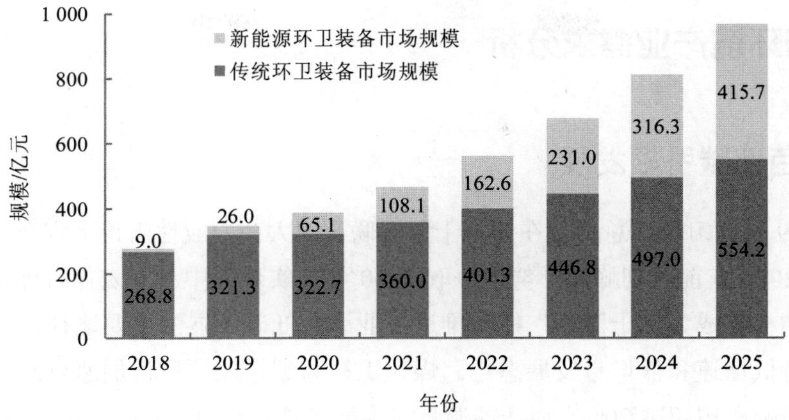

图 3-8　环卫装备市场规模趋势预测

许多城市推进垃圾分类工作时，仍面临缺乏专业大型餐厨垃圾处置设施这一难题。以湿垃圾末端处理设施建设进度较快的上海市为例，2020 年 6 月中旬，湿垃圾分出量达 9 632.13 t/d，远超过 5 050 t/d 的湿垃圾处置能力。垃圾分类减量化效果短期较难实现，餐厨产能落地是关键影响因素。在餐厨处置产能不足的情况下，从分拣前端分离出的湿垃圾，仍需通过焚烧等无害化处置方式进行最终解决，从而削弱了垃圾减量化效果。餐厨处置项目前期投资较大，且从规划、建设到实际投运的周期也较长，补齐产能缺口仍需时间。

“十四五”期间，无废城市产业链的协同效益将明显提升。2020 年是立法和宣传期，2021 年是奖惩和收运体系建立期，随着分类制度和体系的建立，投资增长、垃圾分类后的后端处理设施建设将加快，垃圾分类收集量将明显增加，分类效果显现，并达到减量的效果。到 2023 年，46 个重点城市全面建成生活垃圾分类收集和分类运输体系，建制镇和农村的生活垃圾收运能力也应逐步提高，处理设施进入稳定运营、提质增效阶段。

垃圾分类带动产业链前端从过去的垃圾混合到干湿分类，中端运输端从过去统一运输裂化为“干湿专用车辆运输+再生资源回收”体系，末端处置从“焚烧+填埋”扩展至焚烧、湿垃圾处置，并衍生出渗滤液处置需求，垃圾分类冲破了固体废物产业链市场的“天花板”，环卫装备的新能源化、环卫服务的市场化将迅速提升城市公共区域的清扫保洁、生活垃圾的收集转运处理、垃圾初步分类、城市公厕的运营维护、粪便收集处理等的水平，进而产生巨大的市场空间，垃圾焚烧发电也将释放千亿市场。在生态文明思想、清洁生产与循环经济制度、爱国卫生运动等因素作用下，社会对固体废物产业认识水平会不断提高，固体废物治理考核标准将持续提升，市场化水平也会不断提高。

3.3 生态环境产业需求分析

3.3.1 绿色低碳引领发展

2020 年 9 月，习近平总书记在第七十五届联合国大会一般性辩论上宣布了二氧化碳排放力争于 2030 年前达到峰值，努力争取 2060 年前实现碳中和的宏伟目标。优化能源结构和产业结构将成为“十四五”期间推进工业绿色低碳发展的重要途径。一方面，能源消费将保持低增速和低增量发展态势。煤化工等高碳排放项目将加速收紧，单位工业增加值能耗降幅有望超过 20%，清洁能源将成为能源消费增量主体。目前，我国太阳能、风能、水能可开发量分别超过 100 亿 kW、35 亿 kW、6 亿 kW，供给量充足但利用率较低等问题突出。“十四五”期间，储能技术研发和推广应用将加速，解决能源并网、能源消纳等关键技术，为加快优化能源结构奠定基础。另一方面，产业结构升级将加快能源结构高频次和高标准调整步伐。党的十九届五中全会明确提出，“十四五”时期将降低碳排放强度，支持有条件的地方率先达到碳排放峰值。以高经济效益、低能源消耗为主线的产业结构优化，将成为各地“十四五”规划的重点，节能环保、清洁生产、清洁能源等绿色产业将迎来新一轮发展机遇。

3.3.2 绿色制造水平提升

“十三五”时期，我国绿色制造体系建设任务基本完成，但电器电子、石油化工、汽车制造、机械装备、钢铁冶炼等高能耗、重污染行业仍存在产品全生命周期理念渗透率不足、绿色制造体系标准建设不完善、绿色制造核心环节存在“瓶颈”等问题。因此，加强核心关键技术攻关，构建更加完善的绿色制造技术体系，将成为“十四五”时期我国绿色制造体系建设的重点任务。重点行业企业和工业园区仍是“十四五”时期绿色制造体系建设的主体，在绿色工厂创建过程中，提高清洁生产技术水平，改善末端治理效果，提升污染物资源化和无害化利用程度，以及在绿色园区创建过程中，提高可再生能源使用比例和能源梯级利用率，推动提升园区数字化和智慧化管理水平仍将是“十四五”时期全面推进绿色制造体系建设迫切需要突破的重点和难点。

3.3.3 新型业态不断涌现

人工智能、新材料、大数据、物联网等前沿技术的不断创新和突破，为我国节能环保技术创新发展带来诸多机遇。以水处理为例，通过定向培养高效脱氮除磷微生物菌种、采用抗污染的分离膜材料等行业间协同融合手段，大幅提升了水深度处理效率和效果。

通过与新一代信息技术相融合，催生了智慧环保等新业态，解决了环境及污染信息全面感知、环保数据高速传输以及应急事件智能决策等传统环保工作痛点，使得应用场景不断拓展创新。2020 年，我国智慧环保市场规模预计将达 840 亿元，相比 2015 年增长 165%。“十四五”期间，打破各行业间的应用壁垒，实现多领域协同融合将成为提升节能环保技术水平的重要路径，也将成为环保企业优化环保装备产品结构、提高核心竞争力的重要方式。随着物联网、云计算、遥感监测、地理信息系统（GIS）、大数据与人工智能等技术的不断创新以及行业间协同融合的持续深入，智慧节能、物联环保等节能环保新型服务业态将不断涌现。

3.3.4 行业集聚持续增强

我国节能环保企业以中小企业为主，一方面，将技术、产品与服务相集成的节能环保业务综合服务模式可以快速增强企业技术实力和资本运作能力，促进中小企业以集团合作的方式规范发展，提高我国大型企业在全球市场上的竞争力；另一方面，全国 90% 的节能环保企业都是中小企业，立足新发展阶段，企业要实现商业模式创新、技术创新、服务创新，也要完成技术创新成果转化、产业化、系统集成创新等任务。不同类型的企业应发挥差异化作用，如中小型企业和小微型企业应将工作重点放在技术原创及技术的工程转化上，形成原创技术或多项技术的解决方案；大型企业和龙头企业更多的是要承担供应链的整合职责，形成产业方阵，引领行业发展，构建系统化的解决方案，再通过综合性向上迭代，最终形成具有中国特色的生态文明解决方案与模式。“十四五”期间，行业集中度将进一步增强，行业整体竞争力得到提升，拥有核心技术的中小企业更趋向“专精特新”方向发展，中小企业专业化生产和协作配套能力将进一步提高，集成化与差异化相结合，助推我国节能环保产业良性发展。

3.3.5 节能环保市场变革

“十三五”末期，我国节能工程综合服务市场规模约 2.0 万亿元，占工业节能市场的比例约为 45.5%。“十四五”期间，高效节能技术的持续研发与突破将促使传统生产过程升级，包括变频控制技术、能量系统优化技术等高效节能技术，将广泛融入工业生产中，高效电机、余热余压利用等工业节能细分市场份额将逐步扩大。环保方面，“十三五”时期，水处理和固体废物处理始终占据我国环保市场前两位，分别约为 40.0%和 35.0%；“十四五”期间，随着国家加大长江流域生态环境修复、黄河流域生态保护和高质量发展力度，以及陆续启动重点区域污染防治专项行动，环保市场将进一步向专业化、细分化调整，危险废物处理、环境修复和环境监测等新兴领域市场空间将加速释放，有望成为引领高附加值环节和推动环保产业高质量发展的突破口。

3.3.6 细分市场潜力巨大

“十四五”期间，碳交易、土壤修复、水资源回收利用等细分领域的发展空间会相对比较可观。

碳交易。按照生态环境部的规划，为了实现我国自主减排目标及碳中和愿景，将在几个方面发力：一是大力推动经济结构、能源结构、产业结构低碳转型；二是努力提高能效；三是发展非化石能源和增强碳汇。根据生态环境部的公开数据，截至 2020 年 8 月，试点省市碳市场共覆盖近 3 000 家重点排放单位，累计配额成交量约 4.06 亿 t CO_2 当量，成交额约 92.8 亿元。

土壤修复。“十三五”时期，土壤修复面临复杂多变的内外部环境，土壤环境领域逆势而上，发展势头迅猛。土壤修复目前仍旧处于产业起步阶段，其产值在环保产业中的占比不足 2%，这意味着其未来的发展空间非常大。我国的工业污染场地大约为 160 万亩，市场空间约为 1 万亿元；待修复的耕地污染面积约为 3.92 亿亩，市场空间约为 8.84 万亿元；待修复矿山面积约为 294 万亩，市场空间约为 2 770 亿元。

水资源回收利用。《关于推进污水资源化利用的指导意见》（发改环资〔2021〕13 号）明确提出，到 2025 年，全国地级及以上缺水城市再生水利用率达到 25%以上，京津冀地区达到 35%以上；到 2035 年，形成系统、安全、环保、经济的污水资源化利用格局。新政策的下发，对污水资源化利用的快速推进，促进解决水资源短缺、水环境污染等问题有巨大的助推作用。

除此之外，环卫清洁、垃圾焚烧、新能源汽车等也有广阔的发展前景。至于规模较大且过去一段时间处于“三足鼎立”状态的大气治理、水处理、固体废物处理，将会朝着综合化、规模化方向发展，向着更细化、更专业的崭新领域拓展。

3.4 生态环境创新创业项目选题与评价

3.4.1 项目选题

创新创业项目选题至关重要，一个好的选题意味着项目成功了一半，如果参赛，则直接决定了项目在比赛中能走多远。如果再能够跟比赛的评分规则匹配，那离成功就更近了一步。

项目选题要紧扣时代的脉搏，顺应时代的要求。从国家层面来说，生态环境产业是战略新兴产业，是生态文明建设的重要内容，而生态文明建设是中国特色社会主义事业的重要内容，关系民生福祉，关乎民族未来，事关“两个一百年”奋斗目标和中华民族伟大复兴中国梦的实现。国家及各部委出台了一系列相关产业政策，涉及污染防治、生态修复、园林绿化、环境保护等多个方面，大力扶持生态环保的发展，促进行业市场需求水平的不断提高。

2021 年是“十四五”规划的开局之年，要准确把握新发展阶段，深入贯彻新发展理念，加快构建新发展格局，大学生创新创业项目选题必须紧密围绕国家的相关大政方针，覆盖技术、互联网和金融，融合环保大数据和共享经济，构建“互生+共生+再生”的技术生态创新体系。传统环保企业要想脱颖而出，还要主动布局，用创新思维探寻企业增长新动能。

要聚焦环保装备、环保技术、环保服务等重点领域，加快发展壮大节能环保、清洁能源、循环利用产业；构建绿色经济新体系，加快产业生态化、生态产业化步伐，培育一批绿色功能区、绿色企业、绿色产品和绿色供应链。

（1）选题的基本原则

1）创新性

创新创业项目首要的原则就是创新性。科学研究中提出的新概念、新方法，产品开发中发明的新材料、新设备、新工艺等，都属于创新的范围。大学生在开展创新创业项目选题时，应该大胆探索，小心求证，勇于突破传统的思维习惯和观念。

2）合规性

创新创业项目要在国家的法律法规框架下选择，不能一味地追求新、奇、特，找市场空白，做别人没有的东西，而游走在法律的边缘，甚至触犯法律。

3）可行性

从能力构建上，应充分考虑完成项目目标和范围的主客观条件，不能贪大求全，要考虑难易度和可控性；大小适中，便于深入；避免投资过高，无法实现。从需求来说，要符合国家的相关产业政策，这样项目成功的概率将大大提高。

4）经济性

创新创业属于价值风险投资，讲求较高的投出产出比，即投资要有一定的回报率。一般情况下，要以满足市场需求为前提，考虑市场需求量大、发展前景广阔、有足够的市场容量的项目。

5）差异性

所谓差异性，就是要充分发掘和利用周边的资源，特别是本校及本专业的优势资源，充分发挥已有的优势，扬长避短。这样在产出成果后，别人很难复制，进而赢得先发优势。

（2）选题的内在逻辑

1）兴趣是最好的老师

创新创业项目选题应从自身兴趣、生产及生活实际问题切入，紧密结合专业知识，综合运用多种研究方法，以科学研究、社会调研或创业实践为主要方式，形成相对独立、完整的研究链条，有利于取得突破性创新成果或创业成果。

2）享受参与过程

参与创新创业不能唯拿奖是论，过分看重奖项，难免会患得患失，因为希望越大，失望也越大。重在强调实施过程中的体验和收获，例如，在创新思维上，能够提高思维能力；在创新方法上，能够完善现有的方法体系；在团队合作上，能够学会分享成果；在沟通交流上，能够提高表达能力，享受过程，释然结果。

3）知行合一，勇于实践

大学生创新创业一般基于本专业领域，紧密结合学科专业知识展开。在此过程中，通过不断地实践，不仅能够熟练掌握专业知识，还能促进对专业知识的理解。以水处理技术为例，当采用组合方法进行工艺创新的时候，虽然掌握了各工艺段的基本功能，但不同的组合产生的效果完全不一样，只有深入理解其微观机理并放到一定的环境条件下，如水温、水质、排放标准等，才能完全理解其中的奥秘，促进对专业的认知。还可以采用综合、组合、移植、还原、逆反、换元、完满、迂回、分离、群体等创新思路及方法。

（3）选题的主要方法

项目选题要以客户为导向，抓痛点（条理清晰、逻辑清楚）、有亮点（项目创新）、给观点（兴趣导向）。项目选题需要遵循提出问题、聚焦选题、科技查新、开题报告的过程。

1）提出问题

提出问题是个科学命题，而不是简单地问几个为什么。提出问题首先要发现问题，确定问题；其次是分析问题，去伪存真；最后才能提出问题。发现问题，即通过现象表述找出问题所在；确定问题，即通过对现象的深刻理解、解剖，确定问题的实质；分析问题，即对问题产生的原因加以明确并提出改进方案，是寻找影响事物的主要因素以及它们之间的关系，揭示事物运动的基本机理。

为了更好地提出问题，需要进行市场调研，包括政策调研、行业调研、产品和服务调研、客户调研以及商业模式调研等，目的是为项目的相关决策提供依据或者为决策中的相关推断和策划提供支持。

市场调研的方法有间接调查法和直接调查法两种。间接调查法是指技术收集已存在的、别人调查整理的二手信息、情报、数据或资料，这些间接的信息可以从各个渠道获得，如期刊、互联网、行业协会、研究机构、政府部门、统计机构、银行财税、咨询机构等。直接调查法是指直接观察或者调查相关人员的有关问题或感受，根据得到的答案或者信息整理出有用的市场信息，通常，直接收集信息的方法有问卷调查法、面谈访问法、电话询问法、观察调查法、实验法等。通过调查获取一手数据，通过查阅论文文献获取二手数据，两份数据互相支撑、印证。

2）聚焦选题

提出问题之后，需要根据选题的原则，对选题进行聚焦，可以结合自身的情况采用 SWOT 分析方法进行分析。聚焦选题的途径有多种，可以从社会发展需要或者当前社会热点的角度选题，捕捉直接影响生产发展和生活质量的关键问题或者热点问题具有更大的科学价值和现实意义，比如黑臭水体治理，碳中和、碳达峰，国家的相关发展规划、产业规划、行动计划。从专业应用实践的角度选题，理论知识的应用在实际中仍存在一定局限，很多理论都无法在实践中充分验证。从总结和预测学科发展角度选题，科学研究中有许多失败或失误案例，对这些案例进行个案分析或者综合总结，以探索失败或者失误的原因，并预测该领域的发展方向。从不同学科交叉点的角度选题，科学在不断发展，一门学科内各分支学科的交叉，各门学科间的交叉与互相渗透，有可能产生交叉处的空白区，将目光投注到那些尚未被人开垦的领域，往往能形成有价值的研究课题。

3）科技查新

为了判断拟开展的项目选题是否新颖，需要开展科技查新工作，以文献检索和情报调研为手段，全面、准确地掌握国内外的有关情报。科技查新是科学研究、产品开发和科技管理等活动中的一项重要基础工作。科技查新需要委托专门的机构，按照《科技查新规范》（国科发计字〔2000〕544 号）开展，最后出具科技查新报告。

查新报告应集中反映项目的主题，简明扼要地说明项目概括、背景技术、要解决的技术问题、所采用的技术路线和方法、所要达到的目的、主要技术特征、技术指标、产品参数等。不同目的的查新，从写法上要有所注重。主要分为立项查新、项目鉴定查新、科学研究查新、专利申报查新、开发类项目查新等。

4）开题报告

开题报告也是立项报告。概述部分需要简要阐述选题的背景和由来，是交代提出问题的过程。开题报告必须逻辑清楚，重点关注以下 5 个方面的问题：①选题要有吸引人的标题，包括选题有新意、具有关键性、具有可行性以及汇聚到点上；②选题的必要性及意义是阐述立项背景，包括概念界定、研究背景和国内外相关研究现状，回答好理论及现实依据，理论意义及现实意义；③前人的研究做到什么地步，对以往研究的优点、不足和贡献进行分析和评论；④准备如何进行研究，用什么样的分析框架去研究，研究课题的哪些方面，采用何种研究方法以及希望得到何种效果，如何落地；⑤项目要创新，需要观点新，在前人研究的基础上有所前进，发前人之未发，应是内容上、实质上的新，而不是形式上的新；方法新，首次从其他领域引进研究方法，看问题所采取的新角度；材料新，相对研究主题而言，在该研究主题上从未运用的，可以是一个新的事情、现象等。

（4）选题的参考案例

以污水处理为例，技术的发展从大的方面说，首先要符合行业的发展规划，而行业的发展规划又要契合国家的发展战略。技术的发展首先应该聚焦解决现有问题和推动业务发展。

1）存量项目支持

根据《2019 年全国城乡建设统计年鉴》，截至 2019 年，我国污水处理厂增至 2 471 座，处理能力为 1.79 亿 m^3/d，污水处理量为 536.93 亿 m^3，污水处理率为 96.80%，再生水利用率为 20.93%。这些存量项目是我国的基本盘，体量巨大，但整体的运行管理水平不高，基层人员运行管理水平偏低。项目需求包括低效资产提质，主要是对不达标的项目从技术层面进行运行优化乃至达标技改；节能降耗，主要通过药剂优化、设备优化和运行管理实现；挖潜增效，主要是针对现有水厂的污染物负荷偏低，通过技术挖潜，提升污水处理厂处理能力；生产创新，充分发挥一线工程技术人员的主观能动性，对生产过程中的问题进行改进，对新技术及新工艺推广应用。

2）新建项目

未来污水处理还将从质量和数量两方面释放增长潜力，质量上满足更高的排放标准和资源化利用，数量上满足进一步提高处理率的要求。新建项目在技术路线上，要在技术策划阶段提供不同的解决方案，形成技术决策矩阵；开发核心工艺包，一方面通过现有项目进行包装，另一方面通过技术获取来实现；新建项目需充分利用数字化工具，建筑信息模型（BIM）和智慧化是增量项目实施的有力保障，不仅能提高效率，也能提高质量。

3）新业务支持

新业务一般源于市场反馈，通过技术响应市场反馈，进而获得商机。新业务一方面直接来自市场需求，另一方面源于国家的顶层规划。具体包括发展规划，如针对国家顶层的发展规划、技术发展规划；行业研究，如针对市场需求的行业研究、评估满足度等；模式研究，如针对利基市场，从技术风险把控方面进行的模式研究。

4）科技成果转化项目

我国环保领域的科技工作者坚持创新，不断解决国民经济和社会发展的“卡脖子”问题，提高科技成果转化应用，环境技术与先进国家的差距不断缩小，有些技术走到了世界前列，使我国的环保技术从跟跑到并跑，再到领跑。科技成果转化主要包括：技术识别，即根据科技发展规划，对技术进行扫描，筛选出符合要求的技术；技术引进，即引进符合国家发展的紧缺技术；集成创新，即在已经掌握的技术基础上，进行集成创新；联合研发，联合研发可分为定向和逆向，定向的研发就是发布需求，委托专门的机构完成，逆向研发带有风险投资性质。

【案例 3-1】　艾西姆（辽宁）环境技术有限公司创新创业之路

艾西姆（辽宁）环境技术有限公司是一家专门从事垃圾渗滤液处理的技术创新型高新技术企业，先后在 EDIM 节水技术，氨氮 IE-EO 处理技术，废盐纯化，发酵母液资源化，树脂再生废水、焦化废水、染料废水、煤化工废水、农药废水处理，一体化设备等不同方向和领域做了探索和尝试，投入了大量的时间、人力、物力、资金，并尝试与多家企业进行合作。2017 年，公司选择进入垃圾渗滤液处理行业，并逐渐找到行业的痛点，研发了渗滤液树脂吸附、电催化氧化、碱回收、催化凝聚等工艺，系统考察了工艺可行性、稳定性和技术经济性能，先后开展了示范项目的施工、调试及验收，完成垃圾渗滤液处理行业革命性解决方案的技术研发和运行。

决定艾西姆（辽宁）环境技术有限公司的选择和成就的因素有三个方面：第一是认知。公司对环保产业的宏观发展趋势的认知，决定了公司选择了具有技术创新的行业废水技术研发方向；对行业痛点问题的认知，决定了公司的研发方向和技术路线选取，并逐步实现了工艺闭环。第二是定位。小微企业如何有效规避风险、快速突破和成长？公司 2015—2017 年研发成果不显著、投入产出不理想的原因就是对市场认知不清，研发和市场营销投入过于分散，没有做到研发和市场聚焦。随着公司认知水平提升和深化，公司开始聚焦垃圾渗滤液行业、聚焦垃圾渗滤液处理的痛点问题，技术研发、成果转化速率明显提升，投入产出效益也显著增加。公司聚焦垃圾渗滤液处理行业，聚焦技术研发提升，聚焦行业大客户需求。第三是心智。公司专注于价值创造（行业/客户需求）、创新（技术研发、改进）和问题的解决，重塑和培育了公司的价值观；利他思维和团队观念使公司认识到行业和客户需求的重要性，懂得行业需求的价值，并在团队配合中形成解决问题的方式与方法，奋斗成为团队的信条。

垃圾渗滤液零浓缩液处理技术为公司打开了渗滤液处理行业市场的大门，公司业务快速增长。根据市场调研、市场预测和初期运营分析，公司将聚焦水处理领域、专注于行业废水、专注于垃圾渗滤液，在追求全体员工物质与精神幸福的同时，改善人类水环境质量；打造研发中心、变革企业组织、设计新的商业模式，通过技术创新为水处理领域提供有效、经济的解决方案；预计到 2025 年营业收入将超过 10 亿元，成为行业废水（革命性）解决方案系统集成商。

（5）生态环境赛事选题

一般的创新创业大赛会给出具体的参赛要求，参赛要求中会直接给出选题的方向。如“北控水务杯”第二届中国“互联网+”生态环境创新创业大赛就给出了具体命题。

1）基本要求

紧密围绕生态环境领域节能减排、提质增效、资源化和科技服务等主题，能够将新一代信息技术与水资源循环利用、水生态环境保护紧密结合，培育新产品、新服务、新业态、新模式，加速科技成果转化，促进生态环境行业产业转型升级。主要包括水务和水环境综合治理、资源化开发和利用、智慧水务、清洁生产等方面管理、技术及装备。

表 3-8 为 2020 年“北控水务杯”第三届中国“互联网+”生态环境创新创业大赛总决赛各参赛组的选题。

表 3-8 “北控水务杯”第三届中国“互联网+”生态环境创新创业大赛总决赛选题

序号	项目名称	组别
1	寒地低温低碳氮比城镇污水处理技术	命题组
2	基于遥感影像预判的无人机自动采集水样的水质监测技术方案	命题组
3	污泥内生碳元和减量	命题组
4	“零”“氮”——交替电场调控水体硝态氮深度脱除智能化设备	命题组
5	“清道氟”——高氟区饮用水安全的保卫者	命题组
6	Lets fun！乐分	公益组
7	齐智控水暨百人河长智慧水务项目	公益组
8	集装箱式氧化系统和方法	创业组
9	智慧水务一体化综合管理平台	创业组
10	助力乡利生态振兴——乡村污水生态化处理的创新之路	创业组
11	高氨氮废水“克星”·“红菌”生物脱氮技术	创业组
12	欧卡无人驾驶清洁船	创业组
13	智解垃圾，守护青山——生活垃圾磁化热解处理站	创业组
14	魔力微球——擘画工业废水深度处理新未来	创业组
15	二维氧化石墨烯分离膜	创新组
16	中微纳米——打造技术驱动的分布式污水处理装备领军者	创新组
17	“为水穿衣”——绿康生物质循环水处理药剂	创新组
18	基于污泥脱水干化与资源化的集成系统	创新组
19	水威士——小型供水水质保障系统	创新组
20	基于物联网平台的环保便携式智能精准水质采样装置	创新组
21	全循环、零排放、资源化、智能化的生态公厕	创新组
22	物联时代水中有机物监测领跑者	创新组
23	智水——基于人工智能的城市污水厂数字孪生体	创新组
24	RW-RBF 模型预测污水处理厂控磷	创新组
25	油气钻采废液处理与资源化技术领航者	创新组
26	应急净水袋——“生命之水”保障者	创新组
27	黑材料一氮杂化介孔碳	创新组
28	超级膜法——印染废水处理技术革新者	创新组
29	新型金属表层自修复防护涂层材料	创新组
30	纤尘不染——白清洁防眩板涂层的引领者	创新组
31	蜜剑“针探”——便携水质检测卫士	创新组
32	水利智慧卫士——新型智能装配式应急处理坝	创新组

2）命题方向

①碳源投加优化方向：优化污水处理脱氮药耗成本，包括但不限于绿色环保碳源、优化工艺、优化控制策略。

②污泥减量化资源化方向：污泥减量化综合成本降低、污泥资源化综合效益提升的工艺技术或装备。

③污水处理单元提效方向：包括但不限于预处理单元提效技术或装备、生物处理单元效能评估或单元提效技术或装备、深度处理单元提效技术或装备。

④供水安全方向：特殊污染物水质快速检测（藻类、藻毒素、重金属、内分泌干扰物、消毒副产物）及经济有效去除工艺或装备。

⑤市政管网方向：城镇供、排水管网及设施快速检测与健康诊断技术系统及装备。

3.4.2 项目团队

早期的创业项目，投资人主要看项目团队。团队的强与弱是相对而言的，根据项目本身所处的方向及采用的模式而言。考量因素既包括创始人本身的经历、专业、是否有创业经验、性格等，也包括团队成员之间的搭配是否合理、关系是否稳定等。大学生在创新创业选题时，要充分发挥学校专业特色，取长补短，形成比较优势。

创业活动是创业者和创业机会的结合，影响创业机会识别既有主观因素，也有客观因素。由于创业者个性特质的差异，更由于各个创业者所面临的创业环境和资源约束条件的不同，创业者虽然发现了创业机会，但并不意味着要创业，更不意味着成功就在眼前，因为并非所有机会都适合每个人。

（1）机会特征与个人特质匹配

创业者识别并开发创业机会，同时，创业机会也在选择创业者。只有当创业者和创业机会之间存在着恰当的匹配关系时，创业活动才最可能发生，也更可能取得成功。

（2）个人特质与机会特征匹配

个体能否感知到创业机会的存在，取决于他们是否拥有先前知识去甄别外部信息，这意味着掌握特定领域的知识对识别创业机会至关重要，显然，个人因素（如先前经验）有助于创业者感知和识别机会因素（如新信息的价值）。

【案例 3-2】　什么样的人适合创业？

联想控股董事长柳传志反复提醒创业者：在转身做企业时，需要想清楚性格是不是适合做企业。他总结说，人大概可分为两种：奔日子的和过日子的。奔日子的人，总在奔，宁可冒风险，也要过一种新的生活，有新的追求；而过日子的人，则把谋生存作为创业的动机。他自认为是奔日子的人。毕业后的他在国防科委、科学院、研究部门工作，得过不少奖项，但是心总是不安分，想寻找新追求。“奔日子型的创业，达到一定高度后，还想跟自己较一把劲儿。”

3.4.3 项目评价理论

从我国的实际情况出发，项目评价理论大致可以分为项目评价和科学技术评价。

（1）项目评价

项目评价的概念有狭义和广义之分，狭义的项目评价一般指项目经济评价，广义的项目评价是基于项目全生命周期的评价。

1）项目评价的原则

全面系统的项目评价对于加强项目管理、实行项目科学决策和保障项目达到预期目标等方面起着关键作用，为此，进行项目评价时必须明确和掌握以下原则：

①实事求是原则。指从实际情况出发找事物的客观规律。要求进行项目评价时深入实际，坚持科学态度、采用科学方法对项目做周密的调查、分析，全面系统地掌握项目资料，进行认真分析研究和客观公正的评价。

②客观公正原则。要求项目尊重客观实际，同时秉持公正立场，不受权威和利益的干扰。

③成本效益原则。成本和效益是项目评价的重要内容之一，要求全面衡量项目成本和效益。项目是否可行，最终以项目取得经济效益的大小作为判断标准。

④系统性原则。要求全面系统地收集项目信息，分析并进行综合评价。

⑤比较择优原则。指项目多个备选方案的比较分析和优化选择。

⑥动态评价原则。要求考虑项目投资的货币时间价值和进行项目评价时坚持动态的观点。随着时间的推移，与项目相关的其他情况和条件都会发生变化。

2）项目评价的作用

项目评价的主要作用是为项目决策和实施提供依据。由于项目本身所具有的一次性、独特性、后果不可挽回等特性，单凭个人的判断和经验进行项目决策，容易出现错误而且很难避免失误，所以，项目决策需要依据项目评价作为支持。在项目决策中，运用项目评价方法对项目各个备选方案和各种情况下可能出现的结果进行必要的分析与评价，这对于加强项目决策的科学性和优化项目决策结果以及提高项目实施绩效等方面有着积极和重要的作用。

项目评价是项目决策的前提和保证。在项目决策过程中，决策者需要项目评价的信息和数据作为支撑，项目评价的分析、结论是项目决策的前提和保障，并且能够减少或者避免项目决策失误，甚至改善项目决策优化的结果。

项目评价是获得项目融资的凭证和依据。任何项目都需要投资，在通常情况下，项目投资的一定比例通过融资得到，而提供资金一方都是以项目评价的结果作为项目投资的凭证和依据，没有项目评价资料的项目是不可能融资的。

3）项目评价的内容

项目评价按阶段可以分为项目前评价、项目中评价和项目后评价，每一阶段还可以分成专项评价和综合评价，专项评价如环境影响评价、项目风险评价等。

项目前评价是在项目实施前对项目的必要性和可行性进行分析论证，即项目决策阶段的评价，主要工作是对项目的技术、经济、环境等方面进行全面系统的分析和论证。

项目中评价是在项目实施阶段中，为了使项目达到阶段目标，克服项目条件发生变化带来的严重困难所开展的跟踪评价。

项目后评价是在项目投入运营一段时间之后，为了验证项目决策的正确性所作出的项目评价，目的是总结经验教训和修订未来项目决策的指标和标准。

在我国，项目评价是在 20 世纪 70 年代末伴随项目可行性研究方法引进来的。1987 年 10 月，国家计划委员会发布《建设项目经济评价方法和参数》，2006 年 7 月，国家发展改革委、建设部联合发布《建设项目经济评价方法与参数》（第三版），2002 年 1 月，国家计委办公厅出版了《投资项目可行性研究指南》（试用版），投资项目的规范基本确立。

国家发展改革委于 2004 年公布《国务院关于投资体制改革的决定》，第一次明确提出投资项目后评价要求；2008 年公布《中央政府投资项目后评价管理办法（试行）》，意在建立与完善政府投资项目后评价制度，规范项目后评价工作，提高投资决策水平与投资效益。

（2）科学技术评价

2003 年 11 月 11 日，科技部发布了《科学技术评价办法（试行）》，科学技术评价是指受托方根据委托方明确的目的，按照规定的原则、程序和标准，运用科学、可行的方法对科学技术活动以及科学技术活动相关的事项所进行的论证、评审、评议、评估、验收等活动。

《科学技术研究项目评价通则》（GB/T 22900）于 2009 年 6 月 1 日实施，规定了自然科学领域科学技术研究项目的评价方法，引入技术就绪水平量值，规定在科研项目开题、结题上应进行技术成熟度评价，并对基础研究、应用研究、开发研究制定了 3 套完整的技术成熟度量表以及对应的评价方法。应用研究项目和开发研究项目的技术就绪水平如表 3-9、表 3-10 所示。

表 3-9 应用研究项目技术就绪水平

等级	特征描述	主要成果形式
第一级	发现新用途并形成思路性报告	报告
第二级	形成了特定目标的应用方案	方案
第三级	关键功能分析和实验结论成立	功能结论
第四级	在实验室环境中关键结论环节成立	仿真结论
第五级	相关环境中关键功能得到验证	性能结论
第六级	中试环境中初样性能指标满足要求	初样
第七级	中试环境中正样性能指标满足要求	正样
第八级	正样得到用户认可	用户鉴定结论
第九级	正样品、专有技术、专利技术转让	专利、样品

注：1. 应用研究是指为了探索开辟基础研究成果可能的新用途，或者为了达到预定的目标探索应采取的新方法或新用途而进行的创造性研究，直接解决改造客观世界中的实际问题，主要针对特定的目的或目标。

2. 应用研究项目的主要目标是获取新用途、新方法、新产品，介于基础研究和开发研究之间，比较接近开发研究。

表 3-10 开发研究项目技术就绪水平

等级	特征描述	主要成果形式
第一级	观察到基本原理并形成正式报告	报告
第二级	形成了技术概念或开发方案	方案
第三级	关键功能分析和实验结论成立	验证结论
第四级	研究室环境中的部件仿真验证	仿真结论
第五级	相关环境中的部件仿真验证	部件
第六级	相关环境中的系统样机演示	模型样机
第七级	在实际环境中的系统样机试验结论成立	样机
第八级	实际系统完成并通过实际验证	中试产品
第九级	实际通过任务运行的成功考验，可销售	产品，标准、专利

注：1. 开发研究是指利用从基础研究、应用研究和实际经验中所获得的现有知识，为了生产新产品、材料和装置，建立新的工艺、系统和服务，以及对已经产生和建立的上述各项进行实质性的改进和系统性工作。

2. 开发研究项目主要目标是获取新产品，其技术就绪水平第九级应该为可以销售的产品。

（3）选题评价

对比项目评价和科学技术评价可以看出，对于创新创业项目的评价来说，由于项目刚刚处于选题阶段，要么是新概念、新技术或者新产品首次提出，要么是现有产品的迭代升级，在评价上更倾向于项目评价的前评价，至于科学技术评价，则对项目评价起到辅助作用。

因此，对选题的评价，主要还是识别项目技术风险，判断项目的可实施性，评估项目的经济性，最终从技术经济上对项目进行综合研判，而最终的评价目的是选拔。

3.4.4　评价方法

针对项目评价，常用的评价方法有费用—效益分析法、层次分析法、关联矩阵法、模糊综合评价法等。针对科学技术评价，主要有：定性评价，如同行平移法、回溯和案例评价法；定量评价，如文献计量法、经济计量法；综合评价，如多指标综合评价法、定标比超法等。

对于创新创业项目的评价，基本上都是采用的综合评价法，以第五届中国“互联网+”大学生创新创业大赛为例，其中高教主赛道项目评审要点如表 3-11 所示。

表 3-11　第五届中国“互联网+”大学生创新创业大赛高教主赛道项目评审要点

评审要点	评审内容	分值
商业性	商业模式设计完整、可行，产品或服务成熟度及市场认可度，已获外部投资情况；经营绩效方面，重点考察项目存续时间、营业收入、企业利润、持续盈利能力、市场份额、客户（用户）情况、税收上缴、投入与产出比等情况；成长性方面，重点考察项目目标市场容量大小及可扩展性，是否有合适的计划和可靠资源（人力资源、资金、技术等）支持其未来持续快速成长；现金流及融资方面，关注维持企业正常经营的现金流情况及企业融资需求、资金使用规划是否合理	40
项目团队	团队成员的教育和工作背景、创新思想、价值观念、分工协作和能力互补情况，重点考察成员的投入程度。公司的组织构架、股权结构、人员配置以及激励制度合理。项目对创业顾问、投资人以及战略合作伙伴等外部资源的整合能力。师生共创组须特别关注师生分工协作、利益分配情况及合作关系稳定程度	30
创新性	具有原始创新或技术突破，取得一定数量和质量的创新成果（专利、创新奖励、行业认可等）。在商业模式、产品服务、管理运营、市场营销、工艺流程、应用场景等方面寻求突破和创新。鼓励项目与高校科技成果转移转化相结合，与区域经济发展、产业转型升级相结合	20
社会效益	项目发展战略和规模扩张策略的合理性和可行性，项目实际带动的直接就业人数，以及项目未来持续带动就业的能力	10

3.5 生态环境创新创业项目价值评估

3.5.1 项目可行性分析

可行性分析是通过对项目的主要内容和配套条件，如市场需求、资源供应、建设规模、工艺路线、设备选型、环境影响、资金筹措、盈利能力等，从技术、经济、工程等方面进行调查研究和分析比较，并对项目建成以后可能取得的财务、经济效益及社会环境影响进行预测，从而提出该项目是否值得投资和如何进行建设的咨询意见，从而为项目决策提供依据的一种综合性的系统分析方法。

可行性分析应具有预见性、公正性、可靠性、科学性的特点。各类投资项目可行性研究的内容及侧重点因行业特点而具有差异，但一般包括以下内容。

（1）投资的必要性

主要根据市场调查及预测的结果以及有关的产业政策等因素，论证项目投资建设的必要性。

（2）技术的可行性

主要从项目实施的技术角度，合理设计技术方案，并进行比选和评价。

（3）财务的可行性

主要从项目及投资者的角度，设计合理财务方案，从企业理财的角度进行资本预算，评价项目的财务盈利能力，投资决策，并从融资主体（企业）的角度评价股东投资收益、现金流量计划及债务清偿能力。

（4）组织的可行性

制订合理的项目实施进度计划、设计合理组织机构、选择经验丰富的管理人员、建立良好的协作关系、制订合适的培训计划等，保证项目顺利执行。

（5）经济的可行性

从资源配置的角度衡量项目的价值，评价项目在实现区域经济发展目标、有效配置经济资源、增加供应、创造就业、改善环境、提高人民生活等方面的效益。

（6）社会的可行性

分析项目对社会的影响，包括政治体制、方针政策、经济结构、法律道德、宗教民族、妇女儿童及社会稳定性等。

（7）风险控制的可行性

对项目的市场风险、技术风险、财务风险、组织风险、法律风险、经济及社会风险等因素进行评估，制定规避风险的对策，为项目全过程的风险管理提供依据。

一般的投资项目的可行性分析，核心是技术经济分析论证，所采用的分析方法是费用一效益分析法，预测项目的财务效益和费用，计算财务指标，包括内含报酬率、资本金收益率、投资回收期、总投资收益率等，综合判断项目的财务可行性。基准投资回收期是国家根据行业或部门的技术经济特点规定的平均先进的投资回收期，而基准的内部收益率也因不同行业而异，财务基准收益率和基准投资回收期是建设项目评价财务内部收益率和投资回收期指标的基准评判依据。生态环境产业属于国家市政公用设施，本着保本微利的原则，行业实际的内部收益率一般在 6%～8%。

3.5.2　项目技术评估

项目技术评估的主要内容是对生产工艺、设备选择和工程设计方案以及环境保护措施等进行分析和评价，以保证项目实施过程中所选用的技术先进适用、经济合理，并符合环保要求。拟建项目的技术评估对象是以各种物质形式表现的技术，如各种工艺图纸、体现技术水平和现实水平目标的设备及厂房等。技术评估的重点是投资项目拟采用的工艺技术及其设备选型。技术评估是项目评估的重要内容。因为项目的技术方案确定后，直接决定着产品方案、生产规模和生产效率，对产品质量、数量、生产成本和经济效益将产生重要影响。

（1）技术的先进性

对于项目而言，技术的先进性要求拟建项目尽可能多地采用新技术、先进工艺及节能设备，以提高项目技术装备水平。具体来说，就是要求项目的设计方案先进、设备先进、技术基础参数先进。在这里需要说明的是，项目所采用的先进技术虽然不一定要是世界领先水平或者是世界性的领先技术，但至少应该领先于国内现有的技术水平。当然，项目在技术上的先进性主要是通过各种技术指标来体现的，如劳动生产率、单位产品的原材料消耗水平、能源消耗水平、产品的质量指标、占地面积额和运输能力等。另外，由于不同的行业有不同的特点，其评价技术水平的指标也有所不同，所以，评估中应该分行业选用最适应的指标，分行业分析和评价技术的先进性。

（2）技术的适用性

适用性是指项目所采用的技术必须适应其特定的技术和经济条件，可以很快被项目消化，可以很快投产，并取得良好的经济效益；要求实事求是、因地制宜，量力而行和注重实效，适应当时、当地的具体情况，而不能片面地追求先进性。一般来说，技术的适用性应该符合以下几个条件：有利于综合利用国内及该地区的资源，有利于提高能源和原材料的利用率，有利于维护生态平衡和环境保护，有利于充分发挥现有技术水平和技术力量，能取得良好的经济效益，能与当地的技术水平相适应。

（3）技术的经济性

经济性是指项目所采用的技术能够在一定的消耗水平下获得最大的经济效益。设备的经济性是拟建投资项目获取经济效益的基础，因此在评估中应该加以重视。另外，技术的经济性在现实中往往与合理性相联系，如设备规模、产品产量的合理性，产品生产工艺流程的合理性，项目配套和协作的合理性等，都是技术的经济性条件。

（4）技术的可靠性

项目所采用的技术是否可靠和成熟，是项目成败的关键，也就是说，项目所采用的先进技术必须是经过实践证明的可靠和成熟的技术，其硬件和软件的功能已经被证明是有效的，这就要求项目采用的国内科研成果和技术，必须经过有关试验和技术鉴定；如果是引进的工艺、设备、技术，则必须符合国情，且在国外已经成熟运用。

（5）遵守法规、标准和政策

在以上的几项原则中，先进性是选择技术的前提，经济性是选择技术的目标，适用性是选择技术的条件，可靠性是选择技术的要求，国家的法规、标准和政策是对采用技术的一种规范。项目的技术评估必须处理好这几个方面的关系，能够让这几个方面达到最佳的组合。

项目技术鉴定多是企业的市场行为，企业基于新产品市场推广需要，委托第三方机构或者邀请行业专家采用同行评议的方式进行。技术鉴定主要是对各项技术指标进行研判，判定是否达到计划任务书的相关规定，评价技术成果的创造性、先进性、成熟程度。随着新技术、新工艺和新设备的不断涌现，基于技术识别和引进的需要，不同的企业正在不断完善各自的技术鉴定标准。例如，北控水务集团在技术鉴定方面开发出了一套自己的标准——北控水务技术识别系统，其技术评估流程如图 3-9 所示。

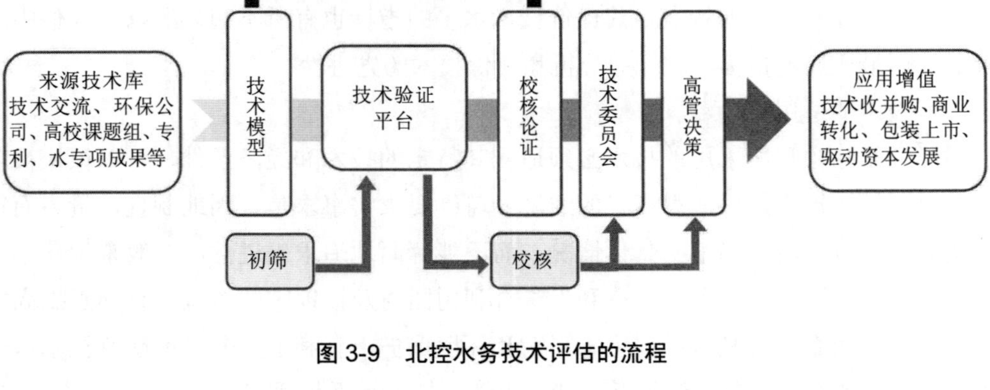

图 3-9 北控水务技术评估的流程

流程中最核心的是技术模型，其相当于电脑的 CPU。在前期阶段，根据技术来源方提供的基础数据，用模型对技术进行初步筛选，起到“粗格栅”的作用。符合一定标准后，后续再跟进进行生产验证、同行评议等环节，最后识别出符合集团发展需要的技术成果。技术模型主要从技术经济、技术成熟度、风险规避和市场前景四个维度进行构建。四个维度还要进行细分，赋予不同的分值和权重，根据技术情况输入相关参数后，会自动生成结果，如表 3-12 所示。

表 3-12　北控水务集团技术识别测评结果

<table>
<tr><td colspan="2">技术名称</td><td colspan="2"></td><td colspan="1">技术方</td><td></td></tr>
<tr><td>联系人</td><td></td><td>联系方式</td><td></td><td>日期</td><td>2017 年 7 月 10 日</td></tr>
<tr><td colspan="4">测评结果</td><td colspan="2">BEWG-20160801</td></tr>
<tr><td colspan="6">总体评价得分　69.0 分</td></tr>
<tr><td colspan="2">技术经济方面：主要考察相比于同类技术，在 30 年回报期内的投资收益绩效。收益率越高，越具备投资价值</td><td colspan="3" rowspan="2">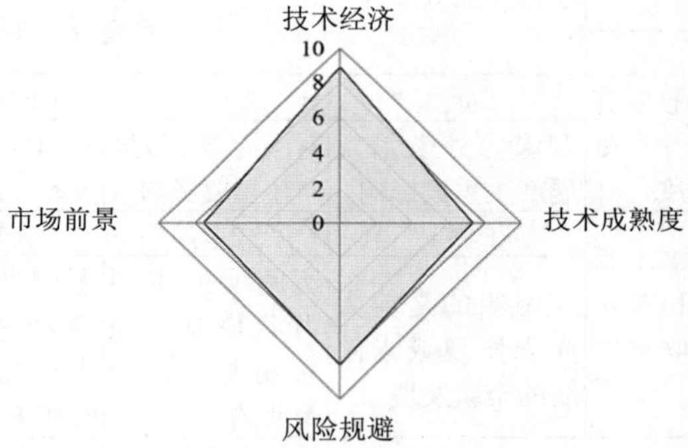
</td><td>技术成熟度方面：主要考察技术所处的技术阶段是否适合投资环节切入，处于推广初期的项目是投资优选</td></tr>
<tr><td colspan="2">市场前景方面：主要考察市场总体规模、市场总体竞争态势与技术所处的市场地位等。技术市场竞争力越强，市场容量越大，越具备投资价值</td><td>风险规避方面：主要考察技术是否存在潜在知识产权问题、被仿制难度、技术兼容性与稳定性等。优秀的技术应当具备良好的风险规避能力</td></tr>
<tr><td colspan="6">总体评价：该技术总体具有一定的潜力与应用前景。技术虽难以在技术经济性、技术成熟度、风险规避及市场前景四个维度整体获得优秀表现，但建议可在审慎考察其短板的情况下作出是否需要进一步跟进的判断</td></tr>
<tr><td colspan="6">风险提示：已有数据表明，该技术现阶段在技术经济性、技术成熟度、风险规避及市场前景方面不存在极为显著的风险</td></tr>
<tr><td colspan="6">建议：在进一步考察的基础上，可以进行中试验证并评估企业经营业绩。
声明：以上结论均基于技术方提供的技术参数、市场规模等数据真实可靠的基础，我方不对其真实程度负责</td></tr>
</table>

3.5.3　科技成果评估

科技成果的研发、形成、运用乃至效果等涉及的社会层面众多，而科技成果产生的不确定性、价值性难以评定及应用风险难把握等因素，助推了社会对科技成果评价的客观需求，加之政府对公共科技资金的监管及科技计划绩效的关注，致使科技成果评价成为不可或缺的社会功能。我国国家科技评估中心（科技部科技评估中心）是国家科学技术部直属事业单位，1997 年依托原中国科学技术促进发展研究中心正式组建，2004 年经中央机构编制委员会办公室批准，成为具有独立法人资格的国家级专业化科技评估机构。在生态环境领域，依托清华大学，成立国家环境保护技术管理与评估工程技术中心。

从需求的角度出发，结合我国科技工作的传统习惯，可将科技成果分为基础研究类成果、应用技术类成果、软科学类成果以及成果转化项目等 4 类。

（1）基础研究类成果

基础研究类成果侧重评价技术的突破性、理论性及对应用技术的导向性，具有前瞻性和长远性等特点，对于推动科技进步非常重要。表 3-13 列出了基础研究类成果的评价方法。

表 3-13　基础研究类成果的评价方法

评价指标		评价程度及说明			
名称	含义				
科学价值和意义	指成果所包含的技术在学术的发展进程中所处的地位及影响程度	1.重大	2.重要	3.比较重要	4.一般
		对国内外学术发展产生重大影响	对国内学术发展产生重要影响	对国内学术的发展有一定的影响	对国内学术的发展影响较小
发现程度	指发现的自然现象、揭示的科学规律和提出的学术观点等取得的进展	1.很高	2.高	3.较高	4.不明显
		所阐明的是前人尚未发现或未阐明的全新发现	所阐明的主要内容是前人尚未发现或尚未阐明的	所阐明的部分内容是前人尚未发现或尚未阐明的	所阐明的内容已为前人基本阐明
难易和复杂程度	指在研究过程中所采用的方法、手段的难易程度和复杂程度	1.高	2.较高	3.一般	4.较低
		所采用的方法和手段是前人所没有的且多学科交叉	所采用的方法和手段是前人所没有的	所采用的方法和手段在现有基础上有所改进	所采用的方法和手段基本参照现有技术
理论学说的创建度	指在自然现象和规律方面，创立了新的学说或理论的程度	1.很高	2.高	3.较高	4.不明显
		创立了新的理论或学说	创立了理论或学说的新分支	对理论学说的创立起到重要作用	对理论学说的创立没有明显作用
推动学科发展的作用	主要指对学科发展的影响	1.高	2.较高	3.一般	4.不明显
		为推动多个学科发展起到重要作用	为推动本学科发展起到重要作用	为推动学科的发展起到一定作用	对推动学科发展没有明显作用
正面他引的次数	指研究成果所包括已公开发表的论文被正面引用的次数	1.很多	2.较多	3.一般	4.较少
		论文被正面他引次数很多	论文被正面他引次数较多	论文被正面他引次数较少	论文被正面他引次数极少
发表论文刊物的影响度	指发表研究成果刊物的影响度，即刊物的影响因子	1.高	2.较高	3.一般	4.低
		所有论文发表在影响因子高的刊物上	大部分论文发表刊物影响因子较高	部分论文发表刊物影响因子较高	论文发表刊物其影响因子不高

（2）应用技术类成果

应用技术类成果是运用科学研究、技术开发、后续开发和应用推广中取得的新技术、新产品，并以促进生产力水平提高、实现经济和社会效益为目的的科技成果，在评价中须侧重于技术的生命周期、可应用性及效益等，表 3-14 列出了应用技术类成果的评价方法。

表 3-14　应用技术类成果的评价方法

评价指标		评价程度及说明			
名称	含义				
科学价值和意义	指成果所包含的技术在科学技术的发展进程中所处的地位及影响	1.重大	2.重要	3.比较重要	4.一般
		对国内外科学技术的发展产生重大影响并由此产生新兴行业	对国内科学技术的发展产生重要影响并填补国内空白	对国内同行业的科技进步产生较大影响	对本地区的科技进步有一定影响
技术创新程度	指利用科学知识和原理，在产品、工艺和材料等方面自主创新技术所占的比重	1.很高	2.高	3.较高	4.一般
		全部为自主创新技术	大部分为自主创新技术	组合式创新技术不少于 3 个	组合式创新技术少于 2 个
难易和复杂程度	指成果在研究、开发和应用过程中所采用的方法和手段的难度和复杂程度	1.高	2.较高	3.一般	4.较低
		采用的方法和手段是前人所没有的且多学科交叉	采用的方法和手段是前人所没有的	采用的方法和手段是在现有基础上有改进	采用的方法和手段参照现有技术
技术经济指标	指成果所实现的技术指标（包括性能、性状、工艺参数等）、经济指标（投入产出比、性能价格比、成本、规模等）、环境生态指标等	1.很高	2.高	3.较高	4.一般
		关键技术经济指标为国际领先或综合技术经济指标位居国际先进行列	关键技术经济指标位居国际先进行列或综合技术经济指标位居国内领先	关键技术经济指标接近国际先进水平或综合技术经济指标位居国内先进行列	关键技术经济指标位居国内先进行列
应用和推广程度	指成果在国内外推广应用的情况	1.高	2.较高	3.一般	4.较低
		已推广应用到全国大部分地区乃至国外	已推广应用到国内部分地区	已推广应用于某一地区	还未推广应用
经济和社会效益	成果应用取得的直接、间接经济效益，或在环境、生态、资源等保护与利用，提高人民生活质量和健康水平，防灾、减灾，保障经济、社会和谐，持久发展等方面所取得的社会效益	1.很大	2.较大	3.一般	4.较小
		经济效益≥1 000 万元；社会效益显著	经济效益在 100 万～1 000 万元；社会效益较大	经济效益在 10 万～100 万元；社会效益一般	经济效益小于 10 万元；社会效益较小
技术辐射能力	指成果所具有的推广应用前景，即技术共性程度	1.强	2.较强	3.一般	4.专有技术
		可多行业推广	可本行业推广	可局部推广	专有竞争技术，不宜推广

（3）软科学类成果

软科学类成果侧重评价其实现科学决策、研发活动导向、管理能力提升的借鉴性和指导性，评价指标主要包括创新程度，研究难度与复杂程度，科学价值与学术水平，对决策科学化和管理现代化的影响程度，取得的经济效益和社会效益，与国民经济、社会、科技发展战略的紧密程度。如表 3-15 所示列出了软科学类成果的评价方法。

表 3-15 软科学类成果的评价方法

评价指标	指标含义	权重/%	9～10 分	6～8 分	0～5 分
创新程度	研究项目在理论观点上的创新性，研究方法上的创新程度	25	有重大突破或有实质性创新	有明显突破或创新	创新程度一般
研究难度与复杂程度	在研究方面的难易程度以及研究成果所应用的项目（问题）的复杂程度	15	规模、难度非常大，非常复杂	规模、难度很大，很复杂	规模、难度、复杂程度一般
科学价值与学术水平	项目提出的观点、理论、方法的科学价值与学术水平	15	科学价值重大，达到同类研究的领先水平	科学价值明显，达到同类研究的先进水平	科学价值一般，接近同类研究的先进水平
对决策科学化和管理现代化的影响程度	项目为各级政府部门、各类企事业单位决策提供科学依据、管理现代化发挥作用的影响程度	15	影响和作用程度重大	影响和作用程度明显	影响和作用程度一般
取得的经济效益和社会效益	应用项目发挥的作用，取得的经济或社会效益	15	经济和社会效益显著	经济和社会效益明显	经济和社会效益一般
与国民经济、社会、科技发展战略的紧密程度	项目与国民经济、社会、科技发展需求的某一个方面或多个方面的紧密程度	15	显著紧密	明显紧密	一般紧密

（4）成果转化项目

成果转化项目指技术、资金、管理融合，具有明显的市场目标，正在策划或准备实施的项目，如图 3-10 所示，按照技术、市场、效益、管理四大指标评价其可行性和转化风险，注重要素之间平衡、内在影响和对项目整体的贡献率。

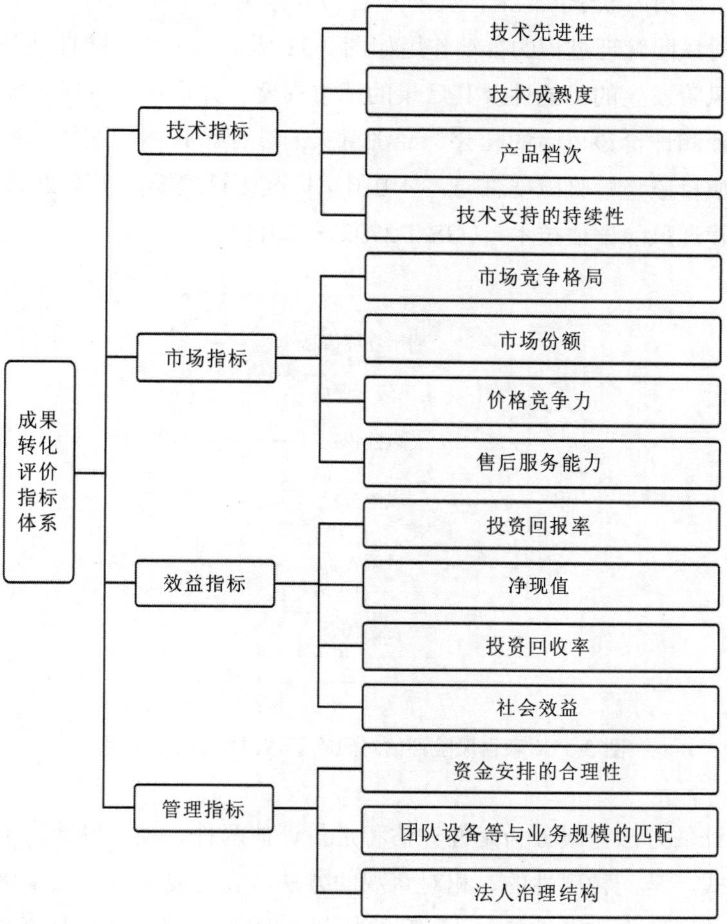

图 3-10　成果转化项目评价指标体系

3.5.4　项目经营风险评估

风险具有不确定性，项目在经营过程中会面临着各种风险，如可简单分为内部风险和外部风险，从类别上分为政治风险、经济风险、自然风险、技术风险等。风险都是潜在的，须通过科学方法对风险进行识别和评价，并采取针对性措施加以规避或者消除。

对于创新创业项目来说，最大的经营风险来自技术风险，技术上的成功只是必要条件，还需要解决潜在的知识产权保护问题、技术兼容性和稳定性问题、原材料供应问题、技术可替代性问题等。除了技术本身，技术还需要符合国家宏观政策（如货币政策、财政政策、行业政策以及地方发展政策等）。

风险评估有成熟的方法体系，是由风险识别、风险分析和风险评价构成的一个完整过程，风险评估活动内嵌于风险管理过程中，与其他风险管理活动紧密融合并互相推动，项目风险评估对风险管理过程的推动作用如图 3-11 所示。项目风险评估是在风险识别的基础上，确定风险发生的可能性及其后果的严重程度，并量化项目风险发生的概率及其影响范围，估计和评价该风险的社会、经济意义的过程。具体的评估过程和评估技术选择可参照国家质量监督检验检疫总局、中国国家标准化管理委员会于 2011 年 12 月 30 日发布的《风险管理风险评估技术》（GB/T 27921—2011）。

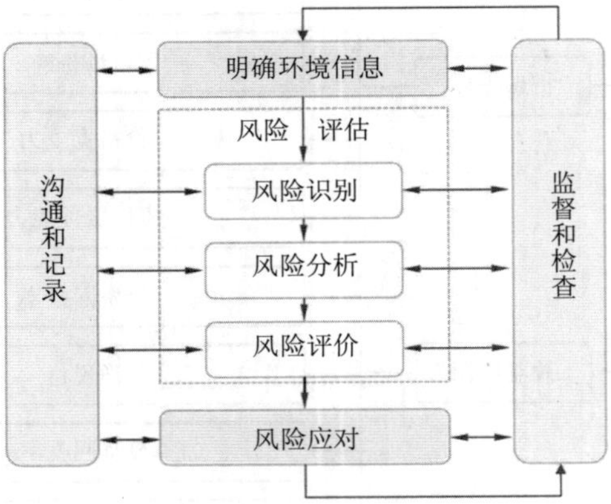

图 3-11　项目风险评估对风险管理过程的推动作用

项目风险评估方法一般分为定性评估和定量评估两种。项目风险的定性评估接近于人们的思维方式，是一种感性的、相对直观的方法，它主要是对无法量化和量化水平较低的风险进行分析评价，或者在定量研究的基础上做定性分析，以得出更加可靠的结果。项目风险的定量评估则是一种科学、客观、理性的方法，主要是将风险造成的损失频率、损失程度以及其他因素综合起来考虑，分析风险可能产生的影响。项目风险评估最重要的结果是量化的项目风险清单，项目管理人员可以据此对项目风险进行排序，为即将采取的风险应对措施和控制措施提供参考依据。

（1）定性评估方法

1）故障树分析法（fault trees analysis）

故障树，也称事故树，它是利用图解的形式对可能造成项目失败的各种因素进行分析，确定其各种可能组合方式的一种树状结构图。该法将项目风险由粗到细，由大到小，分层排列，容易找出所有的风险因素，关系明确。故障树分析法适用于系统较复杂的风险分析与评价，其特点是应用广泛、逻辑性强、形象化，分析结果具有系统性、准确性与预测性。

2）外推法（extrapolation）

外推法分为前推、后推和旁推 3 种，但由于后推和旁推的预测效果较差，因此项目中一般采用前推法。前推法是利用取得的按时间顺序排列的历史数据，推断未来事件发生的概率和后果。前推法运用的前提是拥有足够的历史资料，方法简单易行，缺点是历史资料不一定完全适用于现在，且没有考虑事件的因果关系。

3）专家调查打分法（experts investigating）

专家调查打分法是由专家对项目运行过程中，每阶段的每一风险因素给予一个主观评分，并根据分数高低确定风险大小的方法。优点是简单且容易使用，缺点是其可靠性完全取决于专家的经验与水平。

4）矩阵图分析

风险规避方面，主要考察技术是否存在潜在知识产权问题、被仿难度、技术兼容性与稳定性等。矩阵图分析即概率—影响矩阵，又称为风险值法。如图 3-12 所示，该方法将发生潜在风险的概率（知识产权问题、被模仿等）与影响的严重程度（估计值为 1～6）相乘，构建一个 P-I 矩阵，对风险进行排序，可用于确定风险类别（低、中等、高）。风险评分使风险的分类有助于对风险应对措施提供指导，但风险概率需根据历史数据确定，而在实际问题中，往往难以得到相应的历史数据，这使风险概率的确定有一定的困难。优秀的技术应当在上述各方面均具备良好的风险规避能力。

项目	频　次	基本不可能发生	每 50～100 个项目发生一次	每 20～50 个项目发生一次	每 10～20 个项目发生一次	每 1～10 个项目发生一次	每个项目发生一次
严重度	分值	1	2	3	4	5	6
很高	6	6	12	18	24	30	36
高	5	5	10	15	20	25	30
中等	4	4	8	12	16	20	24
低	3	3	6	9	12	15	18
很低	2	2	4	6	8	10	12
基本无影响	1	1	2	3	4	5	6

图 3-12　技术风险识别矩阵

（2）定量评估方法

1）盈亏平衡分析（cost-volume-profit analysis）

盈亏平衡分析，又叫本量利分析，是在成本性态分析和变动成本法的基础上，研究项目的成本、业务量以及利润之间的平衡关系，确定盈亏平衡点的方法。该方法一般适用于项目的费用分析或收益分析，其应用的前提是可以通过经验或历史资料对项目的未来状况进行确定性的判断。

2）敏感性分析（sensitive analysis）

敏感性分析是研究一个或多个因素变化对目标的影响程度，以判定其对目标的重要性的过程。敏感性强的因素会给项目带来较大的风险，但其局限性是没有考虑因素变化造成风险的可能性大小，会影响分析结论的准确性。

3）概率分析（probability analysis）

概率分析，又称风险分析，它是通过分析各因素在一定范围内发生某种变动的概率及其对项目的影响，对风险情况作出较准确的判断。概率分析可使项目管理者了解发生风险影响的可能性大小。

4）决策树分析（decision tree analysis）

决策树分析是把影响项目的有关因素分解，计算其概率和期望值，并绘制成树状图，以进行方案的比较和选择。决策树分析的优点是层次清晰、不遗漏、不易错，可进行多级决策；其缺点是若分级太多，则树图很复杂。

5）计划评审技术（program evaluation and review technique）

计划评审技术是综合运用关键路径法和加权平均法估计项目在某个时间内完成的可能性的方法。它适用于从未经历过的、作业时间不肯定的科研、新产品开发等工程项目，用于解决项目进度风险管理问题。

6）蒙特卡罗法（Monte Carlo simulation）

蒙特卡罗法，又称统计试验法或随机模拟法，它是从每个不确定因素中随机抽取样本，重复模拟各种不确定性组合项目计算，通过统计方法处理结果数据，找到项目变化的规律。蒙特卡罗模拟技术经常被应用于项目进度风险管理和项目成本风险管理。

7）层次分析法（analytical hierarchy process）

层次分析法是对递阶层次结构决策分析问题进行逐层分解，构造判断矩阵，使其变为多个单准则评价问题，再进行综合评价的过程。层次分析法适用于对多因素、多准则、多方案的综合评价和趋势预测。

【练习题】

1. 随着大数据、云计算、5G、区块链等新基建赋能环保产业，信息技术与生态文明建设深度融合，请试着分析环保产业向智慧环保的转型趋势和未来发展情况。

参考答案:

（1）智慧水厂。在自动化、信息化、智能化方面给水务行业的用户提供“一站式”的解决方案。自动化解决水厂的可靠性、稳定性、控制准确性的问题；信息化提高管理效率，让管理流程标准化，优化管理结果。信息化和自动化产生大量数据，通过智慧辅助决策和大数据平台实现数据价值。

（2）智慧管网。管网信息化，如管网探测、普查探测和 GIS 系统建设，自动化管控平台可实现供水系统运行工况的模拟和计算优化，减少能耗物耗和浪费，降低生产运行成本，对管网工程建设和管网运维提供科学化、精准化的解决方案。

（3）智慧监控。对工业污染源监控系统、排污权交易系统、重点污染源企业的污染情况进行智慧监控，实时监测企业污染净化设施的启停状态、设备关键运行参数等，对违规事件进行预警和分级控制，对排污企业进行远程执法。

（4）智慧环卫。对环卫车辆进行实时监控，对环卫清洁人员进行应急调配，合理规划清扫日程表，实施细致的作业管理和考评，构建更加完整、科学、规范的运行体系，提高运营效率和盈利能力。

（5）物联网平台。物联网平台对现场不同厂家的智能设备具备快速接入能力，快速汇集多源、多参、多维度的海量数据。在 GIS 系统和物联网实时数据库中，对所接入的设备进行远程动态管控，确保安全可靠运行。

2. 梳理和列举 5 种污水处理的改良工艺或新技术，并进行工艺对比分析。

参考答案:

	BAF	MBR	MBBR	SBR	A^2/O
投资及用地	总投资成本约为传统工艺的 75%；无须二次沉池，土建量小、占地面积小（占传统工艺的 30%～40%）	总投资成本较传统工艺高 20%；无须二次沉池，土建量较小、占地面积较小（较传统工艺省 50%以上）	相比传统工艺最大可节约 80%的池容	总投资成本为传统工艺的 90%～95%；无须二次沉池，池体较深，土建量较大，占地是传统工艺的 60%左右	总投资成本最高；处理流程长；土建量大、占地大
运行及管理	运行成本低；能耗低；更换生物滤料周期达 10 年以上	运行成本较高；能耗较高；膜清洗较困难，换膜周期为 2～3 年	运行成本较低，维护管理简单方便	运行成本较高、能耗较高、自动化程度较高；设备运行闲置多，维护量大，大修时间长	运行成本高；能耗高；日常维护量较低，大修时间长

	BAF	MBR	MBBR	SBR	A^2/O
工艺效果及出水水质	出水水质高于传统工艺，可达一级A甚至再生水的标准，去除有机物、氮的效果明显	出水水质直接达到高品质再生回用水标准，适用于深度处理和污水再生等对水质要求高的领域	仅需对现有设施简单改造，最大可将污水处理能力增加5倍，并提高出水水质，低温运行稳定	出水水质较高；存在污泥膨胀现象；处理效果受低温影响较大	出水水质尚可；存在污泥膨胀现象；处理效果受低温影响较大
扩建/扩能	模块化结构、扩建容易，所需占地和土建工作量小，工期短	模块化结构、扩建容易，所需占地和土建工作量大，工期短	模块化结构、扩能扩建容易，所需占地和土建工作量小，工期短	池体为模块结构，扩建相对常规，工艺容易，但所需占地和土建工程量大，工期较长	非模块结构，扩建时沉淀池和曝气池均需增加个数，占地和工程量大
适用环境	生化部分可为封闭式，臭味对周围环境影响很小，与城市融洽性好	现有处理厂更新升级，出水水质难以达标或因处理流量剧增而占地面积无法扩大的水厂改造	污（废）水处理设施新建、提标改造等领域，现有污水处理厂的工艺改造和升级换代	生化部分为敞开式，臭味对周围环境影响大，与城市融洽性较差	生化部分为敞开式，臭味对周围环境影响大，与城市融洽性差
适用范围	中小型污水处理厂	中小规模城镇污水处理和工业废水处理	适用性强，应用范围广，兼容性高	用地紧张，间歇排放的分散点源污水，对连续流污水处理厂改造	适用于要求脱氮除磷的大中型城市污水处理厂

3. “十四五”期间面向防疫功能的环保将会有哪些发展？

参考答案：一是环卫及消杀将向智能化发展，二是危险废物处理将向集中化发展，三是环境应急监测将向精准化发展，四是室内空气净化将向专业化发展。

4. 根据自己的专业及兴趣领域，参考表3-8“北控水务杯”第三届中国“互联网+”生态环境创新创业大赛总决赛的选题，选定1～2个生态环境创新创业题目。

5. 请参照北控水务集团技术识别模型，搭建自己的评价模型，选取至少两个技术分维度进行评价，并给出最终的得分并说明理由。

参考文献

[1] 国家统计局. 中国城市统计年鉴2019[M]. 北京：中国统计出版社，2020.

[2] 姜晓菊，张晔. 世界技术评估中心工作方法与运行机制[J]. 竞争情报，2015，11（3）：43-49.

[3] 曹琳剑，刘炳胜，王雪青. 东西方项目评价方法论及其理论演进分析[J]. 科技管理研究，2010，7.

[4] 张海军. 项目后评价理论及方法探讨[J]. 商业时代，2012，28.

[5] 新华社. 中华人民共和国国民经济和社会发展第十四个五年规划和 2035 年远景目标纲要[EB/OL].（2021-03-13）[2021-04-18]. http: //www.gov.cn/xinwen/2021-03/13/content_5592681.html.

[6] 樊金璐. 生活污水处理行业全景图：提标改造与资源化加速，细分领域迎发展良机[EB/OL].（2020-10-27）[2021-04-18]. https: //www.hanghangcha.com/pdf.html.

[7] 严明. 污水资源化政策推动水行业发展[EB/OL].（2021-01-30）[2021-03-10]. https: //www.hanghangcha.com/pdf.html.

[8] 王宁，张婉姝. 污水资源化：新水源，新机遇[R/OL].（2021-01-12）[2021-03-22]. https: //www.hanghangcha.com/pdf.html.

[9] 李浩. “碳中和”之投资机遇[EB/OL].（2021-03-13）[2021-04-05]. https: //www.hanghangcha.com/pdf.html.

[10] 李伟. 创新创业教程[M]. 2 版. 北京：清华大学出版社，2019.

[11] 吕爽. 大学生创新创业实务指导[M]. 2 版. 北京：中国铁道出版社，2020.

[12] 张立勇. 给排水科学与工程专业大学生创新创业训练与实例[M]. 北京：化学工业出版社，2017.

[13] 张亿忠. RFID 智能电能表开发项目技术可行性分析[D]. 衡阳：南华大学，2012.

[14] 应钟一. 大学生创新创业训练计划项目：从选题到报告撰写一站式经验分享（经管类）[EB/OL].（2020-05-31）[2021-04-23]. https: //www.zhuanlan.zhihu.com/p/144881088.

[15] 李想. 高能环境投资价值分析报告：“环境修复+固体废物处置”两翼齐飞，业绩成长确定性高[EB/OL].（2020-08-10）[2021-04-25]. https: //www.hanghangcha.com/pdf.html.

[16] 人民网. 2020 年地表水水质优良断面比例同比升 8.5 个百分点[EB/OL].（2021-01-17）[2021-04-18]. http: //rmfp.people.com.cn/n1/2021/0117/c406725-32002005.html.

（扫码获取本章课件）

第 4 章　生态环境工艺、技术与产品创新

学习目标：

1. 理解生态环境工艺、技术与产品的含义；
2. 掌握生态环境工艺、技术与产品的创新路径；
3. 培养在生态环境工艺、技术与产品方面进行创新的能力。

学习要求：

1. 理论结合实践，能够分析生态环境工艺、技术与产品的创新存在的机遇与挑战；
2. 通过判断生态环境工艺、技术与产品的不足及发展趋势，合理确定创新路径。

4.1　生态环境工艺创新

4.1.1　生态环境工艺概述

环境工程基本内容主要包括大气污染防治工程、水污染防治工程、固体废物的处理和利用、环境污染综合防治、环境系统工程等几个方面。

废气、废水和固体废物的污染，是各种自然因素和社会因素共同作用的结果。控制环境污染必须根据当地的自然条件，弄清污染物产生、迁移和转化的规律，对环境问题进行系统分析，采取经济手段、管理手段和工程技术手段相结合的综合防治措施，改革生产工艺和设备，开发和利用无污染能源，利用自然净化能力等，以便取得环境污染防治的最佳效果。环境污染综合防治是在对废水、废气、固体废物单项治理的基础上发展起来的。

环境问题往往具有区域性特点。利用系统工程的原理和方法，对区域性的环境问题和防治技术措施进行整体的系统分析，以求取得最优化方案，是环境系统工程的主要任务。环境系统工程方法还可应用于不同规模、等级、剖面的系统，如大气系统（大气污染模型、大气扩散等）、地面水系统（河流污染、湖泊污染的分析和城市污水再生利用）、地下水系统、海洋系统以及某一环境工程单元过程系统等。

环境工程学是一个庞大而复杂的技术体系。它不仅研究防治环境污染和公害的措施，而且研究自然资源的保护和合理利用，探讨废物资源化技术、改革生产工艺、发展少害或无害的闭路生产系统，以及按区域环境进行运筹学管理，以获得较大的环境效果和经济效益，这些都成为环境工程学的重要发展方向。

4.1.2　生态环境工艺创新路径

生态环境领域的创新研发，可以归为纵向的革命性创新和横向的优化性创新。

纵向的革命性创新宛如化茧成蝶般更替。在环保市场竞争日趋激烈的今天，围绕市场所需，如何开展创新研发占领高地，是众多环保企业始终不遗余力地进行思考的所在。革命性创新不常有，但总能带来无与伦比的回报，例如，能实现对高浓度有机废水大幅削减污染并将其转换为沼气的厌氧反应器技术，使人惊讶于利用微生物消除污染的高效率并从污水中提取能源的手法可以如此神奇，为食品、生物、化工等排放高浓度有机废水的生产行业带来了福音。污水处理的生物脱氮除磷技术，在不需要大量增加投资的前提下，实现了利用微生物对污水中氮、磷污染物的高效去除，极大地减轻了造成水体富营养化的影响。

横向的优化性创新，则如锦上添花求取优势。对于国内环保企业而言，面对革命性创新研发相对滞后的现实，优化性创新更为普遍，较为常见的路径有如下几种：

（1）国外先进技术本土化创新研发

由于国内的环境政策、环保市场需求与发达国家之间存在差异，必然造成环保技术研究和应用的差别，国外发达国家或地区正在研究的或已经在用的技术往往更先进。从国外嫁接先进成熟技术为我所用，成为行之有效的最快路径。欧洲、北美、中东、韩国、日本是环保先进技术集中的区域，而嫁接先进成熟技术时往往会产生“水土不服”的情况。先进技术引入的本土化创新研发，是不可避免的步骤，或简或繁，其所耗时间、资金、预期的成效均无法准确估算，一旦走通将可能带来丰厚回报。

例如，由于我国当时未能有效开展垃圾分类，导致国内的垃圾渗滤液成分更为复杂，处理难度更高。曾有企业引进国外成熟垃圾渗滤液处理工艺，但未能一步达到与国外同等的效果，仍需开展本土化创新研发，通过工艺协同处理实现其效果。

（2）国内科研院所技术成果产业化创新研发

国内科研院所沉淀了大量的技术成果，如何从实验室走向生产车间，并成为成熟产品提供给用户，其产业化创新研发仍有潜力可挖，这条路径虽艰难，但正成为主流趋势。中宜仪器的水质毒性在线分析仪的产业化创新研发，就是从国内院校技术成果中发现并开展产业化创新研发，实现了科学技术向生产力的转化，已经为饮用水、地表和地下水毒性定性监测提供价值，使这一领域的产品不依赖于国外。虽然过程不会一帆风顺，但随着市场需求逐渐激发，这条路径带来的价值正在显现。

（3）工艺整合协同创新研发

中国有全世界种类最多、最复杂的污水难题需要解决，但世界上却没有“一招鲜吃遍天”的技术，工艺整合协同创新研发占据了环保领域的重要位置。污染治理工艺的积木该怎么搭才能又稳又好又便宜，赢得用户青睐，成为环保企业苦修的“内功秘籍”。细分领域的单打冠军拥有针对某项污染问题的独门利器，而综合型龙头环保企业拥有眼望天下的胸怀以及振臂一呼应者云集的号召力，面对用户复杂的环境问题治理需求，在工艺整合协同创新研发的路上，将有越来越多的合作团队携手并进，而这样的创新研发正是市场急需的。国内的工艺整合协同创新研发无论种类、数量还是效果均已走在国际前沿，但仍然有大量的空间可以拓展，无论新单体工艺、新材料、新控制手段还是新政策的发展变化都将给工艺整合协同创新研发带来活力。

（4）传统工艺和设备智能化创新研发

传感器技术、自动化技术、互联网技术和新能源技术的发展，给人们的生产生活带来无限的想象力，这同样也在改变环保领域。环保企业正在不断鞭策传统环保工艺和设备朝智能化迈进，为用户提供不一样的使用体验，无人值守、精确高效、远程管控成为时尚要素，在宜兴环保设备车间里生产的一体化水处理装备、深度氧化工艺包、太阳能厕所均是此中代表。不久的将来，可以想象，如果一款环保产品哪怕只有一个理由需要实现智能化的相关功能，必然可以从市场上找到对应的智能化产品。

（5）产品单性能指标极致化的创新研发

面对不同的用户对环保工艺和设备使用性能方面的特定需求，环保企业将自己的产品在某项性能指标上打造极致体验，响应用户独特的要求，成为企业表征产品特色的方式之一。诸如对周边环境最友好的产品、最少外部资源消耗的产品、最小维护量且寿命尽可能长的产品、产生污泥量最少的解决方案等，通过对产品单性能指标极致化的创新研发，赢得相应用户群的青睐，也不失为企业发展的好办法。

（6）产品性价比极致化的创新研发

在产能过剩的市场环境下，有句常听到的话让人印象深刻：“我的产品利润像刀片一样薄。”“像刀片一样薄”固然形象地表达利润之少，但也同样能体会到刀片锋利的森森寒意。“规模化生产”“性能满足多数用户需求的情况下削减制造成本”“这个价你做不出来”，性价比极致化的路径是最容易想到的市场竞争的手法，要实现这个目标，同样需要开展相应的创新研发。环保产品不同于家电、汽车等标准商品，必然会有个性化的需求，如何在标准化和个性化之间寻找平衡点，如何在生产过程中挖掘利润，成为创新研发思考的方向，已经有企业向环保产品传统的非标和订单式加工发起挑战。无论布局未来还是着眼当下，无论通过何种途径，都万变不离其宗，所有的创新研发活动都围绕用户和市场的需求，为更好地解决其环保问题服务。在目前国内环保市场需求并未大幅增长甚至有所萎缩的同时，已是红海的环保产业依然在接纳着其他产能过剩行业企业的涌入，主流业务广泛的圈外企业不按常理出牌的竞争，上规模水务公司项目聚集带来的采购需求集中度提高和议价能力增强，互联网信息流通之便捷使环保产品的透明度越发清晰，曾经屡试不爽的公关营销方式或正在失去魔力，这些趋势都在影响环保企业的生产经营。加强创新研发不失为一个好办法，或者这本该就是环保企业冬去春来，柳发新芽所需强化的躯体机能。

2020 年，《中国环境报》公示了“2020 年生态环境创新工程百佳案例”入选名单。全国 112 个工程案例成功入选，杭州天创环境科技股份有限公司建设与运营的“浙江省杭州市良渚污水处理厂三期工程”名列前茅。

根据评选要求，以浙江省杭州市良渚污水处理厂三期工程为代表的 112 个工程，均坚持绿色发展的理念并贯穿项目规划、设计、施工、建设、运行的全过程；生态环境技术先进、工艺成熟，在业内具有领先优势，工程案例成功运行，实现多项创新；可有效解决我国当前普遍存在的污染治理难题，经济效益、社会效益、环境效益显著；满足市场需求，发展前景可期，成功经验可复制推广。

浙江省杭州市良渚污水处理厂三期工程的深度处理单元设计规模为 3.0 万 m^3/d，处理工艺为天创环境自主研发的高效膜生物反应器（MBR）集成技术（图 4-1～图 4-3）。

图 4-1 浙江省杭州市良渚污水处理厂三期项目工程现场

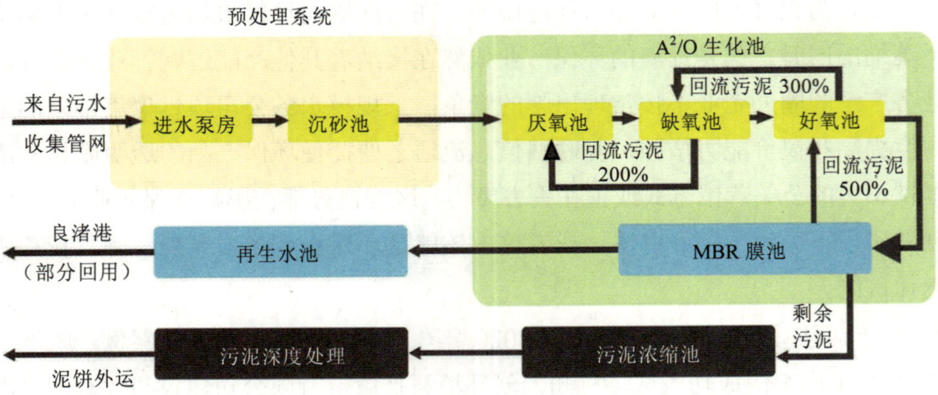

图 4-2　浙江省杭州市良渚污水处理厂三期工程工艺流程（1）

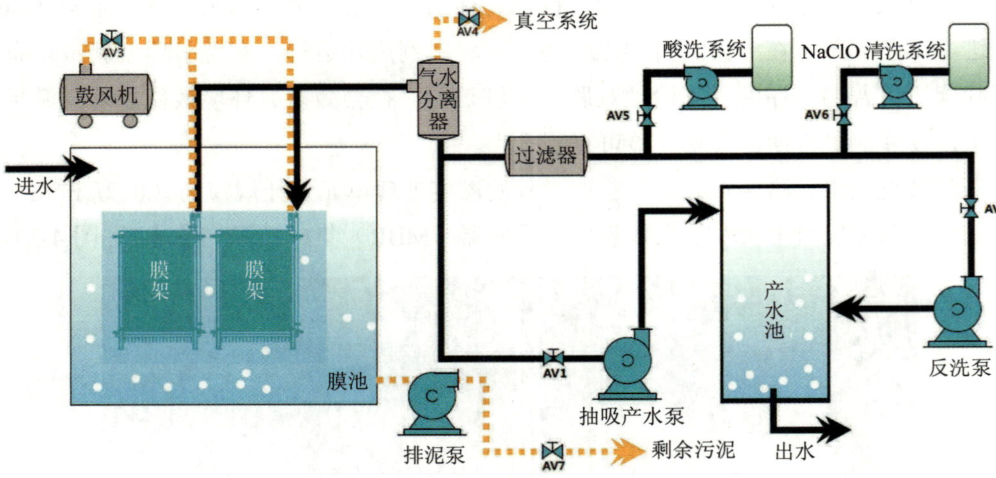

图 4-3　浙江省杭州市良渚污水处理厂三期工程工艺流程（2）

其核心产品采用 PVDF 增强型复合超滤膜，产品具有柔韧性好、不易断丝、耐氧化性强、过滤精度高、产水水质好、操作维护简便等特点。经过近 6 年的产品验证，产品断丝率低于千万分之五，吨水能耗低于 0.16 kW·h。

经过 MBR 系统处理后，产品水 COD_{Cr} 稳定在 30 mg/L 以下，NH_3-N 稳定在 2 mg/L 以下，浊度稳定在 0.1 NTU 以下，可满足准Ⅳ类水水质标准。

项目实现了浙江省内 MBR 技术应用于万吨级市政污水处理领域零的突破，其顺利投运标志着 MBR 技术作为高品质产水保障技术，在浙江省城镇污水处理领域的成功应用，为浙江省的城镇污水提标扩建提供了新思路、新技术和新模式（图 4-4）。

图 4-4　×××项目工程现场

作为该项目的建设者与运营者，天创环境不忘“水环境问题综合解决方案供应商”初心与本色，秉持“技术型、数字型、服务型、开放型”的理念，在为污水处理厂提供高品质膜分离产品的同时，还派出了专业运维团队提供现场运维管理服务。

通过运行程序的控制和调整，针对设备运行数据进行分析，实现运行过程中问题及早发现和预防，为客户节省了大量管理成本和直接成本，确保了系统更加高效稳定地运行，同时实现了工程效益与环境效益的双赢。该项目此次入选“2020 年生态环境创新工程百佳案例”，可谓实至名归。

4.2 生态环境技术创新

4.2.1 生态环境技术概述

从广义上讲，生态环境技术是指生态环境污染防治技术、污染物资源化技术、环境监测技术等与生态环境保护相关的技术的统称。

（1）生态环境污染防治技术

针对污染介质不同，可以分为水环境污染防治技术、大气环境污染防治技术、固体废物污染防治技术、土壤环境污染防治技术等，如图 4-5 所示。

环保产业是政策驱动型产业，近年来，环保政策的出台带动了工业废水处理、黑臭水体修复、污泥减量与处置、有机污染场地修复、VOCs 处理、固体废物资源化、危险废物处置等领域的发展。大学生必须深入研究国家相关政策，找准发力方向，以环保技术创新为驱动，才能顺利地找准创新创业的方向。

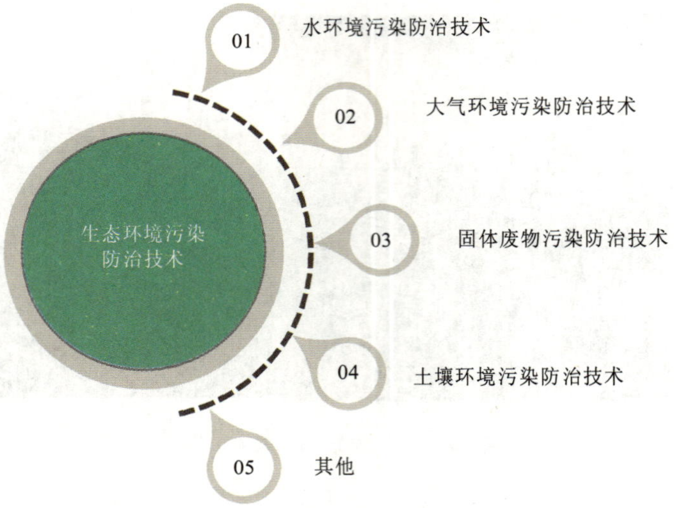

图 4-5　生态环境污染防治技术分类

【案例 4-1】　一种增强型紧凑式电袋复合除尘器

“十三五”以前，我国能源结构以煤为主，主要利用方式是燃烧，会排放大量 $PM_{2.5}$ 等颗粒物。某高校大学生创新创业项目团队调研发现，现有紧凑式电袋复合除尘技术存在颗粒荷电不足、静电区收尘面积过小的问题，导致布袋负荷过大、寿命短、运营成本高，难以大规模应用。项目团队从两个方面进行技术创新：①在静电除尘区与布袋除尘区之间的多孔极板加装风帽；②在交错布置区之前加装静电除尘区，强化荷电并预除尘。该技术可降低 50%以上的布袋负荷，除尘效率高，成本低，体积紧凑，研究成果获得“全国大学生节能减排社会实践与科技竞赛”特等奖。

（2）污染物资源化技术

废水、废气、废渣等的资源化技术，是提高资源利用率的重要途径之一。

我国城市垃圾产量每年超过 4 亿 t，历年堆存的工业固体废物总量达 600 亿～700 亿 t，部分地区垃圾围城现象非常严重，这意味着我国垃圾资源化利用的潜力非常大。2020 年 9 月 1 日我国开始实施《中华人民共和国固体废物污染环境防治法》，提出固体废物污染环境防治坚持减量化、资源化和无害化的原则。我国提出“无废城市”建设，引导全社会减少固体废物产生，并最大化实现固体废物的资源化。

【案例 4-2】　一种新型环保打印机

全国大学生节能减排社会实践与科技竞赛特等奖项目“一种新型环保打印机”研究团队发现，在日常的办公中，70%的打印文件属于非存档性打印，这就意味着大量的纸张在短暂使用后就被丢弃或者当废纸卖掉，造成极大的浪费。这个项目团队通过使用一种可分解的墨水，对传统的打印机墨水进行替换，使打印纸张重复利用，可以节约平时 7

倍的打印用纸量。

【案例 4-3】　可循环充气式快递缓冲包装

全国大学生节能减排社会实践与科技竞赛项目团队设计了一种快递包装箱，集硬质可折叠外壳和可循环充气缓冲气囊于一体，可以多次循环使用，大大减少了纸箱、泡沫填充物、胶带和快递袋的消耗，进而达到减少资源浪费和环境污染的目的。

我国是世界快递业大国，2020 年的快递更是高达 800 亿件。目前快递包装污染问题远没有得到解决，在技术、服务、产品等方面，大学生还需要不断地创新。

（3）环境监测技术

环境监测技术是环境保护的基础，环境监测技术包括水质监测技术、大气监测技术、噪声监测技术等。

【案例 4-4】　深紫外荧光双光谱溶解性有机物快速检测技术及其应用

2019 年“挑战杯”全国大学生课外学术科技作品竞赛的一等奖作品“深紫外荧光双光谱溶解性有机物快速检测技术及其应用”，其项目团队选取的监测对象是溶解性有机物，选择的原因是溶解性有机物是饮用水末梢输送过程中重要的污染物，是饮用水污染事件频发的主要原因。该项目团队通过调研发现，现有溶解性有机物的检测技术耗时久、成本高、结构复杂。他们就系统研究了溶解性有机物的紫外和荧光光谱特性，找到了溶解性有机物检测的替代性指标：UVA280、蛋白类荧光和腐殖质类荧光，创新性地提出了基双光谱溶解性有机物检测技术，设计出手持式检测仪，解决了溶解性有机物快速、灵敏、低成本和微型化检测的难题。

我国环境监测中广泛采用的液相色谱仪，大部分都是依赖进口，2019 年 1 月到 11 月，我国共进口液相色谱仪近 1.5 万台。另外，核磁共振波谱仪、质谱仪、扫描电子显微镜等高端科研仪器，当前都存在被国外供应商垄断的风险。2018 年全球销售额前 20 名的检测仪器公司中，没有一家中国企业入选。

习近平总书记曾强调，要大力提升自主创新能力，把攻克“卡脖子”技术放在创新驱动的突破方向。当代大学生可以针对环境监测领域的“卡脖子”技术进行创新创业，提高自己在国家重大战略需求领域发展的服务能力。

4.2.2　生态环境技术创新路径

在过去的十几年里，我国环保行业整体属于工程模式阶段，技术从属于工程的现状成为行业持续发展和完成产业闭环的桎梏，无法为环保产业的升级提供足够的动能。环保行业的本质是技术服务，新环保时代将是技术的时代、研发创新的时代。生态环境技术创新的路径主要包括以下几种。

（1）建立环保产业与其他产业产能的供需关系，形成产业价值闭环

通过技术创新，将废水中的有机物转化为沼气回收利用，将废水、废气中的硫化物、硫酸根等转化为单质硫黄或作为肥料再利用，将废水、废气中的重金属筛选出来实现资源回收再利用。在实现污染物资源化的同时，还能够创造收益，是一种重要的创新路径。2020 年第十二届“挑战杯”中国大学生创业计划竞赛金奖项目“乡路新生——用农村废弃物重塑乡村道路”即是这种创新方式的代表。

目前，全国的生活垃圾中，餐厨垃圾占比达到 50%以上。让有机物垃圾通过循环利用变废为宝，使城市生活垃圾能够真正实现减量化、无害化、资源化和就地化处理。

【案例 4-5】 水热魔法师——引领餐厨垃圾资源化处理技术革命

上海交通大学金放鸣教授指导的大学生创新创业团队，模拟地下煤炭生成环境，开发了水热资源化餐厨垃圾产高品质高附加值腐殖酸的新技术，解决了湿垃圾发酵耗时久、效率低、适用性窄、易产生臭气和废渣等问题。项目成果获得中国国际“互联网+”大学生创新创业大赛国家级银奖。

【案例 4-6】 “脱硫灰”循环利用，实现绿色经济

南京钢铁联合公司根据不同的脱硫工艺特点，创造性地将烧结机“脱硫灰”送到其他 3 套烧结循环流化床脱硫装置，作为“脱硫剂”串级利用。自 2020 年 7 月大规模使用这种方法以来，吨矿成本在 16 元的基础上降低 1.7 元，每月节约成本 200 多万元。

这种技术创新采用了绿色循环经济的理念，在确保超低排放的同时，使吨矿消耗脱硫剂量明显下降。

（2）多学科交叉融合，实现技术创新

将生物、材料、电子、信息化等技术与环保技术交叉融合，是生态环境技术创新的重要方向。

目前，在水处理领域已出现的技术创新形式包括：①生物技术与水处理技术相结合，探索新型脱氮除磷工艺；②新材料技术与水处理技术相结合，实现高效率膜处理工艺；③信息技术与水处理技术相结合发展智慧水务管理。

在环境监测领域，进行多学科交叉创新，也是近年来发展的热点。

【案例 4-7】 eDNA 精准生物监测与生态健康诊断

南京大学张效伟教授指导的大学生创新创业团队，融合了基因技术、人工智能等成功研制了 eDNA 精准生物监测技术（图 4-6），打破传统以生物个体为主的监测模式。该技术能够准确、快速地识别环境中的各类生物多样性，实现了生物监测的数字化、智能化和自动化，使监测准确性提高 50%，工作量下降 90%，效率提高 300%。该项目作为国家“水专项”重大技术突破之一，获得 2020 年中国国际“互联网+”大学生创新创业大赛的国家级金奖。

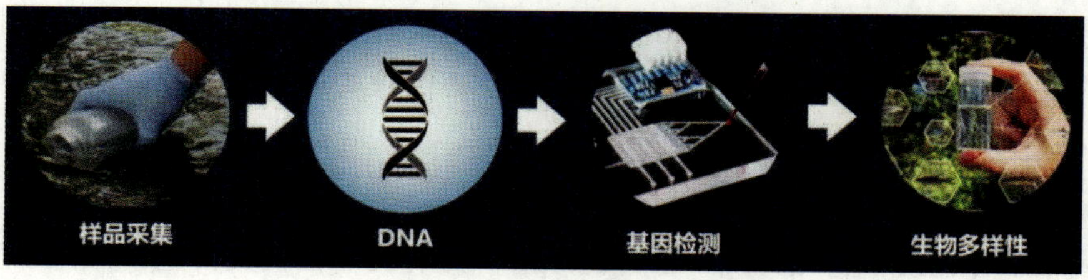

图 4-6　eDNA 精准生物监测流程

（3）挖掘技术隐形痛点，实现技术创新

环保市场的显性痛点，一般存在激烈的研发竞争。从处理效率、投资成本、工艺性能、运维管理等方面切入分析，挖掘隐形痛点，对技术进行创新升级，也是生态环境技术创新的有效路径。

例如，在污泥减量与处置领域，技术的不断进步使污泥处置方法由简单的堆积填埋发展为系统性的无害化处理，在这个过程中，污泥含水率并未显著降低。目前绝大部分的水厂只能将污泥含水率降低到 80%左右，如果用来堆肥、填埋、焚烧，就必须保证污泥含水率不高于 60%甚至 50%。因此，污泥处置的核心痛点在于如何高效降低含水率。高效污泥干化药剂、脱水设备以及不产生二次污染的处置工艺方面的技术突破则是该问题的解决方案。其他领域同样存在相似的痛点，如有机垃圾资源化、重金属污染土壤修复、污水处理厂臭气治理等问题都是行业中亟待解决的难题。

根据不同的创新方法，需要精确定位市场需求，从技术的适用性、技术的先进性、技术的成熟度、技术的成本和价格、技术壁垒与知识产权保护等层面进行技术考量与整体规划。从机理创新、生产工艺以及特种材料等不同维度进行技术专利布局，掌握创新成果主动权。在开展技术创新时，要打造能够将物理、化学、生物等专业基础知识与市场、工程设计、成本分析等多领域专业技能融会贯通的多元化、复合型创新人才梯队。

【案例 4-8】　好氧颗粒污泥（AGS）污水处理技术

以由荷兰代尔夫特理工大学研发、Royal Haskoning DHV 公司商业化推广的好氧颗粒污泥（AGS）污水处理技术 Nereda®为例。该技术从实验室研发到工程应用，历经十几年时间。最近 5 年，该技术迅速被各大洲 50 多座污水处理厂采用并投入运行，是技术创新成果转化的一个较为成功的案例。它的成功因素包括：

1）以水委会为核心的平台运营机制

水委会是荷兰最为古老的民主机构之一，为国家制定水行业发展策略，负责本国与水有关的大部分事务，在国家环境管理方面发挥着重要作用。水委会所建立的平台将荷兰水领域相关的政府部门、科研机构和企业紧密连接，同时促进荷兰与德国等其他国家研发机构与企业的合作交流。水委会作为荷兰国家水务的管理者，它对Nereda®技术研发和推广的大力支持起到了至关重要的作用。水委会高效的跨领域资源调配，成功将常规的15年研发商业化周期缩短到5年。

2）工艺技术先进性与市场需求适配性高

好氧颗粒污泥技术相比传统活性污泥方法，具有沉降性能更出色、污泥浓度高、无污泥膨胀等优点。能耗更低而且无须投加化学药剂，并且占地面积小，降低了建造和运行成本。

3）多层面的持续资金支持

该项目从研发到商业化，获得了包括应用水研究基金会、水委会、代尔夫特理工大学、Royal Haskoning DHV等机构10年不间断的资金投入。

4）复合型人才领军与多维度人才合作

Nereda®这项技术能够成功实现商业应用，与大学和企业间的紧密互动是分不开的。让工程师、科学家、产品经理和市场更好互动的创新合作模式是项目成功的要素。成功的背后还有一个很重要的牵头者——Helle van der Roest。他作为Royal Haskoning DHV的前商务拓展和技术专家，很好地充当了大学和企业的桥梁的角色，促进了研发成果的商业转化。

5）系统性项目合作与市场推广规划

Nereda®技术通过实验室验证后在2003年进行中试，于2005年与荷兰的一家知名乳制品企业合作了第一个日处理规模为250 t的示范性应用，并在南非、葡萄牙各自开展了示范项目。随后，Royal Haskoning DHV与荷兰水务局、三星、Endress+Haus、HACH、北控水务等多家大型企业及政府部门合作，迅速拓展荷兰本地和全球市场。

4.3 生态环境产品创新

4.3.1 生态环境产品概述

生态环境产品是指人类为满足自身生存和发展，在改善生态环境质量的过程中，开发、制造并应用的相关产品，其形式主要包括设备、药剂和软件等。按照生态环境概念所包含的范围，其相关产品主要有污染防治、环境修复、生态环境监测、绿色节能等方面的产品。

伴随生态环境改善过程而产生的生态环境产品、技术与工艺之间存在相互促进、互为交叉的关系。首先，生态环境产品通常需要一种或多种技术进行支撑，例如，消毒产品包含了不同的氧化杀菌技术、消毒剂计量技术以及自动控制技术等。反之，基于一种技术也可以开发出多种不同功能的产品，使技术在不同领域得以应用，如基于光催化技术，目前已开发出光催化空气净化器、自清洁型涂料产品等。其次，生态环境产品与技术又是生态环境工艺的组成部分，这与制造业中产品和工艺的关系不同，制造行业的工艺是指产品的加工工艺，两者是紧密的依存关系，新的产品必然要有新的工艺，而新的工艺也会改变产品的质量和性能。而在生态环境领域中，生态环境产品和工艺则是两个具有不同目标的内容，生态环境工艺是以解决环境问题为目标，工艺的创新有时并不需要产品的相应创新，但生态环境产品的创新往往会引起工艺的变革，包括处理效率提高、能耗降低、操作模式改变等。因此产品不仅是技术的具体应用形式，同时也是工艺变革及优化的动力源泉。

在产品、技术和工艺三者之间，生态环境产品的创新一方面会对技术的发展提出需求，如多技术交叉、理论更新、技术换代等；另一方面，生态环境产品的创新又会对工艺的改进和优化产生促进和强化作用。所以产品创新具有重要的价值和实用意义，目前与发达国家相比，我国在生态环境产品的开发和创新方面仍需凝神聚力、厚积薄发。

4.3.2　生态环境产品的类型及创新方向

（1）污染防治类产品

污染防治类产品主要是指对人类在工业生产或生活过程中造成的污染进行有效防治或治理的设备或材料，按照处理的污染类型主要分为大气污染防治类产品、水污染防治类产品、固体废物处理类产品等。

1）大气污染防治类产品

大气污染防治类产品主要包括除尘技术产品、烟气脱硫技术产品和脱硝技术产品等。统计资料显示，目前我国大气污染防治类产品在生态环境产品中占比最高，但仍主要集中于相对低端的燃煤脱硫除尘器设备等（图 4-7）。

图 4-7　燃煤脱硫除尘器设备

2019 年中国产业调研网发布的《中国大气污染防治设备市场现状调研与发展前景分析报告（2019—2025 年）》显示，我国将大力发展对环境负担较小的天然气发电站，引进最先进的火电技术，抑制有害物质的排放。逐步解决雾霾天气范围扩大和程度加剧的问题，因此，大气污染防治类产品的创新将迎来新的机遇。表 4-1 列举了当前主要的大气污染净化设备，可以为大气污染防治类产品创新的方向提供参考。

表 4-1　大气污染净化设备

设备	主要类型
脱硫设备	干法/半干法/湿法脱硫设备、海水脱硫设备、电子束法设备、催化裂化脱硫设备
脱硝设备	催化还原（SCR）脱硝设备、吸收法脱硝设备、吸附法脱硝设备、等离子活化法脱硝设备、生化法脱硝设备、炉内还原（IFNR）脱硝设备
除尘净化设备	抑尘设备、污染物去除装置、机械除尘设备、静电除尘设备（ESP）、袋式除尘设备、湿式除尘设备、空气过滤设备；细颗粒物（$PM_{2.5}$）处理设备；室内空气净化器
废气净化设备	油烟净化设备、酸雾净化器、机动车尾气处理装置、等离子除臭设备、有机废气治理、焊烟净化、有害有毒气体净化成套设备

2）水污染防治类产品

水污染防治类产品主要包括城镇污水处理与回用产品、农村污水处理产品、难降解工业废水处理技术产品、雨水收集及利用产品和安全饮用水产品等。近年来，水污染防治类产品得到了快速的发展和进步，各种基于技术创新而开发的水处理产品快速呈现并得到推广应用。

在新的理念指导下，目前生态环境产品主要集中于“常规污染物协同处理与优化”和“难降解污染物高效处理”两大方面。

在常规污染物协同处理与优化方面，围绕氮、磷等营养物的去除，开发出了以优势菌种的富集、填料的改良、不同物化和生化处理单元多场耦合优化等为基础的创新型水处理产品；在难降解污染物高效处理方面，高级氧化技术产品、膜设备、电场强化处理设备、臭氧多相催化氧化等产品的开发和应用大大提升了难降解有机污染物去除效果，降低了操作成本。这些创新产品进一步推动了水污染防治产业的快速发展，如日本北九州水广场采用海水淡化和污水再利用的合成设备来实现节能、低成本和低环境负荷的制水系统（图 4-8），其处理工艺系统包括了针对生活污水处理的 MBR 和低压反渗透处理设备（RO），以及针对“海水的超滤（UF）+中压反渗透（RO）”处理集成设备。

图 4-8　日本北九州水广场海水淡化和污水再利用合成设备

随着城镇一体化建设步伐的加快，农村污水处理产品的开发也日益引起关注，从技术层面，农村污水处理技术并不存在难度，但农村污水存在的特点，如波动大、管理程度低、分散性强等，使真正适合农村污水处理的生态环境产品仍十分缺乏。另外，农村分散式饮水设备，如小型除氟除砷装置、除铁除锰设备等也需要产品的改进和创新。

不同类型的水处理设备如表 4-2 所示。

表 4-2　不同类型的水处理设备

设备	主要类型
新型水处理设备	物化水处理设备、生化水处理设备、污泥及残渣处理、过滤分离产品、工业废水生活污水处理设备、循环冷却水处理设备、锅炉补给水处理、加药消毒设备、黑臭水体防治及河域治理设备、光电氧化水处理设备、活性炭吸附设备
膜与海水淡化	膜与膜组件产品、膜与膜组件的制造设备、膜分离设备成套装置、新型膜分离材料
雨水收集与利用	雨水收集储存罐及附件、雨水溢流罐、雨水贮留罐、雨水沉淀池、雨水储水罐清洗系统、灌排机械设备、防灾救灾设备
水处理化学品	城市污水处理化学品、杀菌消毒化学品、冷却水处理化学品
净水设备	RO 净水器、超滤净水器、中央净水机、家用/商用净水机、厨房净水机、纳滤净水机、反渗透纯水机、电解质水机、矿泉水净化成套设备

3）固体废物处理类产品

固体废物处理类产品主要包括工业固体废物处理产品、生活垃圾处理产品和污泥处理产品等。工业固体废物的处理处置主要是无害化和资源化。工业固体废物治理，除实施源头削减量外，对产生的废弃物进行综合利用是实现废弃物资源化的最有效也是最根本的措施。国外对固体废物处理类产品研发较早，如日本 2008 年的污水处理厂污泥产量就达到近 221 万 t（以干重计），为有效减轻填埋场的负担，日本采取了较大规模的以焚烧为主的处理方法，并开展了污泥产物的循环利用，循环利用率达到 78%，主要是焚烧灰渣进入水泥厂制作建材、熔融渣作为路基材料等（图 4-9）。

图 4-9　污泥干化/燃料化中心固体废物处理设备

目前，我国在固体废物处理处置设备生产及产业化方面还比较薄弱，自主开发较少，产品品种少、配套性差，且规模小、成套设备不足，还远不能满足我国固体废物综合利用和城市生活垃圾处理处置的要求。生活垃圾处理产品主要为卫生填埋和焚烧的处理方式。目前，我国对固体废物的处理以卫生填埋的应用最广，其关键技术和设备包括填埋气体的回收和发电设备，垃圾有机生物处理技术及设备，填埋防渗衬层技术和产品等。但卫生填埋所占用的土地资源及其所引起的二次污染，使焚烧处理方式越来越得到重视，而垃圾焚烧处理需要高性能、高参数的垃圾焚烧发电成套技术设备，如固体废物焚烧处理装备、垃圾热解气化处理装备、垃圾焚烧尾气处理设备等。污泥处理设备主要包括污泥脱水干化、污泥无害化处理技术装备等。选择先进适用的创新技术和设备，满足无害化、减量化、稳定化、资源化的处理处置要求，已备受业界关注。固体废物的处理处置设备的创新主要向废物减量化、资源化、无害化方向发展，同时形成产品的系列化、标准化。

固体废物处理设备如表 4-3 所示。

表 4-3　固体废物处理设备

设备	主要类型
生活垃圾处理设备	垃圾分类收容设备、卫生填埋设备、焚烧处理设备、臭味气体处理设备
餐厨、建筑垃圾处理设备	一体化餐厨垃圾处理设备、建筑垃圾、有害垃圾处理设备
污泥浓缩与脱水设备	污泥浓缩机、污泥脱水机、污泥消化设备、综合处置再利用设备
污泥堆肥和焚烧设备	反应器堆肥系统、高效滚筒设备、流化床焚烧炉、污泥焚烧炉

（2）环境修复类产品

环境修复主要是对土壤的修复，其产品主要包括农田土壤污染修复技术产品和工业污染场地修复产品等。随着《中华人民共和国土壤污染防治法》的实施，从 2018 年起土壤污染修复类产品市场规模持续扩大，目前对于污染土壤而言，应用热解吸、土壤淋洗、原位热脱附、原位化学氧化、生物修复等先进技术已经成为主流。2017 年 12 月，科技部联合其他五部门组织编制了《土壤污染防治先进技术装备目录》，其中公布了包括污染土壤异位淋洗修复装备、砷污染土壤蜈蚣草修复技术产品、异位间接热脱附技术装备在内的 15 种土壤修复技术装备的技术指标和使用范围。

我国近 10 年在土壤治理上，从理论到技术装备都有长足的发展，但和国外的污染治理技术和设备相比还有一定差距，主要修复设备仍为进口设备，因此，环境生态修复类产品的创新和开发逐渐成为生态环境行业的新热点，其中风险管控技术及配套的监测管理产品已成为行业研发的新重点。环境修复产品主要包括土壤修复功能材料（药剂），土壤修复技术与装备，土壤检测分析设备，土壤修复过程监测和服务，农田修复、土壤改良、土壤调理剂，矿山修复、喷播设备等。

（3）生态环境监测类产品

生态环境监测是指按照山水林田湖草系统治理的整体系统观要求，以准确、及时、全面反映生态环境状况及其变化趋势为目的而开展的监测活动，包括环境质量、污染源和生态状况监测。其中，环境质量监测以掌握环境质量状况及其变化趋势为目的，涵盖大气、地表水、地下水、海洋、土壤、辐射、噪声、温室气体等全部环境要素；污染源监测以掌握污染排放状况及其变化趋势为目的；生态状况监测以掌握生态系统数量、质量、结构和服务功能的时空格局及其变化趋势为目的。

随着我国生态环境监测网络建设的全面启动，监测项目不断完善，监测要求不断提高，带动了我国环境监测类产品行业发展进入快速轨道。2020 年生态环保部颁布的《生态环境监测规划纲要（2020—2035 年）》提出，我国生态环境监测的问题、目标、任务和要求，综合开展地下水监测、海洋监测、农村监测、温室气体监测网络建设，实现全国统一的大气和水环境自动检测数据联网，构建统一的国家生态环境监测大数据管理平台。建立基本覆盖全国重要生态功能区的生态地面监测站点，加强环境卫星监测及航空遥感监测能力建设，逐步构建天地一体化的国家生态环境监测网络。

此外，该规划纲要在改革创新内容方面着重指出要大力支持监测装备的自主研发。推进人工智能、5G 通信、生物科技、纳米科技、超级计算、精密制造等新技术在环境监测领域的应用示范，加快推进生态环境监测技术进步。以环境监测装备的集成化、自动化、智能化为主攻方向，加大空气、水、土壤、应急等监测技术装备研发与应用力度，推动形成一批拥有自主知识产权的高端监测装备，强化生态环境监测核心竞争力。

常见的生态环境监测设备如表 4-4 所示。

表 4-4 生态环境监测设备

设备	主要类型
大气污染监测及检测仪器仪表	在线 $PM_{2.5}$ 成分分析仪、机动车尾气检测装备、适用于超低排放的高精度燃煤烟气污染物监测设备、持久性有机污染物（POPs）自动在线检测设备、挥发性有机污染物（VOCs）自动在线检测设备、激光过程气体分析系统
水质污染物监测及检测仪器仪表	在线生物毒性水质预警监控设备、水体污染物检测仪、水质挥发性有机物在线自动分析仪、水体中基因毒性污染物快速筛查仪、污水处理系统精细化控制仪器仪表、地下水采样与检测一体化移动式设备
生态环境监测及检测仪器仪表	环境遥感监测和量值溯源设备、多物种智能生物预警仪、农村生态环境快速检测设备、化工园区环境污染监测预警设备、危险品运输载体实时监测设备
固体废物检测仪器仪表	土壤重金属监测仪器、移动固体废物重金属在线快速检测装置、环境风险分析软件产品
环境应急检测仪器仪表	土壤污染物监测及检测仪器仪表、环境应急监测车（船）设备、便携式现场快速测定仪及预警、警报仪器

（4）绿色节能类产品

绿色节能类产品是指兼具保护生态环境和节约能源资源功能属性的技术设备和材料，主要包括节能环保技术和装备、新能源环保技术和装备等。

随着我国经济的持续快速增长和工业化、城镇化的推进，能源消耗日益增加，一些传统产业出现了比较严重的产能过剩现象，给资源、环境带来了很大压力，经济社会发展与资源环境约束之间的不平衡、不充分矛盾日趋尖锐。绿色节能产品的发展已经成为改善生态环境、优化能源结构和实现绿色低碳发展的重要途径，也是中国经济持续发展和建设生态文明的内在要求。近年来，国家始终对绿色节能技术发展保持高度重视，在节能技术示范与推广方面也不断加大力度，出台了一系列利于节能技术和产品推广的政策措施。2016 年国家修订了《中华人民共和国节约能源法》，明确提出要淘汰落后产能，制定并公布节能技术、节能产品的推广目录，组织实施重大节能科研项目、节能示范项目、重点节能工程。在《“十三五”节能减排综合工作方案》中也指出要加快节能减排共性关键技术研发示范推广，遴选一批节能减排协同效益突出、产业化前景好的先进技术设备。

表 4-5 列出了常见绿色节能产品/设备。

表 4-5　绿色节能产品/设备

产品/设备	主要类型
绿色环保产品	环保材料、环保药剂，重点研发和产业化示范膜材料、高性能防渗材料、脱硝催化剂、固体废物处理固化剂和稳定剂、持久性有机污染物替代产品
新能源技术设备	太阳能类净水和污水处理设备、生物电池、风力发电设备、重力发电设备

4.3.3　创新案例分析

（1）大学生创新创业作品优秀案例

表 4-6 列出了近年大学生创新创业作品优秀案例。

表 4-6　大学生创新创业作品优秀案例

序号	作品名称	来源	类型
1	高效催化/除尘双功能环保滤料的研制	第十一届“挑战杯”全国大学生课外学术科技作品竞赛作品	大气污染防治
2	智能型矿用气动水射流除尘设备	第十二届“挑战杯”全国大学生课外学术科技作品竞赛作品	大气污染防治
3	一种新型烟气液相脱汞吸收剂的研发	第十一届“挑战杯”全国大学生课外学术科技作品竞赛作品	大气污染防治
4	具有土壤修复作用的育苗基质的研发	第十二届“挑战杯”全国大学生课外学术科技作品竞赛作品	环境修复
5	环境友好型建筑垃圾再生砖	第十二届“挑战杯”全国大学生课外学术科技作品竞赛作品	固体废物处理
6	智解垃圾，守护青山——生活垃圾磁化热解处理站	第三届中国“互联网+”大学生创新创业大赛作品	固体废物处理
7	基于单晶 TiO_2 纳米线阵列的太阳能连续光电污水处理装置	第十二届“挑战杯”全国大学生课外学术科技作品竞赛作品	水污染防治
8	宽频超声波污水处理装置的研制	第十二届“挑战杯”全国大学生课外学术科技作品竞赛作品	水污染防治
9	基于 S7-200PLC 城市污水处理控制装置	第十二届“挑战杯”全国大学生课外学术科技作品竞赛作品	水污染防治
10	用于微波水处理的铁碳复合纳米催化剂及其制备方法	第十二届“挑战杯”全国大学生课外学术科技作品竞赛作品	水污染防治
11	低污染生活水处理回收装置	第十二届“挑战杯”全国大学生课外学术科技作品竞赛作品	水污染防治
12	污水处理工艺中的新型泥水分离装置	第十一届“挑战杯”全国大学生课外学术科技作品竞赛作品	水污染防治

序号	作品名称	来源	类型
13	Al/TiO_2海泡石复合水处理材料	第十二届“挑战杯”全国大学生课外学术科技作品竞赛作品	水污染防治
14	二维氧化石墨烯分离膜	第三届中国“互联网+”大学生创新创业大赛作品	水污染防治
15	为水穿衣——绿康生物质循环水处理药剂	第三届中国“互联网+”大学生创新创业大赛作品	水污染防治
16	可用于油水分离和水净化处理的双层TiO_2基网膜	第十三届“挑战杯”全国大学生课外学术科技作品竞赛作品	水污染防治
17	城市污水短程反硝化除磷工艺	第十三届“挑战杯”全国大学生课外学术科技作品竞赛作品	水污染防治
18	基于物联网的水功能区监测预警系统	第十二届“挑战杯”全国大学生课外学术科技作品竞赛作品	环境监测
19	基于遥感影像预判的无人机自动采集水样的水质检测技术方案	第三届中国“互联网+”大学生创新创业大赛作品	环境监测
20	基于物联网平台的环保便携式智能精准水质采样装置	第三届中国“互联网+”大学生创新创业大赛作品	环境监测
21	无人驾驶自动导航水质监测船	第十一届“挑战杯”全国大学生课外学术科技作品竞赛作品	环境监测
22	物联时代水中有机物检测：领跑者	第三届中国“互联网+”大学生创新创业大赛决赛作品	环境监测
23	用于海洋环境监测的S波段多普勒雷达的研制	第十三届“挑战杯”全国大学生课外学术科技作品竞赛作品	环境监测
24	印刷、吸附、催化——印制电路的新型绿色低成本制备工艺	第十三届“挑战杯”全国大学生课外学术科技作品竞赛作品	绿色节能
25	轻巧节能型多级离心泵关键技术研究	第十三届“挑战杯”全国大学生课外学术科技作品竞赛作品	绿色节能
26	柔性聚合物太阳能电池材料制备与器件制作	第十三届“挑战杯”全国大学生课外学术科技作品竞赛作品	绿色节能
27	绿色高效纳米碳基膜电容脱盐装置	第十二届“挑战杯”全国大学生课外学术科技作品竞赛作品	绿色节能
28	一种新型的2-芳基腈类合成方法及其导向的医药化学品绿色化生产路线	第十二届“挑战杯”全国大学生课外学术科技作品竞赛作品	绿色节能

（2）产品创新案例分析

【案例4-9】 广州市芬芳环保科技有限公司（中国“互联网+”大学生创新创业大赛作品）

1）产品简介

目前市场上燃煤添加剂主要是供氧助燃型添加剂，根据在高温下能够分解释放出氧的原理，提高燃烧过程中的供氧量以解决煤炭的物理不完全燃烧进而达到节煤效果。在当前锅炉制造技术已经实现充分供氧的条件下，这种节煤方式已无潜力。广州市芬芳环保科技有限公司推出的"掘能"牌系列产品［高性能化学干预煤炭催化燃烧节煤剂（以下简称"掘能"牌节煤剂/芬芳掘能节煤剂）和煤炭聚合添加材料］则是通过降低煤炭在燃烧的过程中所消耗的活化能，根据燃烧的作用机理，在煤炭燃烧时添加"掘能"牌节煤剂可以降低燃烧过程的活化能，从而达到降低燃烧内耗、增加显热发热量的目的，降低物理和化学上的不完全燃烧，从根本上节能。

2）技术背景分析

随着燃烧技术的不断进步，煤炭燃烧节能已经成为当今用煤企业生产过程中节能减排的重中之重，综观用煤企业节能技术，目前用煤企业采取的降耗常规方法是采用优质煤、优质生料配方、调整工艺参数、安装变频节电装备、余热回收利用，这些方法已经广泛地在水泥企业应用。目前提高煤炭燃烧效率的主要途径是增加煤炭燃烧过程的供氧量，有两种方法：①改善燃烧设备；②采用供氧型助燃剂。

近年来，随着政府对燃煤设备要求的提高以及企业环保意识的增强，燃烧设备和技术得到充分改进、发展，我国大部分燃烧设备的改造已经基本完成。目前新型的燃烧设备供氧途径已经达到"瓶颈"，无法继续通过增加供氧来提高燃烧效率。对于采用燃煤添加剂的方法，目前主要通过利用在高温下能够分解释放出氧的特定物质（如硝酸钾、硝酸钠、高锰酸钾、氯酸钾、硝酸铵等），提高在燃烧过程中的供氧量解决煤炭的物理不完全燃烧，提高燃烧效率以达到节煤效果。市场上燃煤添加剂有增氧助燃型节煤剂和助磨助燃型节煤剂两种，增氧助燃型节煤剂在燃烧效率低、燃烧不充分的燃煤锅炉、立窑设备下有一定的节煤效果；助磨助燃型节煤剂在煤炭粉磨效果差的新型干法旋窑、锅炉等设备下能改善燃烧的状况，但节煤效果不显著。目前新型锅炉已经能够实现充分供氧，因此采用供氧型助燃剂并不能提高煤炭燃烧效率。

以上采用加入受热过程中能够放出氧气的物质（增氧助燃型节煤剂和助磨助燃型节煤剂）混合燃烧难以提高煤炭的燃烧效率，该类型的节煤产品无法适用于未来发展的需求，且该方法使用的特定物质含有的钾、钠等元素，在高温下对锅炉具有严重的腐蚀作用。

随着社会的发展和进步，国家对环保要求的进一步提高，以及目前国内用煤企业产能严重过剩的局面，如何进一步降低能耗，减少排放，成为企业生存与发展的关键。因此，研究新型的催化节煤产品是市场和社会发展的必要。传统观念认为，煤炭释放出的热量是恒定的，但这只是片面地认为煤炭燃烧放出的热与后续过程中利用和损耗的热量守恒，并没有将煤炭燃烧过程之前的吸热过程考虑进去，实际上燃烧获取的热量是两部分的代数和，因此要实现"让同样的煤炭燃烧释放出更多的能量"，唯一的途径就是减少煤炭燃烧过程中的耗能量。能够从根本上实现节能的方式就是化学链燃烧技术，也称之为"煤炭催化燃烧技术"，国外在 20 世纪 70 年代就广泛开展了有关煤的催化燃烧研究，近年来，国内在这方面开展了大量的工作，但是，目前这些工作多处于探索阶段，煤燃烧催化剂不仅具有优良的燃烧促进作用，同时还有优良的脱硫脱硝作用，能减轻煤燃烧对环境的污染，对当前我国的节能减排具有重要意义。

3）产品特性分析

该公司的“掘能”牌节煤剂从燃烧的本质着手，通过添加化学催化剂的方法，干预燃烧的过程，降低煤炭在燃烧过程中所需要的燃烧活化能，突破了传统节煤产品靠提高燃烧效率的办法来实现节能的局限性，该系列产品适用于所有的燃煤使用场合，对煤种的适应性非常广泛。

“掘能”牌节煤剂是一种深棕色的液体化合物，使用时按用煤量的0.1%的剂量喷洒于煤炭表面，混合均匀即可。通过实验和客户实际使用实践证明，实际节煤效果为5%～15%，节能减排效果为10%～30%。而聚合增效材料是一种以电石渣、脱硫石膏、磷石膏、铁尾矿等固体废物为原料，复合少量激发剂而成的煤炭添加材料，与煤炭掺烧，在高温条件下与煤炭灰分发生固相放热反应，释放出热量，从而实现部分替代煤炭的效果。通过工业化应用证明，可替代5%～15%的原煤，同时可以减少CO_2、SO_2、NO_x的排放，“掘能”牌节煤剂是在环保的反应介质中生成，不含硫酸盐及钾、钠等有害元素，无毒无污染，通过化学品无危险性鉴定，具有显著的环保效益，促进煤炭燃烧废气减排，属环境友好型产品，是一项创新性的节煤、减排技术。同时，本产品为无机物，性能稳定，在高温中使用不易挥发，相比一般同类产品为有机物，易在高温中挥发，有着独特的竞争优势。得益于芬芳环保科技有限公司领先的化学干预煤炭催化技术，一方面，本系列产品原料多为循环经济的废弃物利用，原材料成本非常低廉；另一方面，产品的制作工艺简单，流程化程度高，生产成本低，因此，在芬芳环保科技有限公司科学的生产运营管理下，低成本成为芬芳环保科技有限公司在行业竞争中获取独特竞争优势的重要支柱。

【案例4-10】 上海伊尔庚环境工程有限公司（中国“互联网+”大学生创新创业大赛作品）

1）行业背景

工业生产环境复杂恶劣，生产车间扬尘、油雾弥漫，地面油污废水混合、固液废弃物堆积现象普遍（图4-10）。若未定期进行厂区工业清洁，则不仅使产品质量下降，达不到卫生标准，还会损害暴露在恶劣生产环境下的工人的身心健康。

在清洁市场，民用清洁、商用清洁与工业清洁三分天下。工业清洁区别于前两者之处，在于其复杂的生产环节和现场环境。与生产工艺相结合的清洁过程对企业的生产效率、产品质量，以及企业所能达到的环保标准有着越来越重要的影响。正确的清洁设备的选择及相应清洁方法的使用，将大大提高企业的总体生产效率，提升企业的产品质量，故了解工业清洁的特点与要求非常重要。

图 4-10 复杂恶劣的工业生产环境

2）产品核心技术分析

由于工业清洁设备已成为非常成熟的产品，所以该产品拥有的核心技术指工业清洁设备的设计与制造技术，如高压冷热水清洗技术、盘刷节水裙边控尘技术、零排放内循环装置、低压电解水技术和高温清洗技术等国际领先的清洁技术，以及利用自主研发的技术专利作出的改造与提升。

3）产品优势分析

自主研发产品采用意大利一流清洁设备代工厂 OEM 制造，由伊尔庚提供设备、技术并负责销售，由制造方提供人力和场地负责生产。由于产品主机的电动机、外壳等部件由国外代工厂采购并组装，所以由意大利相关部门参与质量检测，设备外壳 PVC 质量、连接处密封性等均符合欧洲标准，高于中国产品质量标准，质量达国际一流水准。公司选择的意大利代工厂家拥有 80 年专注于清洁设备的制造经验，产品质量在行业内数一数二，该代工厂不仅产品品质优秀、性价比高，同时对市场变化的反应灵敏，完全符合公司对产品生产的各方面要求。

该公司提供的清洁产品多为在国外投入生产使用多年，发展成熟的清洁技术设备，由于国内外的操作者的习惯和操作素质都有所不同，研发改良的产品模式和技术，以适应国内客户的需求也成为关键性的竞争优势，现阶段所采取的针对性改良体现在如下方面：传统自动洗地吸干机使用时，大部分需要添加清洁剂进行工作，公司将产品投入中国市场时，逐步改良，如今部分产品采用低压水电解技术和高温清洗技术，可不需要清洁剂参与工作。国内工厂厂房相对较为狭窄，设计不够人性化，清洁死角较多，为此，该公司自主研发的吸尘器吸头设计有侧吸口，可以对大型机体的深度间隙进行清洁。国内客户并不太接受服务收费的观念，而是习惯将服务的价格计算在产品中。因此该公司采取整合产品、前端咨询与售后服务的“一站式”服务体系，为产品增加额外的价值。

4.3.4 生态环境产品创新路径

生态环境产品创新对经济增长具有重要贡献，生态环境产品创新在原有技术创新的基础上融入环境要素，以新知识、新产品和新工艺等减少人类活动的环境负荷，推动经济增长实现绿色化。近年来，随着环境问题的日益突出，我国对生态环境产品创新的需求越发迫切。因此，生态环境产品的创新应聚焦热点问题，紧跟政府在未来规划中的战略方针，顺应时代的发展。重点可以从以下 3 个方面进行创新路径的探索。

（1）以提升生态环境监测现代化能力为目标的产品创新

《生态环境监测规划纲要（2020—2035 年)》提出，要以加快构建科学、独立、权威、高效的生态环境监测体系为主线，紧紧围绕生态文明建设和生态环境保护，全面深化生态环境监测改革创新，全面推进环境质量监测、污染源监测和生态状况监测，系统提升生态环境监测现代化能力，为生态环境治理能力与治理体系现代化奠定基础。因此，以产品创新推动和完善生态环境监测技术体系，发展智慧监测，推动物联网、传感器、区块链、人工智能等新技术产品在监测监控业务中的应用是未来重要的创新方向和目标。强化卫星遥感等高新技术、先进装备与系统产品的创新，开展监测大数据分析，支撑生态监管与风险预警和防控。重点着力于具有自主知识产权的监测技术装备研发和应用转化，推动生态环境监测产品精准、快速、便携化发展。例如，涵盖大气、地表水（含水功能区和农田灌溉水）、地下水、海洋、土壤、温室气体、噪声、辐射等环境要素以及城市和乡村的环境质量监测的产品创新；围绕生态环境治理需要，加强颗粒物组分、VOCs、有毒有害污染物、土壤和地下水风险地块等监测的产品创新，提升环境污染溯源解析与风险监控能力；加强固定源（含尾矿库）、入河（海）排污口、移动源和面源监测，强化高架源、涉 VOCs 排放、涉工业窑炉重点污染源自动监测等的产品创新。

（2）以改善生态环境质量为核心的产品创新

坚持问题导向和目标导向，面向国家生态环境保护和环境管理的重大需求，开展关键核心技术产品研发，重点以解决大气、水、土壤污染等突出问题为产品创新出发点，强化关键生态环境保护技术产品的创新研发，形成保护与修复成套技术产品，以支撑生态环境的高效治理。相关产品的创新可以从以下两个方面入手：

一是探究环境演变成因机理。充分发挥环保科技的基础性、前瞻性和引领性作用，开发基础性研究的产品，用以探明水、大气、土壤污染成因与作用机理。例如，针对重金属、持久性有机污染物等影响公众健康的重大环境问题，开发相应的产品研究复合生态毒理效应，探索环境风险评估和控制方法等。

二是污染治理和生态保护技术产品的创新，用以支撑环境质量改善。按照水、大气、土壤污染治理三大战役要求，突破以环境质量为约束的污染负荷削减、环境修复以及区域联防联控技术。突破生态系统和生物多样性恢复与重建、综合评估与可持续管理技术方法，建立固体废物和化学品污染的控制与管理技术体系。具体包括大气复合污染综合防治技术产品的创新，如固定源大气污染综合防治、移动源大气污染综合防治技术等；水污染治理成套技术产品的创新，如流域水污染治理与修复技术、水污染全过程控制成套技术、重点污染物协同治理技术等；土壤和地下水环境保护与修复技术产品的创新，如农用地和矿区土壤及地下水修复与风险管控、污染场地土壤修复、污染场地地下水修复技术等，生态系统保护与恢复技术产品的创新；固体废物处理处置及有毒有害污染物控制技术产品的创新等。

（3）以绿色低碳和清洁生产为出发点的产品创新

生态环境保护不仅需要监测与防治，更需要从源头上避免生态破坏和环境污染。我国能源资源呈“富煤、贫油、少气”特点，能源消费对煤炭的依赖度高，煤炭消费在2019年全国能源消费总量中占比达57.7%。因此，亟须加快煤电结构优化和转型升级，优化能源结构，提高非化石能源的消费占比和能源、资源循环利用效率。《国务院关于加快建立健全绿色低碳循环发展经济体系的指导意见》指出，到2025年，产业结构、能源结构、运输结构明显优化，绿色产业比重显著提升，基础设施绿色化水平不断提高，清洁生产水平持续提高，生产生活方式绿色转型成效显著，能源资源配置更加合理、利用效率大幅提高，主要污染物排放总量持续减少，碳排放强度明显降低，生态环境持续改善，市场导向的绿色技术创新体系更加完善，法律法规政策体系更加有效，绿色低碳循环发展的生产体系、流通体系、消费体系初步形成。到2035年，绿色发展内生动力显著增强，绿色产业规模迈上新台阶，重点行业、重点产品能源资源利用效率达到国际先进水平，广泛形成绿色生产生活方式，碳排放达峰后稳中有降，生态环境根本好转，美丽中国建设目标基本实现。

因此，发展以水电、风电、核电、太阳能、生物质能、地热能等新能源和清洁能源技术的产品创新，降低单位GDP资源消耗强度，从源头协同推进污染控制和碳减排；开展资源和能源利用率高、原材料转化率高、污染物产生量少的新工艺和设备的创新，从而减少生产过程中资源浪费和污染物的产生，尽最大努力实现少废或无废生产，都是未来生态环境产品创新的发展趋势和重要路径。

【实践作业】

1. 生态环境专业实践。

围绕第3章的专业选题，进行工艺、技术或产品设计规划（包括产品的原型设计，提出其基本形态、技术路线、主要功能，可满足的实际产业需求或解决的问题，并说明与竞争对手的差异性、用户验证反馈等）。

2. 通用专业实践。

探索第3章创业项目目标客户需求（包括政策调研、行业调研、产品和服务调研、客户调研等，描述用户画像，确定需求）。

参考文献

[1] 赵欣蕊. 国外大气污染治理典型案例分析及本地化思考[J]. 煤炭与化工，2016，39（4）：156-160.

[2] 秋缬滢. 环保产业发展需要环境技术自主创新[J]. 环境保护，2017，45（4）：9.

[3] 全国大学生创新创业训练计划项目成果展示[J]. 科技创业月刊，2021，34（2）：163.

[4] 陈莹，李萌. 创新创业教育与大学生就业能力研究[J]. 合作经济与科技，2021（4）：107-109.

[5] 王夏晖，朱媛媛，文一惠，等. 生态产品价值实现的基本模式与创新路径[J]. 环境保护，2020，48（14）：14-17.

[6] 索也兵. 深化节能推广　践行绿色低碳[J]. 中国经贸导刊，2018（18）：15-18.

[7] 张莹，刘艳艳，王晓月，等. 基于绿色环保产品的市场研究[J]. 企业导报，2012（22）：82-83.

[8] 王月映. 我国生态文明建设的重要意义及实现路径[J]. 中小企业管理与科技（中旬刊），2021（2）：126-127.

[9] 周媛，李良，陆朝阳. 环保产业的创新创业实务与案例[M]. 南京：南京大学出版社，2018.

[10] 杜永红，梁林蒙，杨彩霞，等. 大学生创新创业教育——基于“互联网+”视角[M]. 2版. 北京：清华大学出版社，2019.

[11] 杨京智. 大学生创新创业基础（大赛案例版）[M]. 北京：人民邮电出版社，2020.

[12] 张立勇，王志，焦昆. 给排水科学与工程专业大学生创新创业训练与实例[M]. 北京：化学工业出版社，2017.

（扫码获取本章课件）

第 5 章　生态环境服务创新

学习目标：

1. 能够分析生态环境服务的类型、发展现状及发展趋势；
2. 能够分析和比较生态环境服务内容、运作模式及市场营销的创新路径。

学习要求：

通过理论学习和实践练习，初步具备生态环境服务创新的能力。

5.1 生态环境服务概述

5.1.1 生态环境服务类型

生态环境服务是环境保护产业的一个重要组成部分，目前对生态环境保护没有统一的定义和分类。环境服务业是指生产和供应环保服务产品，为保护生态环境提供物质基础和技术保障的产业，属于生产性服务业，是战略性新兴产业、现代服务业和环保产业的重要组成部分。针对环境服务的分类，目前比较有影响的包括联合国中心产品分类、乌拉圭回合谈判期间所签署的《服务贸易总协定》中所使用的服务部门分类目录、经济合作与发展组织与欧盟统计局关于环境服务的分类以及生态环境部的分类。

按照《2000 年全国环境保护相关产业状况公报》，我国环境服务业首次被分为六类：环境技术服务、环境咨询服务、污染治理设施运营管理、废旧资源回收处置、环境贸易与金融服务、环境功能及其他环境服务。

环境技术服务：包括环境技术与产品的开发、环境工程设计与施工、环境监测与分析服务等。

环境咨询服务：包括环境影响评价、环境工程咨询、环境监理、环境管理体系与环境标志产品认证、有机食品认证、环境技术评估、产品生命周期评价、清洁生产审计与培训、环境信息服务等。

污染治理设施运营管理：包括水污染治理设施、空气污染治理设施、固体废物处理设施、噪声控制设施等的管理、运营和维护服务。

废旧资源回收处置：包括废旧金属及制品、废旧造纸原料、废塑料、废旧化工制品、废木材、废包装物等废旧资源的回收处置。

环境贸易与金融服务：包括环境相关产品的专业营销、进出口贸易、环境金融服务等。

环境功能及其他环境服务：包括生态旅游、人工生态环境设计等。

生态环境服务是环保产业中最为活跃的内容，一方面，为环保技术、环保产品与设备生产提供需求，通过环保产品设备贸易服务、环保设施运营管理服务等为现有环保技术和产品设备寻找需求市场；另一方面，环保设施运营、环保服务贸易、环境污染治理的专业化、社会化等向环保产业提出更高要求，推动环保技术开发与环保产品生产向更深层次发展，从而带动整个环保产业的发展。

5.1.2 生态环境服务发展现状

（1）发展规模现状

生态环境服务业在中国起步较晚，1990 年以后才初具产业雏形，主要以开发、设计等技术性服务为主；经过近年来的发展，才逐步向决策、管理、金融、运营服务等综合型服务转变。随着我国对环境保护需求的日益增加，生态环境服务近些年在我国得到了较快的发展。

根据《2020 年中国环保产业发展状况报告》，2019 年，调查统计涉及的环境服务内容包括水污染防治服务、大气污染防治服务、固体废物处置与资源化服务、土壤修复服务、噪声与振动控制服务、环境监测服务以及其他服务。2019 年纳入调查统计的环境服务业从业企业共有 10 486 家，企业年收入总额、年利润总额如表 5-1 所示。

表 5-1　2019 年列入统计的环境服务业经营情况

类别	本年统计企业单位数/家	年收入总额/亿元	年利润总额/亿元
环境服务	10 486	5 821.1	576.7
水污染防治	3 102	2 119.9	194.4
大气污染防治	1 111	686.4	53.9
固体废物处置与资源化	1 390	1 653.6	216.5
土壤修复	172	157.1	13.4
噪声与振动控制	55	18.8	1.2
环境监测	4 006	924.2	80.2
其他	650	261.0	17.1

目前我国环境服务业的从业单位以水污染防治服务和环境监测服务单位居多，收入和利润则主要集中在水污染防治领域，其次为固体废物处置与资源化利用领域。

从参与 2018 年、2019 年两年调查统计的 6 767 家环境服务从业企业的数据来看，2019 年，上述企业的年收入总额、年利润总额分别同比提高了 17.4%、23.6%，从年收入总额看，水污染防治、土壤修复、噪声与振动控制、环境监测领域同比增长均超过 20%，大气污染防治领域同比增长超过 12%，固体废物处置与资源化领域增长接近 10%；从年利润总额看，水污染防治、固体废物处置与资源化领域增幅超过 20.0%，大气污染防治、土壤修复、噪声与振动控制、环境监测增幅均超过 10%。

（2）业务结构现状

目前，我国生态环境服务主要包括污染治理及环境保护设施运行服务、环境工程建设服务、环境咨询服务、生态修复与生态保护服务及其他服务等内容，不同领域的发展水平也略有不同。其中，污染治理及环境保护设施运行以及环境工程建设服务依然占据我国环保服务业的主导地位，这不但反映出我国环保服务业各类服务发展的极不平衡性，同时也反映出我国环保服务业的经营主体服务类型单一、专业化层次较低，环保服务主要集中在污染治理及环境保护设施运行服务和环境工程建设服务两方面，二者比例占到环保服务业的 73.83%，而环境咨询、环境贸易、环境金融等服务仍是环保服务业中发展较为薄弱的方面。

此外，我国生态环境服务也呈现出地区发展不平衡及行业发展不平衡的现象。环保服务业地区发展的不平衡与区域经济发展的不平衡呈现出相关性。在经济较发达的东部地区，如长三角、珠三角、京津冀及其他沿海地区，由于其经济发展水平较高，政府对环境重视程度高，对环境投入的力度也较大，因此这些地区的环保服务业比其他地区的发展更为迅速。

（3）服务效益现状

经过多年的发展，我国的生态环境服务在努力提高环境质量加强环境保护的同时，也带来了不小的经济效益。特别是，目前环保服务业正在向更加全面的生产性服务业转变，其中的各项服务也是相互关联、相互带动、共同发展的。从全国污染治理投资来看，其呈现出逐年增加的趋势。污染治理资金的投入，必然会带动包括污染治理设施的施工和运营、环境工程设计、环境监测与检测、环境咨询服务等在内的环保服务领域的发展，使得环保服务业更趋向成熟，进而有效地推动环保产业的优化升级。环保服务业的不断发展向环保服务企业提出了更高的要求，使得企业在相关技术上不断进行研发创新，使整个行业更具专业化。特别是城镇黑臭水体、垃圾分类、雾霾、毒地、污泥处理、垃圾渗滤液等难点问题仍然有待突破创新。

（4）相关政策现状

环保产业是政策导向型产业，相关政策法规的制定对整个环保产业的发展具有重大影响。近些年来，我国政府相继出台了“气十条”、最严《环境保护法》、“水十条”、“土十条”等政策、法规，并颁布了多个促进环保服务业发展的文件。《中华人民共和国国民经济和社会发展第十四个五年规划和 2035 年远景目标纲要》中提到，壮大节能环保、清洁生产、清洁能源、生态环境、基础设施绿色升级、绿色服务等产业，推广合同能源管理、合同节水管理、环境污染第三方治理等服务模式。

5.1.3 生态环境服务发展趋势

（1）基于产业链的整合，提升生态环境服务供给能力

从产业链的角度来看，我国生态环境服务的市场结构呈倒金字塔的形状，处于产业链下游的企业不过数千家，中游企业两三万家，为数众多的是上游的中小型环保企业，且大多为环保设备生产企业，这些企业多数采取混业经营的方式，呈现小而散的市场布局。因此，未来中小企业之间通过整合，以一种特定的方式将各种资源结合起来，能够产生一种大于单个企业收益之和的超额效益。

处于新时代的今天，企业的生产经营活动日益复杂，任何企业都已经不可能完全孤立地获取长期利益，必须与不同组织或企业合作，形成各种社会关系来获取发展和交换各种知识、信息以及其他资源，所构成的这种相互竞争合作的关系具有长期性和战略意义。目前，环保服务业发展的主要障碍之一在于环保企业的环保供给与排污企业的治污需求之间存在差距。要促进环保服务业的顺利发展，需要解决环保服务企业与排污企业之间的治污供需差距，也就是提高环保服务企业的环保服务供给能力。多家环保服务企业之间通过联合等方式，共同为同一家排污企业进行治污服务，能够解决环保企业与排污企业之间的供需差距，实现环境服务的转型和升级，促进环保服务市场快速健康发展。

（2）利用“互联网+”，实现生态环境服务的转型升级

在我国 2015 年《政府工作报告》中就指出要制订“互联网+”行动计划，推动移动互联网、云计算、大数据、物联网等与现代制造业结合，其本质就是融合创新，就是将以互联网为载体的信息高新技术深入融合到社会经济各部门的过程，从而推动我国经济、社会全面转型。在“互联网+”背景下，生态环境服务利用自身具有的技术优势，通过不断地技术创新将以互联网为代表的高新信息技术应用到本行业的生产、服务过程中，即形成技术创新。

在此基础上，采用“互联网+”的创新模式，创造出具有互联网特点的环保服务产品或服务，完成技术融合基础上的产品融合。与此同时，建立互联网平台，将生态环境服务与互联网的不同元素放在同一平台上进行运营与管理，为技术融合的进一步发展、产

业融合的进一步创新提供条件，最终促进整个行业或产业的融合。生态环境服务通过与互联网的融合，实现环保服务信息化，改变传统环保服务的商业模式，促进了环保服务产业结构优化升级。

（3）发展产业集群，提升生态环境服务竞争优势

产业集群作为一种产业发展的地理布局形态，是一种世界性的经济现象，并且在促进技术创新、提升产业的竞争优势、带动产业和区域经济发展等方面具有不可替代的作用。环保产业园区是环境服务集群发展的主要形式，基于分工协作的产业特征、聚集分布的空间特征、柔性生产的生产特征以及产业集群网络化的组织特征，充分发挥产业集群的成本优势、市场优势和创新优势，提升生态环境服务竞争优势。

（4）深入对外开放，推动生态环境服务国际化

随着我国对外开放的深入，生态环境服务的国际化程度越来越高，国际化发展已势不可当。从宏观政策来看，早在2012年，国务院出台的《"十二五"节能环保产业发展规划》就高度重视节能环保产业的国际化发展，强调完善进出口政策。国家"十三五"规划纲要提出，发展一批具有国际竞争力的大型节能环保企业，推动先进适用节能环保技术产品"走出去"。特别是"一带一路"倡议和亚洲投资银行的成立，为我国环保企业"走出去"提供了机会。国家"十四五"规划纲要提出，完善境外生产服务网络和流通体系，加快金融、咨询、会计、法律等生产性服务业国际化发展，推动中国产品、服务、技术、品牌、标准"走出去"。

从实践过程来看，以政府牵引的"援外"设施建设开始，到企业独立承包工程、与国际知名企业进行技术合作与交流并购参股海外环保企业，越来越多的中国环保企业已经迈开"走出去"的步伐。从市场需求来看，包括发达国家和发展中国家在内的世界各国在经济发展过程中，都面临着各种各样的环境保护问题，这也为我国环保服务业走向世界提供了机会。

从发展前景来看，"走出去"的市场红利已经开始显现。一方面，广阔的海外市场提供了更加庞大的需求，进一步释放了国内环保企业的生产效能；另一方面，对于海外优质环保标的并购尝试，促进了中外环保企业在产业和技术上的不断融合，也提升了企业在国内市场的竞争力。今后中国环保服务业会继续加快国际化进程，提升国际化水平。

5.2 生态环境服务创新路径

5.2.1 服务内容创新路径

生态环境服务业，也称为环境服务，是指与环境保护相关的服务贸易活动，是现代服务业的重要分支，不仅在生产性服务业中占有很大比例，在消费性服务业中也占有很

重要的地位，也是我国“十四五”期间战略性新兴产业的重要组成部分。

相比国外，我国生态环境服务业规模在环保产业所占比例偏小，滞后于环境保护工作对生态环境服务的需求，未来还有很大提升空间。我国的生态环境服务可从以下几个方面进行创新。

（1）环境技术研发服务

环境技术研发服务主要是指社会化的各类技术服务活动，如环境技术（产品）开发和交易、环境工程设计和设备安装、委托环境监测与分析等。目前，全国环境技术服务市场从业单位近万家，从业人员超过 20 万人，年收入总额达数百亿元。

（2）环境咨询服务

环境咨询服务按服务内容分为环境保护工程咨询与环境评估咨询两大类，按环境咨询服务的对象可分为政府部门咨询和企事业单位咨询。相较于发达国家，我国环境咨询服务尚处于起步阶段，市场化尚不充分，整个体系尚不健全。目前，全国环境咨询服务从业单位已超过 1 000 家，从业人员逾 2 万人。但由于起步较晚，环境影响评价业务成为绝大部分企业的主要收入来源，占整个市场的比重达 67%，其余相关业务占比不大。

（3）环境工程建设服务

环境工程建设服务主要包括水污染治理、空气污染治理、固体废物处理处置、噪声与振动控制、生态环境恢复与治理、其他污染治理工程等的设计、施工等，近年来受益于环保产业的快速增长而蓬勃发展。

（4）污染治理设施运营服务

污染治理设施运营服务的实质是管理性服务，国内主要指对从事城市污水、工业废水、生活垃圾、工业固体废物、废气及放射性废物治理设施的社会化运营和管理。目前，生活污水、工业废水两类环境污染治理设施的运营管理发展比较集中，且发展速度较快，占据了全行业的主要部分。

（5）环境贸易及金融服务

环境贸易及金融服务是指环境相关产品的专业营销、进出口贸易、环境金融服务等，目前发展规模较小，且其基本以水和空气污染治理产品为主，其他产品所占份额很小。

（6）环境教育培训服务

环境教育培训服务为一般公众或特殊工作场所提供的环境教育及培训，如污染治理设施运营的操作工培训等，是环境服务业的配套组成部分之一。

（7）环境功能及其他服务

环境功能及其他服务包括生态旅游、人工生态环境设计等，其中生态旅游相对于西方国家而言，发展较晚，有很多地方仍不完善，在生态旅游的认识、规划设计、协调管理以及日常的宣传教育等方面亟待提高。

5.2.2　运作模式创新路径

我国环境服务模式在不断创新，第三方治理、环境绩效服务、环境金融等服务业态呈现快速发展的态势，“互联网+”的模式、PPP 模式、生态环境导向的开放模式等，在环境治理领域得到了创新和应用。

（1）BOT 模式

BOT 是 Build Operate Transfer 的缩写，通常直译为“建设—经营—转让”。这种译法直截了当，但不能反映 BOT 的实质。BOT 实质上是基础设施投资、建设和经营的一种方式，以政府和私人机构之间达成协议为前提，由政府向私人机构颁布特许，允许其在一定时期内筹集资金建设某一基础设施并管理和经营该设施及其相应的产品与服务。

BOT 模式，是我国环保产业在污水和垃圾处理领域较早开展的探索之一。在水处理和垃圾处理两个环境领域支点，自 2002 年已经开始超脱 EPC 传统的商业模式，尝试了 BOT 这样新的商业模式，并且取得非常好的成绩，造就了一大批上市公司。而 BOT 模式正是合同环境服务用于市政污水处理领域的标志性模式，是环境综合服务业的重要组成。另外一个例子——电厂脱硫问题是长期困扰政府的环境问题，“十一五”以来，一个通过电价补贴直接采购脱硫服务的商业模式一下就激活了脱硫服务市场。据了解，采用 BOT 模式运行的项目合同时间一般为 20～30 年，具备稳定的现金流是其主要优势。由于这种模式比较受资本市场的青睐，企业可以借助资金平台迅速成长升级为有影响力的环境解决方案提供商，目前其蝴蝶效应已经显现，造就了首创、北控等一批上市公司。

（2）合同环境服务

合同环境服务和合同减排管理是更为新颖的治污减排商业模式。

合同环境服务具体分为两种形式：一是污染企业通过合同服务，将节省的减排费用与治污企业共享；二是政府采购由环境服务商所提供的环境服务。合同环境服务的需求决定了其责任主体包括两类：第一类为排污企业，即“谁污染谁负责”；第二类为政府部门，以收费的方式将环境责任集中起来，进而由政府集中采购服务。这两类责任主体以合同或契约的方式，向专门提供环境服务的责任主体采购明确的环境服务，并依据环境效果支付相应的费用。这种形式决定了合同环境服务的特点，即选择第三方提供外部服务并且以服务前后的环境效果差来计费。

虽然这一模式的具体成效现在还不能一概而论，但其带来的直接好处显而易见。一是投入和环境效果直接挂钩，政府主要注重效果，对过程和方法可只作规范不作干预。二是有利于精兵简政和政府转变职能，构建“小政府、大社会”，而且按服务对象、资金提供方式、期限长短、产权处理方式的不同，其表现形式可以有很多种，非常灵活。合同环境服务模式从很大程度上可以解决执法成本高、违法成本低的问题。企业一旦违法偷排，多年积累的诚信和资本就会坍塌。所以，当把实际工程交给这样的企业时，环境问题会得到很大改善。中国大量污染问题是在污染治理规模很小的情况下发生的，只有综合服务集约才有可能解决。

合同化的方式与 BOT、BT（build-transfer，建设—转让，BOT 的变换形式）相比涵盖范围更广，对于保障资金来源、维护项目双方的权益都有积极意义。但同时，它也指出，具体的付费方式需要进行多方面的考量，希望在实践中能够积累更多的经验。

（3）综合环境服务

企业界正在积极向综合环境服务商与环境解决方案提供商转型。

近些年，通过引入合同环境服务，环保企业由只向市场提供设备、工程等服务逐渐向综合环境服务商转变，环保产业实现从单一产业链向全产业链的发展。市场主体也经历了由设备公司到工程公司、投资公司，再到运营公司的转变。采购方与服务企业间的关系也随之改变，由采购工程设备转为采购服务。

这就催生了两类新的服务企业，即综合环境服务商与环境解决方案提供商。综合环境服务商，诸如北控水务、首创股份、中环水务等环保企业，集投融资、设备集成、工程建设、运营乃至最后环境效果的责任于一体的综合服务商，具有强大的投融资能力、综合的技术集成能力、良好的企业品牌及相应的规模。环境解决方案提供商，诸如北京市政院、上海市政院、中国城建院等科研院所及美国美华集团等提供解决方案的公司，提供规划、设计、建设、监理甚至运营等服务的方案提供商。

与综合环境服务商最大的不同是，环境解决方案提供商不参与投融资，而是提供除此之外的所有专业化服务。对于资金充沛的地区和污染企业，可以选择环境解决方案提供商，而没有足够的建设资金的情况下，综合环境服务商不仅可以提供专业化的服务，还具备强大的投融资能力。

综合环境服务业亦是政府投资项目管理模式的一种创新，与传统的政府投资项目投资、建设、运营分离的项目管理模式相比，具有一定的优势。因为综合环境服务商整合了投资、技术咨询、建设以及运营等阶段服务，以一个责任主体对接政府，以服务效果为考核目标和收益实现的先决条件，更能直接面向效果。如果政府的配套支持政策进一步完善，综合环境服务业将是未来环境产业的发展趋势之一。

近年来，环保产业中各环节的水平已经大幅提高，已经具备向综合环境服务业转型的能力。但真正要打开相关市场，加快业态转型，还需要一系列产业支撑体系的建设，以及相关政策、法律、财税、金融体系的完善。要鼓励发展提供系统解决方案的综合环境服务业。大力提升环保企业提供环境咨询、工程、投资、装备集成等综合环境服务的能力，鼓励环保企业提供系统环境解决方案和综合服务。鼓励政府、企业综合环境服务外包。制定综合环境服务的服务标准和技术标准，在工业园区、城市和重点行业开展综合环境服务试点，积极探索合同环境服务等新型环境服务模式。

【案例 5-1】 浙江嘉兴港区环境风险排查环保管家服务

1）环保服务背景

嘉兴港区是浙江省内典型的石化、化工行业聚集地，据不完全统计，港区内仅化工新材料片区就已有 100 余个各类废气排气筒。各企业生产产品各不相同，排放的污染物种类繁多，再加上危险化学品生产储存装置规模较大，大部分生产都是在高温高压下进行，且化工企业之间相互比邻，一旦发生危险化学品泄漏、火灾爆炸等事故，极有可能产生严重后果，区域环境风险防范的压力较大。

为创建智慧化工园区，结合嘉兴港区企业环境风险及污染源监管难度大的现状，需要企业提供“嘉兴港区企业环境风险排查及监测”服务。

2）环保服务创新途径

浙江环科环境咨询有限公司作为综合环境服务商，开展了嘉兴港区内主要重污染行业企业的环境风险排查；根据园区企业排放口的污染因子及浓度监测结果，明确达到国家、省及地方出台的污染物排放、控制标准和清洁生产要求，对环境风险较大的企业提出有针对性的整改要求，督促企业完成整治整改工作，进而使企业及嘉兴港区整体的环境风险防范水平得到显著提升。

3）案例点评

在环境保护的新形势下，环保管家作为新型的生态环境服务模式，通过系统化、专业化、精细化、定制化的环保服务，可统筹解决环境问题，降低环境污染风险，完善环保管理制度，提升环境管理水平。环保管家服务为传统环境咨询公司转型发展、开展环保管家系列服务提供了新的方向，为环保服务链的延伸提供了新启示。

5.2.3　市场营销创新路径

营销创新是指企业采用了此前从未使用过的全新的营销概念或营销策略，主要涉及产品（服务）设计或包装、产品（服务）推广、产品（服务）销售渠道、产品（服务）定价等方面。

在互联网和大数据技术快速发展的今天，企业市场营销发生了显著变化。企业需要在市场营销工作中，充分利用各种新技术，树立新的营销理念，构建新时代的营销体系，扩展多元化的营销手段和模式。

（1）网络营销

所谓网络营销，是为实现企业营销目标，借助计算机网络、电视通信和数字交互式媒体进行的营销活动。网络营销的基本营销目的、思想和营销工具与传统营销是一致的，它只是在实施和操作工程中借助了强大的互联网络。网络营销可利用网络开展订单收集、订货、销售、送货、结算等各环节的业务，从而能24小时提供随时随地的全球性营销服务；可在网上存储大量的信息供消费者查询，传达的信息量大且精确度高；可避免推销员强势推销的干扰；可经由信息提供与互动交谈，与消费者建立长期良好的关系。

（2）大数据营销

在大数据时代背景下，数字化信息的采集速度越来越快，覆盖范围也越来越广，数据信息处理模式也更加多样化与成熟化。基于大数据技术，可以充分满足客户的各项需求，制定科学可行的营销策略，深度挖掘市场营销数据资源，并以此优化数据资源配置，保障市场营销活动的良好运转。

（3）全方位的体验营销

企业通过采用让目标顾客观摩、聆听、尝试、试用等方式，使其亲身体验企业提供的产品或服务，让顾客实际感知产品或服务的品质或性能，从而促使顾客认知、喜好并购买的一种营销方式。体验营销不光是体验产品与服务，还包括感官、情感、精神、行为和文化这5个方面的体验。消费者要求更多的是服务态度，体验的是情感与文化。

（4）跨界整合营销

跨界整合是企业基于定位一致的共同目标消费者进行协同整合的营销策略组合与资源共享。通过与不同行业的企业或品牌之间的跨界合作，拓展更大的传播思考空间，开创更大的市场空间，正在成为越来越多具有远见卓识企业的共识。这种模式的雏形是异业联盟砍价会。例如，建材行业，有的卖瓷砖，有的卖灯，有的卖门窗，集拢10多个品牌企业，品牌凑钱请几十个消费者，再由第三方组织者邀请几百个潜在顾客，结果来了1 200人，转化率为20%，每个品牌都能实现小投入、多成交。

【练习题】

北京市某镇位于北京市东北部，西临首都国际机场，总面积75 km^2，常住人口4万人，流动人口5万人，下辖31个行政村和3个社区。

该镇东北和西北方向受山麓的影响，阻碍了颗粒物传输和扩散，导致扩散条件变差。

（1）内部污染源解析

①城市生产型、物流型企业进驻，如首钢冷轧厂、后桥停车场、北河停车场及众多的物流园等，导致镇域大气环境污染，大量的“散乱污”企业存在进一步恶化镇域环境质量。

②村镇收入增加、生活改善，告别了传统、低耗、相对环境友好的生活方式，各类污染物随之增多，超过了环境的自净能力。外来人口多造成镇域燃煤取暖程度加剧、餐饮油烟排放量增大、露天烧烤现象频发，小锅炉的存在也会影响镇域环境空气。

③顺通路、机场东路、龙塘路等多条主干道贯穿全境，六环高速、京平高速、机场

第二高速、京承铁路等立体交通体系带来便利的同时也产生大量的汽车尾气、扬尘，污染镇域环境空气。

④效益偏低的传统有机农业生产方式被遗弃，农药化肥大量使用、塑料薄膜普及、农作物秸秆焚烧等导致的农业面源环境污染增量也逐年递增。

（2）外来输入型污染解析

①首都国际机场紧邻该镇，位于其西北侧。

2016年起降59万架次，日均起降1 600架次，高峰约每49 s起降一个架次。飞机起降、待飞、停靠、摆渡等将产生大量NO、VOCs等，此外大面积裸露场地易产生扬尘。

②接壤的通州区存在大量在施工地，北部的林河工业开发区、北京现代汽车第二工厂等，均对该镇环境空气存在一定的影响。

在内外污染源交错影响和地形、气象条件的综合影响下，该镇$PM_{2.5}$浓度居高不下，长期处于北京市$PM_{2.5}$重污染区域内。

该镇党委、人民政府面临着严峻的环境空气质量考核压力，实现考核目标（年平均值60 μg/m^3）难度巨大（现状均值122 μg/m^3）。

在中央环保督察高压、环保标准加严、执法巡查趋紧、问责力度加大的态势下，该镇党委和人民政府高度重视“京津冀区域$PM_{2.5}$达标”等环境综合治理战略目标的实现，以“清空计划”为契机，积极响应北京市环境空气综合整治行动，开展压煤减煤、治污减排、清洁降尘、环境执法、技术保障，开展集中整治$PM_{2.5}$高值点位及周边挂账污染源专项整治活动。

环境空气综合整治行动实施过程中，该镇拟尝试环境污染第三方治理新机制，助推政府部门科学治污。

请同学们针对该镇环保服务需求，制定服务内容及预期成效。

参考文献

[1] 王小平，产业绿色转型与环保服务业发展[M]．北京：人民出版社，2017.

[2] 黄磊，汤瑶，张德强．环保管家工作技术手册[M]．北京：化学工业出版社，2020.

[3] 中国环境保护产业协会环境影响评价行业分会．“环保管家”服务案例选编[M]．北京：中国环境出版社，2018.

（扫码获取本章课件）

第6章　生态环境创业企业商业模式选择

学习目标：

1. 了解商业模式的内涵及特征;
2. 了解生态环境行业特征、客户分类及分析方法;
3. 学会根据自身资源特征分析和选择适合自身的商业模式的思维方法;
4. 理解商业模式持续变化的必要性和重要性。

学习要求：

通过认识商业模式的内涵，了解商业模式的概念及特征，理解所谓商业模式本质上就是根据自身可以掌握的资源和可以创造的附加价值，选择一种适合的途径，在不同利益相关者之间进行资源和价值分配的模式。

6.1　商业模式

近年来，互联网技术的普及打破了信息传输的渠道壁垒，信息传播速度越来越快，人们获取信息的途径越来越广阔，获取信息的成本越来越低，科技创新进入了一个崭新的时代。

社会发展进入了一个大变革时代，“全民创新、万众创业”一方面体现出时代的需要，另一方面也体现出时代给予的机遇。

“商业模式”已经频繁出现在各种创新创业大赛、新闻媒体、影视文化作品、日常工作甚至茶余饭后的话题中。那么什么是商业模式?

6.1.1　商业模式的含义

不同的学者或机构对于商业模式的研究体系及理论各有不同，不同的创业者对不同行业的商业模式及运用也有所不同，但大体上均有其共同的逻辑。

哈佛大学将商业模式定义为企业盈利所需采用的核心业务决策与平衡。如水务企业通过投资建设水厂并提供供水或者污水处理服务收取服务费获得收益，在扣除其资金成本及运营成本后剩余部分即是其获得的盈利部分。

咨询师 Mitchell 和 Coles 将商业模式定义为一个组织在何时（when）、何地（where）、为何（why）、如何（how）和多大程度（how much）地为谁（who）提供什么样（what）的产品和服务（即“7w”），并开发资源以持续这种努力的组合。

清华大学朱武祥老师将商业模式定义为利益相关者的交易结构，包括企业定位、客户价值、业务系统构建、收益来源、现金流结构和企业价值等核心要素。

通俗来讲，商业模式就是描述企业如何通过运作来实现其生存和发展的“故事”。因而，在投资界流传着一个说法：创业者通过给投资者讲一个好听的故事而获得融资，投资者也乐意听一个有趣的故事而进行投资，然后共同努力将这个故事变成现实。但并不是每一个美好的故事都能最终变成现实，人们创业是为了达到一定的目的和成就，是为了证明个人或者团队的能力，是为了给各利益相关方创造价值，抑或公益的创业为了获得一定的社会价值，解决一定的社会问题。不同的故事可以采取不同的手法去写作，可以是议论文，可以是说明文，也可以是散文，而采用不同的表达方式展现在读者面前的情景将有所不同，但最终都是为了表达一定的情感或者理想。

实际上，商业环境具有众多的内部和外部影响因素，成功的创业者需要清醒地认识到自己所拥有的资源和优势，结合自身资源和优势，选择一个具有广阔成长空间的目标细分市场，并向其中的利益相关者提供产品和服务，以解决利益相关者的核心问题并满足其需求，以自己可以整合的资源和渠道将产品和服务交付给客户，并提供完善的配套服务以获得市场认可进而获得利润。这就涉及自我分析和认知、客户分析和诊断、产品研发和制造、物流运输和交付、安装调试和培训、售后服务和质量保障、公司内部治理等方面的能力需求和资源整合。而一个好的商业模式就是要有效地整合合适的资源达成产品和服务的交付，为利益相关方创造价值进而获得回报。

6.1.2　商业模式的构成和逻辑

（1）市场营销

既然商业模式的本质是通过运作实现其生存和发展的“故事”，那么讨论商业模式就离不开通过什么样的有效手段实现运作，运作又是解决了哪些利益相关方的问题，某种程度上更直白地说就是如何将产品和服务卖给客户的问题，因而也避不开关于市场营销的问题。

市场营销是一门科学，也是一门艺术，不同的学者从不同角度有着不同的定义和理解，例如，麦卡锡从宏观角度把市场营销定义为一种社会经济活动过程，其目的在于满足社会或人类需要，实现社会目标。也从微观层面认为市场营销是企业经营活动的职责，它将产品及劳务从生产者直接引向消费者或者使用者，以满足顾客需求及实现公司利润。

美国市场营销协会认为，市场营销是引导产品或服务从生产者流向消费者的企业营销活动，其核心都涉及满足客户需求，还涉及以何种产品来满足顾客需求、如何才能满足消费者需求，以及通过交换方式，产品在何时、何处、以什么条件进行交换，谁实现产品与消费者的连接。

（2）市场细分

市场营销学中有一个 STP 营销理论，STP 是营销学中营销战略三要素，在现代市场营销理论中，市场细分（market segmenting）、目标市场（market targeting）、市场定位（market positioning）是构成商业企业营销战略的核心三要素。

所谓市场细分，指的是营销者通过市场调研，依据消费者的需要和欲望、购买行为和购买习惯等方面的差异，把某一产品的市场整体划分为若干消费者群的市场分类过程。每一个消费者群就是一个细分市场，每一个细分市场都是由具有相同或相似需求倾向的消费者构成的群体。

企业可以通过市场调查获得相关数据，通过借助统计学等分析工具对数据进行分析处理，最后对目标市场消费者进行分类，进而完成对目标市场的细分。

细分市场的划分可以根据消费者所拥有的一个或者多个特征进行划分，如组织性质（政府、大型集团化企业、小型集团公司、小型企业、个人等）、地理位置（国家、地区、城市、农村、海陆、维度、高度等）、行为因素（产品使用率、使用者地位、消费者熟悉程度、时机动机等），还可以是其他可以将消费者集合，按照某一种或几种标准进行分类划分的方式。其基本原理是由集合元素组成的整体，是可以划分的。

需要注意，市场细分不是根据产品品种或者系列来进行的，而是从消费者的角度进行划分，市场细分后企业可以更加准确和有目标性地了解目标细分市场中消费者的特征，更加准确地根据自己的资源确定目标市场，针对不同的目标市场制定不同的研发生产制造和营销策略。

在对目标市场进行细分后，企业就可以结合自身产品和服务的特点，以能够满足客户需求并为客户创造价值、自身的核心竞争优势及壁垒、自身拥有的渠道等资源选择最匹配的细分市场作为开拓方向，组建相应的团队、配置相应的资源进行研发和市场拓展。

而生态环境产业不同于其他行业，其市场又具有特殊性，生态环境的目标市场细分不同于传统大宗商品、大众消费品，也不同于其他高科技产品等，其目标客户比较集中，其中主要以政府、地方环保集团、大型全国性环保集团及其他综合类基础设施或公用事业企业为主。

6.2　生态环境产业目标市场特性

生态环境产业是一个政策推动型产业，其最根本的动因在于政策的推动和财政的支出，包括各级政府部门生态环境基础设施投资和建设产生的需求，以及由于环保政策的推动，各生产企业及公共事业单位产生的投资和建设需求。因而，生态环境产业的目标客户也以政府及各类基础设施或公共事业企业为主，以从事生态环境产业投资及运营服务的各大中央、地方、社会环保集团为辅。

生态环境产业创业企业要想顺利发展，就需要了解清楚上述各类目标客户的需求及其采购和支付等各方面的行为习惯。例如，生态环保类项目，尤其是政府作为采购方的项目，一般情况下项目时间跨度比较大，可能长达一年甚至几年，其中会涉及政府、项目公司、总包、分包、施工、验收等众多主体的协调沟通工作，而且这类项目经常发生延期，甚至预算调整、工程量调整、合同调整等情况，如果不能很好地把握这些过程风险，创业企业就容易陷入现金流风险。

6.2.1　面向政府及政府投融资平台公司

政府是生态环保行业最大的客户或者最大的推动者，从污水处理、供水、管网建设和维修、水环境治理到环境监测，政府作为直接的采购者出现。而在新能源、节能减排等方面，政府则作为政策制定者和考核者出现。前者直接向市场发出了需求，后者通过政策推动和考核创造了市场需求。

因而作为生态环保行业创业企业，在对目标市场进行细分及定位的时候，首先要研究清楚政府政策出台的背景、政策制定的原因及动机、政策的延续性及未来变动预期、政府财政收入情况及走势预测、政府购买习惯、政府项目立项及决策机制、政府项目考核机制、政府支付习惯及支付机制等，只有更好地了解政府的运作及政策的内在关系，才能更好地把握政府市场的现在及未来，在把握市场机会的同时规避市场风险。对于政策的研究，不仅要研究政府当前的政策内容，还需要研究政府过去的政策体系，进而预测政策的未来走向，只有这样才能够更好地把握政策走向，而不是跟着政策不停地调整策略，导致企业疲于奔命而陷入风险。

地方政府成立的投融资平台公司，或者这些投融资平台公司下面的实体公司，其和政府项目收支都是走财政预算两条线，基本上其项目实施周期和直接面向政府是一致的。

当创业企业直接面对政府性客户的时候，经常由于缺乏经验陷入现金流风险，这个时候创业企业应尽量避免为了获得项目而大量垫资，因为政策的不确定性会影响政府财政预算，而创业企业很难应对这种风险。这时候的创业企业如果能够凭借产品或技术优势获得政府认可，可以通过引入一家资信良好的合作方，由合作方进行垫资，创业企业则可以让利给合作方及时获得现金。

6.2.2 面向全国性及地方性环保集团

全国性及地方性环保集团作为环境产业的核心力量，占据着重要的市场地位，这些集团企业有的专注于环境产业一两个细分市场，如污水和供水或者水环境业务；有的则涉及众多环境产业细分市场；有的以承接政府财政保底支付性质的项目为主；有的则参与完全市场化性质的项目，如面向特定工业企业提供的工业污水处理业务，面向化工及能源行业的除尘干燥等环保业务。

如果创业企业要选择这类环保集团作为目标客户，在对客户进行分析的时候应不仅停留在对这类企业规模和财务方面的简单分析，而且需要深入分析这类企业自身的业务形态，更需要具体到作为供应商的具体项目情况。

这类企业自身规模声誉及财务情况会影响到其整体支付能力和支付信用，创业企业一方面希望自身产品能够打入这些行业巨头的采购体系，另一方面又面临激烈竞争和账期压力及坏账风险。但是这类企业又是创业企业的产品打入市场的最佳途径和必经之路，因而，创业企业需要根据自身产品特点及拥有的资源，综合评估以什么样的方式拓展这个细分市场。

具体到为这类企业某一个项目提供产品或技术服务，除了评估这类企业自身信用状况，还需要分析具体项目的特征。有时候具体的项目是一个政府采购项目，项目公司的支付能力完全取决于对应政府的支付能力，这类项目的主要风险分析和分析政府类项目的过程大致相当，需要增加作为分包供应商中间环节增加的协调风险。如果自身产品竞争力比较强，则不应该为了获得订单盲目放弃风险防范，需要通过合同锁定自身风险。如果产品竞争力弱，则需要尽量采取薄利模式，但是要防范现金流风险。环境产业的项目有时候实施周期可能长达数年，项目本身又可能持续变更，这样的风险是初创企业无法承担的，所以应该首要注重现金流的回收，而不仅仅是销售收入和利润。

如果具体项目是面向工业企业的环境治理项目，作为供应商更应充分分析项目业主单位的综合资信状况，同时考虑最终用户的综合资信状况。如果项目涉及众多主体的协同，还需要考虑相互协同导致的时间风险对自身的压力。

6.3 生态环境创业企业商业模式选择

商业模式没有固定的模式，简单来说，一个好的商业模式就是能够有效地用自己的产品或者服务来解决客户的问题并获得回报。无论采用何种商业模式，现金流始终都是创业企业需要关注的重点。

6.3.1 以产品为核心的创业企业

环境产业会用到各种各样的硬件装备或者软件产品，技术性创业企业选择以产品为核心构建企业核心竞争力相对比较自然，一般会以技术人员为核心发明创造或者改进某种装备产品，或者编制研发专业软件系统，进而将其打造成能够解决用户特定问题的产品推向市场。

以产品为核心进行创业起步难度相对会大一些，涉及产品的设计、制造、物流、安装调试、验收、售后服务等一系列管理，任何一个环节都会影响企业的发展。

根据产品成熟度不同，以产品为核心的创业企业在不同阶段应该采取不同的策略。

（1）产品概念阶段

创业企业应该将更多的精力投入到市场调研、客户需求分析和竞品分析上，在充分了解市场的基础上进行产品的设计和研发，这样才能保障最终产品能够及时满足客户需求，为客户解决问题，并且能够在市场竞争中胜出。

（2）产品研发阶段

该阶段存在很多偶然因素，一个简单的技术问题可能导致公司产品很长时间内无法成熟，过长的产品研发周期又会导致公司研发费用增加和资金紧张，同时也可能失去占领市场的机会，如果能够结合项目实施过程不断迭代优化产品，将是不错的选择，但是这种机会并不是很容易获得和把握，同时也会面临更大的技术和声誉风险。

如果一个产品面临的细分领域市场过小，则不太适合进行创业，小的市场意味着竞争激烈。如果这类技术对原有产品具有较大的改进，这样的技术和产品更适合和一些大型环保企业进行合作产品工程化研发，将自己的技术集成到大集团产品之中，这样可以降低自己的运营成本，也可以保障营收的稳定性。也就是创业企业不一定选择完全自主，可以选择合作的形式规避市场风险。

（3）产品上市阶段

首先需要解决的问题是第一个项目的突破及客户认可，尤其是环境产业，环境项目一般投资巨大，新产品带来的工艺技术风险也非常大，新产品在未被市场充分认可的情况下很难被客户信任。因而首先需要解决的就是如何让客户放心采购，这需要在市场细分基础上充分分析客户痛点，找到突破口，打造公司品牌和产品品牌，做到以点带面，不断通过示范项目、参加各种博览会等形式宣传企业，通过示范项目不断教育客户，逐步扩大影响力而获得市场认可，通过良好的售后服务和客户形成良好的商务关系，培育良好的品牌形象。

这类创业企业在特定情况下还需要通过“投资+运营”模式进一步消除客户顾虑、布局示范项目，而反过来通过自己投资和运营，可以进一步了解自身产品存在的问题，掌握一手信息，有利于产品快速迭代，在完善产品的同时提高竞争壁垒和竞争优势。

但投资和运营需要占用大量资金，因而企业需要做好全面的资金规划。

（4）产品推广阶段

通过在示范的基础上不断改进产品，逐步形成产品壁垒，在建设品牌的过程中初步培养渠道，通过提升服务增加客户黏性。同时可以通过引入外部产业股东，在提升自身资本实力的同时提升品牌背书，也可能获得这些战略股东市场的机会。

在产品成熟度和市场认知度的不同阶段，创业企业应该及时调整自己的商业模式，不断匹配产品和市场，始终关注客户需求的变化来调整自己的经营策略，随着自身竞争力提升也可逐步向满足客户已知需求、向推动解决客户未知需求转变，引领客户产品和技术发展方向，进一步提升竞争优势。

除了产品成熟度会影响商业模式，产品的自身特点也会影响所采用的方式，如果所提供的产品是一个功能单一、边界明确的标准化产品，则可以选择通过经销商等第三方渠道进行销售。而如果所提供的产品是一个功能复杂、接口模糊的非标准化产品，则只能通过专业技术人员配合市场人员进行直接销售。

通过第三方渠道销售的产品尤其需要注意做好售后服务，鉴于环保行业产品的专业特性甚至非标特性，第三方渠道很难做好技术服务，创业企业必须配置相应资源做好服务，以免影响市场拓展。

6.3.2 以服务为核心的创业企业

以服务为核心进行创业相对来说比较容易起步，但同时也难以构建自身竞争壁垒，一般以掌握某种先进工艺或解决方案、拥有某种特定专业工具为客户提供服务等专有技能，通过为客户提供工艺包、工程服务等获得营收，这些软性服务可以规避生产、制造、物流等过程重资产投资风险和资金占用压力，将更多的精力和资金投向工艺技术的提高和人才队伍的培养，人力密集和智力密集是典型特征。

但是以服务为核心的创业企业，在开展业务过程中可能会面临自身知识产权流失的风险，尤其是以提供咨询设计、系统集成等软硬件服务的企业，当业主单位经过和多家供应商的接触比选之后，最终可能提出一个综合的需求，这些需求超出了自己原有预算范围，但是又很容易面临服务内容同质化的竞争，这种情况下很多服务型企业很难获得正常利润。

在目前的环境产业服务市场中，很难获得超额利润，整个产品目前还是一个主要由大型环保产业集团为主的政策驱动和投资拉动型市场，在没有强大投资能力的时候也很难获得服务市场，或者获得了该类项目，也无法掌握主动权，利润微薄。

创业企业如果能够将自身的服务建立在一些专有的知识能力之上，然后围绕这些专有知识形成一些专有的工艺包、软硬件工具，依托这些专有工具为目标客户提供专有服务，则可以获得较好的市场机会。例如，可以通过专利保护的专有技能，在为客户提供具有竞争力的服务的同时，获得超额利润。例如，一家提供管网漏损检测服务的企业是基于其自身专有的检测工具及检测软件提供服务，在竞争者很难提供同质化产品的情况下，这家公司就可以获得超额利润。同样如果是通过自身专有的工具或者产品提供管网修复服务，也可以在竞争中获得超额利润。如果是一个提供先进工艺服务的技术性公司，能够在工艺核心中提供自己专有的软硬件系统，也可以形成竞争壁垒。如果无法形成这种专有的工具，完全依赖人力提供服务，则很难和竞争者体现差异化，也就难以获得超额利润。

6.3.3　以"产品+服务"为核心的创业企业

实际上，生态环境产业所采用的产品或者服务经常以项目的形式出现，而随着每一个项目客观条件的不同，所提供的产品或者服务也应该不同。一个以产品为核心的创业企业，在向客户提供特定功能产品的同时，必然需要提供相应的售前售后技术支持等服务才能维持良好的商务关系；而一个以服务为核心的创业企业，也需要向客户提供专有的产品才能形成竞争壁垒，因而，实践中很少有纯粹产品型企业或者纯粹服务型企业。

以产品为核心的创业企业在向客户提供具有竞争力的核心软硬件产品的同时，如果能够进一步给客户提供一整套的解决方案并帮助客户实施这个方案，则创业企业将获得更广泛客户的信任，进而形成自己的渠道壁垒。

以服务为核心的创业企业在向客户提供专有服务的同时，如果能够同时为客户提供整套的软硬件产品选型、指导、采购等服务，也将进一步促进和客户的紧密合作，提升自身市场竞争力。

好的服务可以在一定程度上弥补产品的不足，尤其是在生态环境行业的技术可比性并不是很明显的情况下，商务能力和服务水平对于创业企业获得市场订单尤为重要。好的产品同样也可以弥补服务能力的不足，拥有一项独一无二的具备较强竞争力的产品，可以在一定程度上摆脱对商务能力的依赖，在市场竞争中获得较强的谈判能力。

6.3.4 商业模式的迭代

商业环境是动态变动的，生态环境产业受政策影响比较大，创业企业的商业模式需要随着政策及市场的变化而及时调整，同时也需要随着自身发展情况进行不断的迭代调整。初创期和成长期及扩张期的创业企业，随着自身可支配资源的增加，需要不断调整优化商业模式，对内在不断提高管理能力的同时，为员工创造更好的发展空间和获得感；对外则不断提高为客户解决问题的能力，由单一产品和服务转向提供复杂产品和系统解决方案，不断提高客户黏性，提升为客户创造价值的能力，形成市场竞争壁垒。

影响商业模式选择的主要因素至少包括技术优势、产品能力、服务能力、资本能力、管理能力、渠道能力、品牌能力等内外部资源，综合起来形成创业企业的竞争优势，所谓商业模式的选择就是创业企业需要设计一套规则，并能够有效地调动这些资源，为内部及外部服务对象提供有价值的产品和服务。没有固定的商业模式，只有变动的经营管理。

6.4 生态环境创业企业案例分析

6.4.1 以产品为核心的创业企业

（1）金风科技——商业模式的持续迭代支持公司持续发展

1）发展历程

金风科技成立于 1998 年，是中国风电事业蓬勃发展的亲历者和推动者。

金风科技最早起源于 1988 年成立的新疆风能研究所和新疆风能公司，当时国家在新疆设立了两个研究所，一个风能研究所，一个彩色棉花研究所。风能研究所培育出的新风科工贸成为今天的行业领袖——金风科技；彩色棉花研究所孵化的中国彩棉，目前也是世界最大的彩棉龙头企业。

新疆风力发电最早起步于 1985 年，当时从丹麦购进了风机，并于 1986 年建设了试验风力发电厂，经过几年探索，于 1989 年引进 14 台风机，建成了中国乃至亚洲规模最大的总装机容量为 2 050 kW 的新疆达坂城风力发电厂，武钢任厂长。

1998 年新疆新风科工贸公司（金风科技前身）成立，同年和新疆风能公司、新疆风能研究所共同承担了“九五”攻关项目——600 kW 国产风力发电机组的研制，在引进消化吸收国外先进技术的基础上，成功研发了 600 kW 风力发电机，并在达坂城风力发电厂投运。

之后公司发展进入了快车道，实现了连续 8 年增长超过 100%的商业奇迹，其中既有新能源补贴政策、核心组建国产化率 70%政策、新能源上网占比考核政策的推动，也有金风科技不断进行商业模式创新的成果。

2）关键成功要素

金风科技正是抓住了上述多项政策的历史机遇，并在不同阶段和时期采取了不同的商业模式而取得了辉煌成就。

在生产制造方面，金风科技采用一种“哑铃式”的运作模式：掌握关键技术和市场，中间零部件加工和制造交给其他零部件厂商协作完成，最后由金风科技完成整机系统集成。

这一模式区别于纵向一体化（自己生产零部件）模式，被称作专业化协作（只攒机，零件从外部采购）模式。金风科技属于后者：叶片、齿轮箱、发电机、主轴承、控制系统、液压系统、润滑冷却系统甚至机罩、底座都是从外部采购。彼时，金风科技的主力产品 750 kW 风电机组制造中 99%的成本用于零部件采购，人工和用电仅占总成本的 1%。中航保定惠腾风电设备公司（叶片）、南京高速齿轮制造公司和重庆风力发电齿轮箱公司是金风科技的主要供应商。

按照惯例，金风科技中标后可拿到相当于合同总额 15%的预付款，这笔款较需付给设备供应商的采购预付款还有不小距离，金风科技不得不垫资。而外部采购设备到货后，金风科技需付总价的 50%，垫资压力最高时可达中标金额的 60%以上。直到风机安装、调试完毕后，资金链才得以缓解。

这种模式的好处是固定资产投资少、技术起点低，可以直接从整机销售中“快速致富”。金风科技利用区位优势和先行者“揽活儿”，零部件（叶片、电机、齿轮箱、轴承等）则从外部采购。

3）发展战略与商业模式

金风科技的研发战略与其坚守的商业模式是相适应的。这一模式中，供应商成为金风科技最重要的合作伙伴，因此金风科技总裁王海波表示：“金风与供应商的关系有别于其他的整机企业，大部分零部件是外部协同供应商生产，这些供应商大都伴随金风十年以上的成长经历，他们的效率决定了我的效率，他们的质量决定了金风的质量。”

在市场拓展方面，金风科技也在不同时期采取了不同的模式。在发展早期，金风科技主要通过母公司资源在新疆达坂城建设示范运行项目，后来随着国家对上网非化石能源的考核，五大电力公司开始布局风力发电，但当时的五大电力公司没有相应的专业技术人员和经验，金风科技要想将风力发电机推销给五大电力公司，五大电力公司很难信任其产品，主要市场被进口产品占据。后来随着国家出台相关政策要求风机主要组件国产化率必须达到 70%，金风科技及时成立了两家子公司——天源科创和天润新能，如图 6-1 所示。

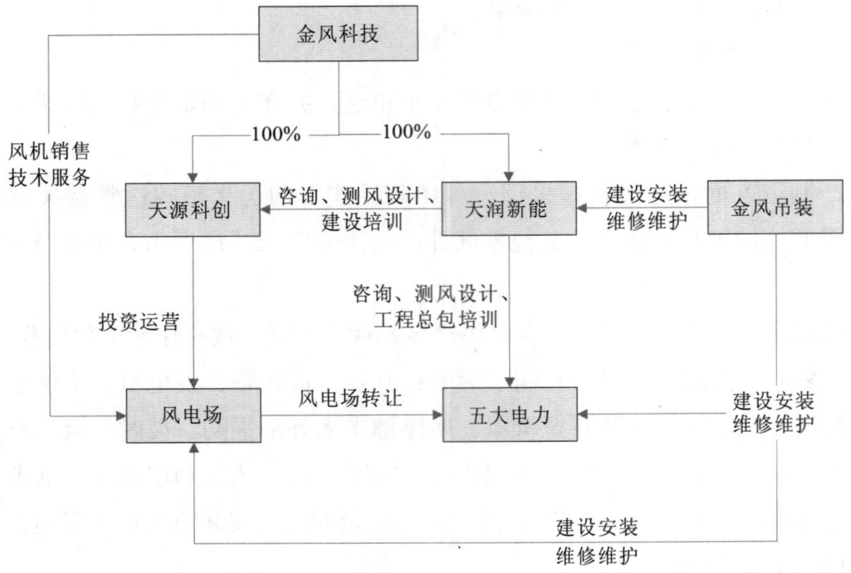

图 6-1　金风科技早期商业模式

天源科创作为风电场投资方获得投资运营权，而天润新能则提供除投资和运营之外的其他与风电场相关的“一揽子”技术服务。天源科创在通过投资并运营风电场获得收益的同时，可以采购母公司风机带动母公司风机的销售，风电场运行一段时间（一般 1～3 年）之后有了稳定的运营数据，天源科创将成熟的风电场转让给五大电力公司，解决了五大电力公司对于风机产品的信任问题，同时通过转让全部或者部分股权（一般为 51%）给五大电力公司，收回风电场投资还能获得一定的溢价。

五大电力公司通过购买成熟的风电场，规避了自己购买风机建设风电场的风险，也能满足国家对于其新能源配比的考核。同时，天润新能还通过为天源科创及五大电力提供风电场建设运营相关技术服务，进一步解决了行业发展过程中的技术“瓶颈”，推动了五大电力对风机的采购和行业发展，进一步助力金风科技风机销售。

金风科技又成立了金风吊装公司为天源科创及五大电力公司提供风机吊装安装调试服务，这个过程一方面可以获得工程服务收入，同时解决行业缺乏专业工程公司的问题，也通过不断吊装不同装机的设备，进一步掌握行业内众多风机厂家的产品特点，反过来引导金风科技优化自身产品，提升竞争优势。例如，早在 2013 年，当时的风电行业后起之秀——华锐风电已经在新增市场份额方面超越了金风科技，而金风吊装掌握华锐风电存在重大质量风险，并未急于应对来自华锐风电的竞争，而专注于提升自身产品质量和服务，华锐风电最终由于自身问题基本退出了市场。

4）依托资本市场的再发展

2007 年金风科技上市之后，中国风电市场迎来了资本热浪，众多资本进入这个新兴市场，其中以华锐风电发展最为迅速。到 2010 年来自内部管理和外部竞争的多方面因素，导致金风科技在新增市场方面落后于华锐风电，从中国第一落到第二。之后，金风科技看到海上风电的发展前景，借二股东被三峡集团并购的机会，加大和三峡集团的合作，拓展海上风电产品线。

风电发展三要素的“风网价”中风电场资源的获取越来越难，竞争越来越激烈，众多拥有特殊地方资源的个人和小企业进入这个市场，占据了很好的风场资源，开始时，金风科技通过现金方式收购这些小业主的批文，后来批文越来越贵，金风科技越来越难以获得风场资源，而没有新的风场资源，金风科技的商业模式就难以为继。

金风科技后来发现很多中小业主在获得风电场批文之后，面临缺乏技术和融资困难的问题，于是金风科技又设计了一套新的商业模式以解决这个问题（图 6-2）。金风科技和这些中小业主合作，这些中小业主投资部分资金，金风科技对风电场提供融资征信服务，具体主要是对于风电场未来运营指标提供风险保障，相当于对风电场未来经营指标提供保证，并承诺远期收购风电场，打通了金融通道，解决了中小业主无法融资的问题。在这个过程中，金风科技、天源科创、天润新能、金风吊装再次获得了大量业务机会，经过 2010—2015 年的几年动荡之后，金风科技再次回到行业第一的位置。

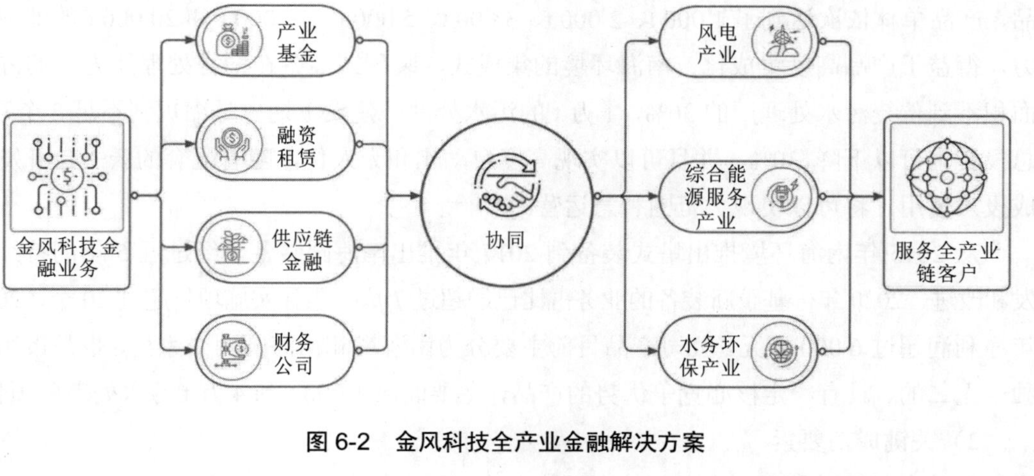

图 6-2　金风科技全产业金融解决方案

金风科技在风能业务基础之上，进一步拓展主业，开展了风光互补等能源服务业务，并进入了水务环保产业，凭借其在风电行业打造的金融全产业链解决方案，进一步支持其在能源服务和水务环保产业的快速发展。

（2）南海环境——是否可以复制金风科技商业模式

1）背景概况

南海环境，实际控制人是机械制造专业毕业，创业早年以环保装备代工生产为主营业务，其他环保装备公司提供图纸，南海环境根据图纸为客户加工设备，主要是普通钢材及不锈钢制品，在这个过程中积累了丰富的生产制造经验，也掌握了很多环保装备工艺技术。

在代工基础上，南海环境逐渐综合客户不同设计工艺技术，推出了一些自己的设备，包括传统污水处理工艺中用到的一些装备，也包括净水设备等。

但是，这些传统装备技术含量低、竞争力弱，南海环境并未能获得很好的成长。在不断摸索过程中，南海环境看到了污水处理行业，尤其是乡镇污水市场的兴起，以及污水处理装备化和标准化的趋势，陆续推出了撬装式集成污水处理装备，规模从 100 t/d 到 500 t/d 不等。

这类装备市场同质化产品太多，竞争越来越激烈，而且受工艺结构限制，单体最大规模只能达到 500 t，应用范围局限于乡镇等细分市场。这些市场财政不稳定，项目实施后面临诸多运营及回款问题。

为了摆脱这个竞争激烈的市场，南海环境对装备进行了改进，推出了将生化池和二沉池叠加的立体塔式结构，单体可以突破 500 t 的限制。

产品推出并经过项目验证后，南海环境在此基础上继续进行研发，推出了南海圆产品，产品单体依次达到了 1 000 t、2 000 t、3 000 t、5 000 t、10 000 t 和 20 000 t 的处理能力，得益于产品高度集成化，南海环境的集成式、装配式装备在同等处理能力下的占地面积不到传统污水处理厂的 30%，1 万 t 的污水处理厂建设工期更是缩短到不足 2 个月，总投资也可以下降 30%，并且可以实现高度自动化和无人化，随着配套的云平台开发完成投入使用，将可以实现大范围智慧运营。

从 2015 年南海环境推出塔式装备到 2017 年推出南海圆装备，经过近 5 年的持续研发和改进，2020 年，基于新装备的业务占比已经超过 7 成，累计实施项目超过 20 个，2020 年净利润超过 6 000 万元。公司产品目前主要分为南海塔和南海圆两个系列，也是市场上独一无二的、具有一定核心竞争优势的产品，主要面向 1 000 t 到 4 万 t 污水处理厂项目。

2）关键成功要素

在整个发展过程中，南海环境也面临人才、资金、客户认可多方面的困难。

在人才方面，南海环境通过核心人员持股方式吸引了关键技术人才的加盟。资金方面，南海环境一方面通过股权融资引入了天使投资人融资约 3 000 万元，另一方面凭借良好的商务关系和技术实力，将每一个具体项目都实质上当作一个研发项目，每一次项目实施遇到的问题就可以在下一个项目中得以解决和改进，这样经过不断迭代，形成了目前的产品。

根据南海环境规划，预计还需要 3～5 年才能最终形成标准化、系列化产品，届时客户将可以更加方便地根据公司产品快速选型和构建污水处理设施。在客户认可方面，一开始南海环境为了让客户放心，部分项目采取了自己投资建设和运营，承担全部责任的方式让政府放心，这样逐步打开了市场，同时，由于项目是自己投资和运营，也能够更加直接地获得各项运营数据，有利于产品的进一步改进和升级。通过将研发和具体项目实施相结合，南海环境极大地降低了整体研发费用，实际上从南海环境成立以来累计投入不足 6 000 万元。2020 年年末，公司引入了 3 家私募股权投资机构，以投资前估值 8 亿元获得融资 4 600 万元，正在计划引入产业投资基金融资 7 000 万元，并计划在 2022 年申报创业板上市。

公司产品目前在广东区域市场有了一定知名度，但是想让市场上绝大部分目标客户认可南海环境产品理念，还需要持续的市场推广和品牌建设。经实际访谈了解到公司目前主要客户为应急性客户和小型水务公司，这类客户有的因时间紧张采用传统工艺无法满足其进度要求而选择了南海环境产品，还有的因缺乏技术专业人才而选择了南海环境产品。通过采用南海环境产品，整个水厂土建工程投入大幅下降，更加有利于地方政府控制预算。

接下来，南海环境要想向全国市场推广产品，仍然面临客户信任问题，正如金风科技当年遇到的五大电力公司不敢购买风机一样的问题。

3）商业模式

针对目前面临的问题，南海环境设计了一套可能适合其未来发展的商业模式，如图 6-3 所示。

图中南海咨询和南海设计类似金风科技的天润新能，主要负责为客户提供整体解决方案设计咨询服务，让每一个有污水处理实施建设需求的政府或者个人投资者，即使完全不掌握污水处理的专业知识，也能够通过南海咨询和南海设计获得满意的解决方案。

如果客户不放心南海环境的产品和方案，则南海投资和南海水务承担类似金风科技的天源科创的功能。由南海投资出资，南海水务作为实体公司承接项目建设和运营服务，在达到地方政府或者目标客户设定的验收指标后，将水厂全部或者部分转让给地方政府和目标客户，这个转让过程控制在半年到 3 年，加快项目周转，降低南海投资的资金压力，拉动南海环境装备销售。南海投资也可以将这些运行稳定的水厂股权转让给其他水务公司，以收回投资。

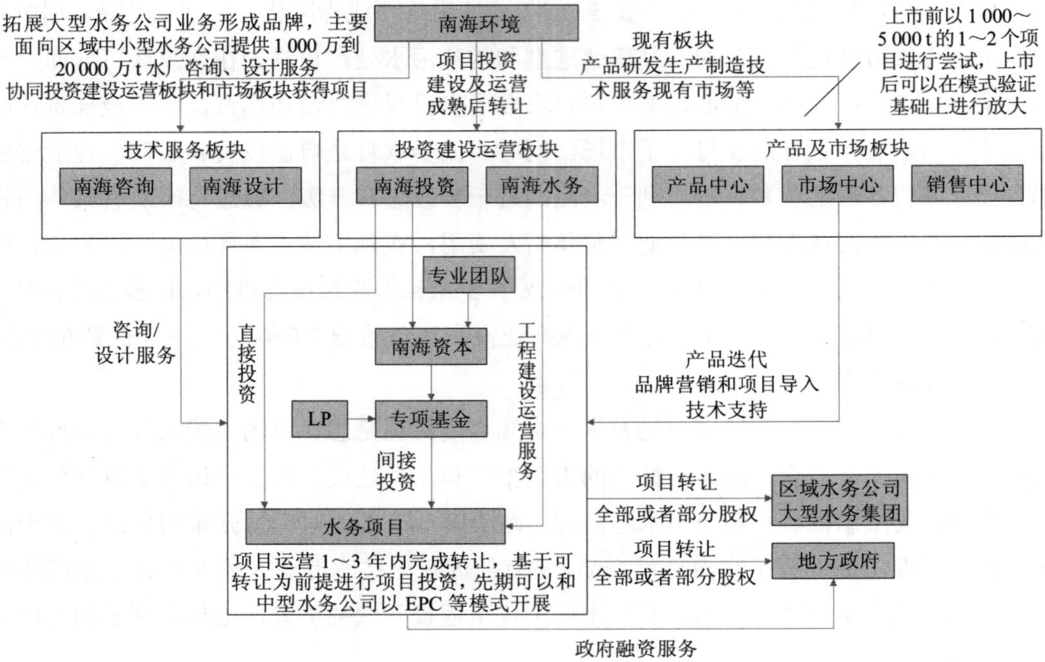

图 6-3　南海环境商业模式

对于部分没有运营能力的地方政府和客户，南海水务也可以提供长期的收费运营维护服务。同时，为了减轻南海投资的资本支出压力，南海投资可以和一些产业基金合作发起设立南海资本投资这些项目，基金通过转让股权获得回报。

而南海环境现有的产品中心、市场中心、销售中心、技术中心等各部门基本保持原有运行分工。

南海环境实际控制人表示，当前装配式水厂是一个新的趋势，公司希望有更多的同行能够推出创新产品，让客户能够更加认可装配式水厂。

6.4.2　以服务为核心的创业企业

（1）北控水务集团

1）企业概况

北控水务集团是北控集团旗下专注于水资源循环利用和水生态环境保护事业的旗舰企业，在香港主板上市（红筹股，股票代码：HK00371）。北控水务集产业投资、设计、建设、运营、技术服务与资本运作为一体，水处理规模位居国内行业前列。

作为香港主板上市公司，北控水务已入选香港恒生中资指数成分股、摩根士丹利资本国际指数等多只重要国际成分股。

2）发展历程

北控水务集团最早起步于中科成环保集团，成立于 2001 年，是一家以中国工程物理研究院的创新科技成果为依托，以污水处理投资、设计、建设、运营管理、关键设备生产及成套等业务为主业的专业化水处理集团企业。

公司最早依托不断研发的 LIER-POOLK 水处理专利技术为核心，投资并建设运营了第一家污水处理厂——四川绵阳塔子坝污水处理厂，经过 7 年发展，截至 2007 年年底，中科成环保集团成长为国内第八大污水处理企业，旗下拥有 13 家污水处理厂，污水处理设计能力达到 105 万 t/d。2007 年，该公司的总资产为 12.4 亿元，营业收入达 1.9 亿元，净利润 6 750 万元，净利率高达 36.4%。

2008 年，北控水务集团与中科成实现重组上市，成功登陆香港资本市场，公司具备了国有企业的身份，并打通了国际融资通道，加上优秀的管理团队，之后北控水务集团的发展走上了快车道。2008 年以来公司年化增长率超过 30%，水务运营规模增长超过 60 倍。

在北控水务收购中科成时，中科成原有管理层也进入北控水务董事会，中科成董事长胡晓勇担任北控水务执行董事兼行政总裁，周敏担任北控水务执行董事兼执行总裁。更为重要的是，北京控股虽然是母公司，但其并不参与公司的经营管理，而是全权交与原中科成的管理层负责，实行市场化机制。这一特殊的法人治理架构，使得北控水务既可以充分发挥中科成管理层丰富的水务行业经验和领先的技术优势，又可以依靠大股东北京控股的国有背景，为公司未来的快速发展奠定坚实的制度和组织基础。

与此同时，北控水务集团形成了典型的投资拉动型增长模式，国资控股的良好品牌信用及强大的市场能力带来了强大的项目获取能力，良好的运营管理能力支撑项目的快速投资建设和投入运营，规模化的运营资产形成了稳定的现金流，稳定的现金流支撑强大的低成本长期资金融资，低成本的长期资金又支持强大的投资能力，规模化的资产运营实践不断提升运营管理能力，形成了良性循环，年均复合增长率长期稳定在 30%以上。签约水处理规模从几十万 t/d 增长到 4 000 万 t/d，管理的资产规模从几十亿增长到 1 000 亿。

2014 年以来，水务市场发生了较大的变化，特别是水环境综合治理 PPP 类项目的大范围实施，这使北控水务集团过去以投资拉动运营业务的商业模式受到了挑战。这种模式的核心需要有强大的低成本融资能力，但是这种重资产模式投入大资金回收周期长，导致公司资产负债率不断上升。随着宏观经济增速放缓，越来越多的地方环保集团及央企进入水务行业，公司传统的资金优势受到挑战，发展压力逐步加大。尤其是 2014 年以来大量开展的水环境业务项目单体投资巨大，资金回收时间漫长，进一步加大了资金压力。

3）商业模式创新

近年来，北控水务集团不停探索商业模式的创新发展，为解决资产负债率上升及融资压力，提出了轻资产战略，并提出具体的双平台实现路径，搭建了以十大职能中心为主的运营管理平台和以北控金服为主的资产管理平台。并积极引进了战略股东三峡集团，通过战略股权投资打造生态圈，和生态伙伴共同成长，依托自身运营管理能力，通过资产管理平台设立股权投资基金形式投资和持有项目资产，运营管理平台则提供投技建运等技术和运营服务。

进入2020年，随着经济的进一步放缓，环保产业格局在进一步发生分化变革，北控水务集团进一步深化了创新战略和产品战略，将历经数年努力形成的标准化、智慧化等成果纳入整体战略，全面突出技术提升，以进一步巩固自身运营管理能力。

北控水务集团正在从一家以资金和投资能力为核心优势的企业，转变为一家以科技和运营能力为支持的综合类环境资产运营服务商。

4）关键成功要素

北控水务集团的发展过程可以简单地分为3个阶段：第一个阶段是2008年之前的中科成阶段，创业团队依靠科研院所的科研成果及股东出资获得了第一个污水处理项目，并依托这种模式获得了积累和成长。第二个阶段是2008年北控水务集团重组中科成之后到2015年前后，其能力得到进一步加强，管理层也抓住了这个阶段中国水务市场的黄金发展时期，迅速将企业做大做强，成长为一家世界级的水务环保集团。第三个阶段为2015年以来不断探索的轻资产发展模式，旨在摆脱对资金的依赖、降低资产负债率和改善现金流等财务指标，为管理万亿资产打造顶层设计，并逐步形成了双平台架构。回顾北控水务集团的发展历程，表面上看是依靠低成本资金融资能力和投资能力拉动了业绩增长，实际上这只是一种外在能力，真正的顶层动力应该是来自快速有效的决策机制和管理层对于市场的持续洞察能力以及及时响应和调整能力，这些能力的综合应用才使得北控水务集团具备了低成本资金融资能力。

变革中的北控水务集团全面进入数字化转型和以科技提升、生态化战略和产品化战略调整为广大中小创业型环保企业提供了广阔的合作机会。这些中小型尤其是技术型创业企业，可以通过和北控水务集团进行项目、科研、技术、产品等方面的合作，共同推动环境产业技术进步。

（2）北控城市资源

1）企业概况

北控城市资源集团有限公司（香港主板上市公司，股票代码：3718），为中国综合废物管理解决方案服务提供商，主要从事提供环境卫生服务及危险废物处理业务。

北控城市资源是北控水务集团旗下专注于环卫及固体废物处理的子平台，是北控水务集团业务多元化发展，打造环境保护全领域发展战略的具体举措。

环境卫生服务指与环境卫生维护及管理有关的服务，如道路清洁、垃圾收运、垃圾转运站管理、公共厕所管理及其他服务。一般而言，北控城市资源利用现有公共设施（包括垃圾转运站及公厕）提供综合环境卫生服务。环境卫生服务主要涵盖综合道路清洁、垃圾分类、垃圾收运、垃圾转运站管理、公厕管理、粪便收运、绿道养护、河道保洁服务及物业管理服务。

在危险废物处理业务中，北控城市资源为工业公司及医疗机构处理及安全处置危险废物，并向其收取废物处理费。危险废物处理业务主要涵盖收集、运输、贮存及处置医疗废物及工业固体废物等。无害化处置旨在消除或尽量减少危险废物可能对环境造成的负面影响。填埋及焚烧为固体危险废物最常见的两种处理方法。对于液体危险废物，常见的处理方法包括物化及净化。处理前，危险废物需要按其性质以若干预处理方法处理，常见的预处理方法包括物理—化学方法、凝固法或稳定法。

2）发展历程

北控城市资源的发展不同于一般的创业企业，属于大集团内部创业，其最早源于北控水务集团固体废物事业部，经过多年培育，形成了一定的业务基础，并通过引入外部投资机构和管理层持股形式，对这些业务进行了剥离重组，形成了北控城市资源集团。

北控水务集团固体废物事业部的发展也不是一帆风顺的，先后探索过建筑垃圾固体废物、污泥处理处置、电子拆解等业务，最终比较成功的业务环卫和危险废物业务取得了较好的发展。

北控水务集团很早就将固体废物业务定位为一块可以独立发展的子业务并进行培育，在北控城市资源还未设立之前就提前进行了布局，引入了国际投资机构为北控城市资源的发展储备了充足的资金。这种布局一方面源于北控水务集团综合环境运营服务商的定位，另一方面也源于北控水务集团内部创业的文化机制，同时也需要创业团队具备良好的资源调度能力。

在出现行业优质并购标的时候，北控水务集团体现出了高效专业的决策能力，快速完成了对青岛新天地的并购，奠定了北控城市资源早期核心盈利资产，同时前期布局的投资机构资金快速到位为并购提供了资金支持。在并购新天地之后原属北控水务集团固体废物事业部的环卫、危险废物、电子拆解等业务正式剥离重组成北控城市资源集团。

独立运营后的北控城市资源集团，在管理层的带领下，抓住了近年来环卫市场和危险废物市场快速发展的机遇，北控城市资源业务也取得快速发展，在不被资本市场看好的环境下快速完成了香港主板上市，为公司发展打通了资本通道。业绩持续快速增长，成立不到4年即完成了上市，业绩累计增长超过了4倍。

3）商业模式与关键成功要素

北控城市资源的成功是一个内部创业的典范，内部创业相比普通创业企业的发展有其有利的方面，如可以借助原来的品牌、技术、人力、资金等资源进行培育，等到具备条件时再分拆重组，对于创业者来说相对风险较低。但是这种模式也有其局限性，就是内部创业的决策不像普通创业团队可以完全自主，通常会受到很多制约，尤其是创业前期如果团队在原组织中的资源调度和整合能力不够，项目发展遇到困难，或者原有组织战略进行了调整，往往可能被换作他人甚至停止项目导致创业失败。而外部创业团队可以完全自主决策，在确认技术和商业前景可行的前提下可以通过不断努力克服困难，迎来成功时刻。

6.4.3 以“产品+服务”为核心的创业企业

（1）威派格

1）发展历程

上海威派格智慧水务股份有限公司成立于2011年，是国内供水行业集调研咨询、方案设计、智能制造、智慧水务软件开发与运维服务于一体的物联网科技企业。企业于2019年2月22日在上海证券交易所挂牌上市，股票简称威派格，股票代码603956。

自2007年创立品牌以来，威派格始终以“用心于水，绿色未来”为企业使命，以“引领中国智慧水务发展”为企业愿景，坚持阳光正派的企业文化，秉承严谨务实的工业精神，紧紧围绕智慧水务相关的系列化智能硬件产品为核心构建智能制造能力，为智慧水务的实施落地打下坚实的物理层基础。以现代化水务运营管理提升为中心构建专业能力，以软件平台化和数据资产化为依托，以全面服务水务全价值链为市场导向，以解决实际问题创造客户新价值的用户场景为牵引，以行业资源整合为支撑，打造“智能硬件+专业软件+水务平台+行业物联网+全面服务”的综合性解决方案。与客户建立长期的合作伙伴关系，成为本行业最值得信赖的品牌，探索垂直行业工业互联网企业的典型模式，全面保障和提升居民用水品质，改良人居水环境。

2017年，威派格位于上海嘉定的总部基地竣工投产。该基地是威派格追求技术创新，以国家倡导的“工业互联网”为理念进行建造的成果。数字化生产车间集合了智能制造与绿色制造两大理念，获得住建部绿色建筑最高级别认证——绿色三星标识，同时它也是国内先进的水资源综合利用示范厂区。

威派格的创业历程可能不同于绝大部分创业企业，威派格从创业之初就拥有超过500名员工，10年之后还有超过150名核心员工在威派格各岗位担任要职。这需要从威派格的创业背景说起，威派格创始人之前在另外一家二次供水装备制造企业供职，从普通市场销售人员一直升任到大区总经理。当时的二次供水设备行业客户基本面向房地产开发商，客户只看重价格便宜，厂家只看重销售，大家都不重视产品质量，产品售后服务负担很重，行业一片乱象。

面对这种局面，威派格创始人提出了公司需要改进产品质量和售后服务的理念，但是无法说服公司，最终由于和原公司理念不同，产生了创业的想法。

当时的老板提出了两个条件，去创业可以，有两个条件可以选择，第一公司可以支付 4 000 万元现金作为补偿，但是不能带走公司一名人员；第二只要有人愿意都可以跟着出去，但是没有任何现金补偿。最终威派格创始人选择了后者，当时有超过 500 人跟着他一起创业成立了威派格。

2007 年威派格刚刚成立的时候没有自己的产品，也没有自己的品牌，而是选择了代理国外产品的模式拓展客户资源，同时加快自有产品的研发，很快便推出了自主知识产权的无负压供水产品，经过几年的发展，威派格品牌逐步形成，先后推出了一系列与供水相关的产品。

2014 年，公司开始转型智慧水务，推出了智联供水设备，开启了供水行业工业互联时代，同时开始在上海嘉定建设公司总部和生产基地。

2017 年，威派格上海总部落成并投入使用，全新的以工业 4.0 理念设计建设的工厂，极大地提升了威派格的产品质量和产能，威派格产品成为行业高质量的代表，产品销售毛利率甚至超过了 70%。尽管产品价格居高，但是威派格的销售业绩仍实现了快速增长。

2014 年开始，威派格一方面着手上海总部的建设和搬迁，产品从硬件和软件全面转向工业互联。同时公司洞彻到行业格局的转变，即市场正在由以房地产开发商为主导（超过 65%的市场份额）向以各地方水司为主导的方向转变，这主要来自国家五部委联合发布的统建统管指导文件。这份文件没有强制地方水司统一管理二次供水设施，但是一些管理和服务意识比较好的地方政府大力倡导了统建统管的模式。很多地方政府并没有相关经验，例如，如何对这个行业进行管理，威派格就投入队伍研究了市场及政策，在地方政府相关职能部门设立、人员编制、相关政策制定和审批、二次供水收费、二次供水统建统管模式的总结和实施等方面给地方政府提供了大量咨询服务工作，同时推出了二次供水智慧管理平台免费提供给地方水务公司使用。

经过几年的发展，威派格和上千家地方水务公司建立了良好的商务关系，并和上百家水务公司形成了紧密的合作关系甚至成立了合资公司。

2017 年威派格上海工厂落成后，现代化的工厂给地方水务公司来访领导很大的冲击力，当时几乎每天都会有几家地方水务公司派人前去参观，而且几乎都能在参观后签订订单。同时威派格连续几年在统建统管和水务公司客户方面的铺垫也开始获得收获，当年公司来自水务公司的业务已经超过了来自房地产开发商的业务。

地方水务公司的采购不同于房地产开发商，房地产开发商一般一个楼盘从开盘到售罄在 2～5 年，所以只要产品在此期间不出问题就可以把问题留给小区业主，这些设备最终会由开发商自己或者物业运营维护，设备质量问题导致的漏损、停水、水污染等也由业主承担。而水务公司则代表政府行为，他们的采购需要关注后续几十年的供水安全及运营维护成本，因而对于产品的质量要求更高，威派格连续几年的铺垫抓住了这种终端客户需求的转变，因而取得了良好的业绩。

2017 年，威派格引入了两家财务投资机构和北控水务集团的战略投资，2019 年 2 月在上海证券交易所成功上市，在获得大量资金支持的情况下，威派格没有止步于已经在二次供水方面获得的成功，而是加大了科技研发投入，同时对行业优质科技公司进行了参股或者并购，全面进军智慧供水领域。打造“智能硬件+专业软件+水务平台+行业物联网+全面服务”的综合性解决方案提供能力。

经过近 6 年多在智慧水务方向的深耕，威派格智慧水务涵盖智慧水厂、二次供水、漏损管理、农村饮用水、智慧水源多级泵站等全产业链产品和服务。该公司从一个传统的二次供水设备公司逐步转型为城镇和农村供水解决方案和服务供应商。该公司所在的细分市场也从一个不到 300 亿元的二次供水细分市场，拓展为一个超过千亿的“智慧水务平台+智慧水厂设备+管网改造设备”的行业。

目前，该公司在全国划分了京津冀、东北、华南、华中、华东、西南、华北、西北 8 个大区，并在重点城市设立了销售公司，销售团队规模达千余人，已经形成独有的销售渠道优势。

2）成功的关键要素

针对公司产能过剩，产品价格高等问题，威派格一方面保持主品牌的市场高端定位，另一方面面向中大型水务公司推出了 OEM 定制化服务，对于一些不熟悉的客户，威派格可以提供 OEM 整体策划方案，从客户角度出发，帮助客户打造自有品牌，并且已经取得了不错的成绩。

威派格实际控制人从市场销售起步，能够更加准确地把握市场动向和客户需求变化趋势，能够更加贴合地带领团队提前布局，以在市场真正发生变化时能抓住机会。

威派格在注重产品的硬件质量的同时，大力布局了软件产品研发，通过软实力进一步加大了客户黏性，通过整合智慧硬件和智慧软件系统，在为客户提供整体解决方案的同时，为竞争对手制造了很高的壁垒。

威派格在自身主营业务细分市场空间不够大的情况下，积极主动围绕核心能力拓展目标市场，从二次供水企业成功转型为一家综合性智慧供水解决方案提供商，极大地拓展了公司目标市场空间，为公司未来向 200 亿级市值目标发展奠定了良好的基础。

（2）金达莱

1）发展历程

2020 年 11 月 11 日，继 2008 年首次冲击 IPO 失利之后，江西金达莱终于在科创板挂牌上市，自 1992 年创业以来，金达莱实际控制人廖志民迎来了高光时刻。

廖志民 1980 年考入清华大学环境工程学院。1987 年进入华东交通大学担任教师，后进入南昌市环境保护设计研究所，从事环境工程设计方面的工作，期间积累了丰富的技术功底。1992 年创立了深圳金达莱。

深圳金达莱依靠的是 JDL 重金属废水处理技术，凭借这项技术，金达莱在工业污水处理领域站稳了脚跟。2008 年金达莱营收规模达 1.7 亿元，净利润 4426 万元，净资产 1.5 亿元，并于当年申报 IPO。

然而，2008 年发生的金融危机波及了整个环保行业，金达莱 IPO 在“夭折”的同时，业务上遭受了重大打击，在风险管控方面经验不足，多年来的积累毁于一旦。由于对大环境的综合判断失误，导致公司经营陷入困境，深圳金达莱最终失败。

之后，廖志民只身回到老家江西，以在 2004 年收购重组南昌环境保护研究设计院实施改制政策后成立的江西金达莱研发中心为依托，召集在江西的深圳金达莱旧部，开始了二次创业。

江西金达莱成立之后，将目标市场定位在生活污水处理领域，主攻乡镇污水处理，兼含市政、黑臭河道治理等细分市场。江西金达莱分析后看到这个市场大有发展前景，江西金达莱推出了独有的 FMBR 专利技术，构建竞争壁垒。

在低门槛的生活污水领域，江西金达莱逐渐凭借 FMBR 技术构筑了一道护城河，在这个低水平竞争的行业打出了一片天地。在“不重技术”“没有门槛”的环保产业，金达莱毅然在技术这条路上深耕了 20 多年。

业内对 FMBR 技术存有争议，争议在于 FMBR 技术征服了业主，而没有征服一些专家。FMBR 技术诞生的准确时间是在廖志民深圳创业的中后期，这个时候廖志民在商业思路上出现了一个重大转变，即由定制化服务转向了标准化服务，而当时深圳金达莱所经营的重金属废水处理业务属于前者。

另外，廖志民看到了膜技术应用的前景，由此感觉到了水处理生化技术创新的巨大可能。彼时，这个领域还没有太大的发展。

在此背景之下，廖志民开始关注更容易实现标准化的生活污水处理领域，并组建团队研发相应的技术，也就是 FMBR 技术的雏形。

2010 年，全球 37 家企业在纽约竞标国际维和部队污水处理项目，金达莱凭借 FMBR 技术以第一名中标。

随着深入的研发和成熟的应用，FMBR 技术获得了诸多认可和荣誉，“十二五”期间，FMBR 技术被列为国家重大标志性成果，是环保部、水利部、住建部、科技部联合首推技术，此外 FMBR 技术获得了中国、美国、欧盟、日本等国发明专利近 40 项。

2）关键成功要素

金达莱不只是一体化设备制造商，设备只是载体，行业内很多企业可以做；其真正的核心是 FMBR 技术的深度应用，其他企业难以做到。这是金达莱远高于一般一体化设备制造商的地方。

所以，江西金达莱的市场版图远不止以分散模式处理的村镇污水处理，还有市政污水处理、黑臭河道治理等，采用 BOT、BOO、O&M 等模式提供服务。

除此之外，江西金达莱的另一个出奇制胜的关键是标准化生产，这是领域内众多小作坊难以企及的，也是金达莱实现低成本的“密法”。

在技术应用这一点上，金达莱和碧水源有一定的相似性，都是通过硬核的技术升级来打造市场，与碧水源的不同之处在于，金达莱不自己生产膜。不过金达莱虽然不生产膜，但其创始人廖志民却是用膜的高手。一方面，金达莱的装备制造会使用大量的膜产品，局部性地促进上游膜产业发展，例如，金达莱主要的膜供应商海普润，其 50%以上的膜销量由金达莱产生。这层供应关系直接促进了金达莱上游膜供应商的协同发展。另一方面，金达莱模式会在一定程度上带动水处理装备制造快速增长，这会整体性促进膜产业的发展。

事实上，随着乡镇污水处理热度的进一步升温，装备制造领域的热度与日俱增，上游膜行业的竞争已经日趋激烈，这对于整个行业而言是好事。

这才是真正的江西金达莱：专注技术，且能让技术更好地落地。

【练习题】

1. 朱武祥商业模式方法论研习。

朱武祥商业模式：利益相关者的交易结构。

框架：定位客户价值、业务系统、收益来源、现金流结构和企业价值（图 6-4）。

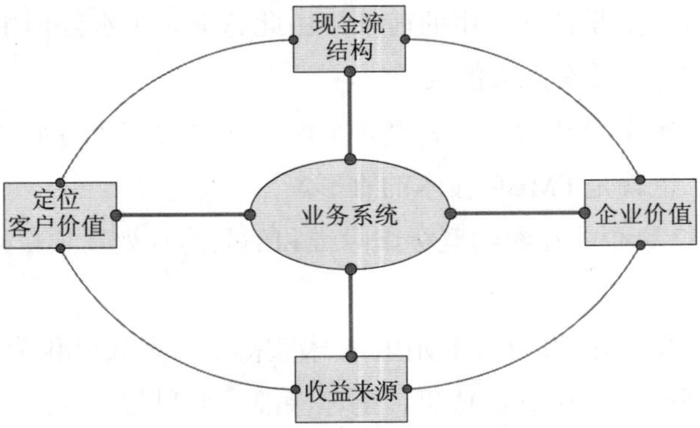

图 6-4　朱武祥商业模式

（1）定位

指企业满足客户的需求及方式。定位影响企业的发展空间、业务系统、成本构成、收益来源，进而影响企业的投资价值，因而创业定位对于创业企业的成功以及未来发展具有决定性的影响。所谓“男怕入错行，女怕嫁错郎”。

（2）关于定位的思考

定位要尽可能精准，所谓精准就是要让自身资源和目标细分市场匹配，首先要通过对自身优势和资源的精准分析，加上对目标细分市场的充分调研，之后进行匹配性定位，不仅要关注产品和服务的竞争优势、是否能解决客户问题创造客户价值，同时还要考虑自身资源是否能够将这种价值有效传递给客户。

进行定位要考虑的核心问题：

①为什么客户以什么方式提供什么独特价值？

②目标市场规模和预期销售收入规模多大？

③以多快的速度达到何种竞争地位？

④市场上有哪些同类产品和服务，有哪些替代性产品和服务，有哪些潜在的竞争对手？

你还能列出哪些关键问题？

（3）业务系统的设计——利益相关者交易结构

①选择利益相关者。

生产制造销售环节需要什么资源和能力？（研发、品牌、渠道、资质、管理）

谁能高性价比提供这些资源和能力？

尽可能利用现有资产、资源能力（研发、生产、渠道、品牌、信用等），资源共享降低成本，减少资本性投入和无效投入，提高经营效率，降低运营成本和风险。

②设计利益相关者的交易结构，以何种方式获得这些资源能力？

市场关系、长期契约、代理、经销、特许、参股、控股、合营等。

③科学合理分配利益相关者的责权利，转变成本形态（投资分配、成本分摊、收益分享、风险分担）。

设计超出利益相关者预期的利益分配机制。

选择股东、股份比例、收益分享比例和经营决策权分配。

收益分配：分配固定收益、剩余收益。分成：分配当期收益。未来预期收益：无条件分配、有条件分配。

表决权和控制权的分配。

投资方、无形资产出资方占股分配，或者按营业收入提成分配。

④利益相关者交易风险控制。

利益相关者行为风险：自利动机导致机会主义、舞弊、不作为等。

激励机制设计与行为风险管理：激励先进、淘汰落后、惩罚破坏。

把利益对立转为一致共赢，减少管理环节和管理协调监督成本。利用预期收益与沉没成本，设置多种利益机制。

（4）收益来源

①以何种方式获取收益？（装备、药剂、工艺、解决方案、服务、EPC、BOT 等）

②向谁收钱？（上游、下游、上下游）

③产品/服务定价策略：按量、按时、按使用效果，分环节/过程多阶段定价，价格是否物超所值？

④收益来源是否可持续或扩展？

（5）商业模式设计的理念

设计一个好的商业模式，就是设计一个好的利益相关者交易结构，通过这个交易结构，能够聚合系统内利益相关者资源和能力，创造价值，在利益相关者之间进行合理分配，做到多赢和共赢。对于初创企业，创始人要有从传统通过控股拥有和控制资产的狭隘理念向以价值分享吸引资源和能力的理念转变，以对资产的影响力而不是控制力来运营资产。这样才能不断吸引及积累资源和能力，把公司发展空间及管理能力形成的增长能力转化为企业价值。在对内对外利益共享方面要避免零和博弈，要拥有利己利人的胸怀，促使利益相关者皆大欢喜，推动商业进步。

2. 初创企业面对高风险低利润环保项目的风险决策讨论。

一个一般公共预算收入和支出约 100 亿元的县级市，在开展一项总投资约 50 亿元的综合水环境治理项目，该项目尚未进入 PPP 项目库，当地政府已经聘请了专业咨询机构开展项目入库工作，目前已经通过了省财政厅评审，正在上报财政部，需要 1 年左右可以获得批复。

但地方政府需要工程提前开展，目前政府倾向的社会投资方为国内排名前 10 的综合类大型国有环保集团公司，该集团公司为了能够最终获得该项目，承诺政府可以在正式列入 PPP 库之前垫资建设，预计需要垫资 10 亿元开展前期工作，其中前期有大约 3 000 万元的采购涉及某创业公司的核心产品，而整个项目预计采购总金额可以达到 1 亿元，其中有约 3 000 万元毛利润，但是该集团公司要求采购合同明确约定政府付款后才会支付货款，作为一家初创型企业，如果获得该项工程的业绩，将极大地有助于企业产品打开市场，获得其他环保集团的认可，但是前期垫资巨大，公司目前可供支配的流动资金只有 2 000 万元，如果想获得该项目，还需要融资 1 000 万元，而且公司其他业务的开展也需要资金支持。

如果放弃该项目，公司预计还需要很长时间才能获得这种机会，公司产品也无法在大型项目实施过程中快速迭代，作为企业实际控制人，你将如何决策？作出决策前你需要做哪些分析准备工作？

3. 当新技术和传统技术成本相当时如何打开市场的案例讨论。

智慧水务是近年来一个热点话题，其涉及的面比较广泛，例如，原水供水、排水、污水处理、水环境治理、海绵城市、管网、雨污、二次供水等环节的智慧化均可以称为智慧水务，其中污水处理厂智慧化、少人化、无人化是一个发展趋势。但目前市面上绝大部分智慧水务概念的产品实际上是信息化系统或者再增加一个专家系统，很少做到真正的智慧化。例如，在污水处理厂的运营方面，目前可能大多在进行简单的自动化改造，然后通过标准化工艺流程，精细化过程管理配合信息化和专家系统来达到少人化和无人化。这类系统在事前通过专家输入确定的运行工艺数据，在特定运营边界内可以实现自动运行，但是一旦出现水量水质的变动则需要通过专家进行远程诊断并手动调整工艺参数。这样的系统运行结果是事后诊断，很难适应当前越来越严格的环保督察，对于现场操作人员的素质要求也很高。

当前出现了一些智慧化系统，可以通过人工智能，自动根据进水数据调整工艺参数，目前已经可以做到根据进水出水情况自动调整加药量和药剂组合、自动调整曝气、自动调整污泥回流工艺参数，这些调整无须人工参与，全部依靠人工智能进行操作，示范项目可以达到稳定出水，同时可以降低药剂和能耗。但是在推广过程中遇到了问题，有专家认为这个系统和通过精细化人工管理达到的药剂节省及能耗节约结果基本相当，还得投入资金进行系统升级改造，因而市场推广不够顺利。

如果你是这个创业团队负责销售的主管，你将采用什么方式让客户接受这种新的技术？你是否认为可以通过垫资为客户进行改造对于节约的药剂和能源进行分成来获得回报？（经测算，对于比较落后的传统水厂，这个系统改造的实际成本不超过200元/t水，预计投资回收期约为5年，而对于管理先进的水厂投资回收期则长达12年）

4. 产品型企业商业模式案例讨论。

（1）总结讨论金风科技在不同阶段所采取的不同商业模式的优势和劣势，是否还有哪些方面可以进一步完善？

（2）分析南海环境目前取得成就的主要因素，讨论拟采取的商业模式的可行性及制约条件，提出改进方案。

（3）案例讨论和分析——中国彩棉失败原因讨论。

中国彩棉和金风科技实际上有着类似的发展背景，二者均起源于20世纪70年代末期国家在新疆设立的彩色棉花研究所和风能研究所前身，后来风能研究所发展出了金风科技成为风机行业的龙头，而彩色棉花研究所发展出了中国彩棉成为彩棉行业的龙头。两家企业也有着类似的股权结构，均为国有资本为单一最大股东，同时管理层合计接近或者超过第一大股东股份，也有外部投资机构。金风科技从2000年开始通过不断适应市场的商业模式快速发展，到2007年完成了A股上市。中国彩棉在2000年开始也筹备上市，“天彩”品牌曾经在中央电视台投放了大量广告并成为彩棉第一品牌。技术上，中国彩棉截至2007年，掌握了全球14个彩棉品种中的8个，为全球最大，截至2020年，已经掌握了全部 14 个品种。彩色棉花的种植和生产与传统棉花完全一样，成本也一样，彩色棉花在后期纺织过程中不需要印染，因而更加环保，但是其属于短绒棉，产品不耐磨，颜色也不够艳丽。

2000—2003 年，中国彩棉“天彩”品牌打出了一定市场知名度，并开发出了系列产品——内衣内裤、衬衣、床上用品等。

2003 年上海朵彩科技推出了以彩棉为原料的保暖内衣品牌，它强调彩棉内衣不仅无化学纤维、无污染，而且通过国际认证，十分安全。并且致力于“绿色、天然、环保、健康”服饰产业终端产品的开发推广。这样的健康概念，在知识层、白领层获得了认可。如果获得成功，就可能将传统的印染内衣一分为二，切分出一个“非染色内衣”细分市场而成为行业第一品牌。

2003 年，全国彩棉内衣品牌约有五六个，终端消费总额约 10 亿元，其中朵彩获得 2 亿元销售，彩棉的推出触动了染色内衣厂家的利益，遭到了群体攻击。同年，中国彩棉和多彩达成了战略联盟，希望由多彩主打中端产品市场，拉动彩棉生产和科研。截至 2003 年 9 月，多彩一个品牌采购了中国彩棉接近 800 t 的棉纱。

对于当时的彩棉产业，最大的问题是终端消费者并不认识彩棉的环保健康价值，需要有终端品牌来推动，而多彩一家显然力不从心，所以多彩也希望有更多的企业能够进入这个产业。

但是对于传统染色内衣厂家，如果转而宣传彩棉的优势，则等于否定了自己多年来的染色内衣品牌形象，所以限制了广告宣传中“非化学、无污染”不能说，结果偏离了产品核心价值，甚至有厂家宣传彩棉的保暖性能强于当时处于垄断地位的杜邦保暖纤维。

这样导致了消费者的困惑，最终染色内衣和彩棉内衣都大量积压，染色内衣厂家为了生存打起了价格战，导致了整个保暖内衣市场衰落。

中国彩棉 2003 年申请上市，由于财务不规范被否，2007 年完成了私募融资之后股权进一步分化，管理层实际控制了公司，但是并未能对公司的发展施展有效手段，管理层日常铺张浪费比较严重，之后多年业绩在 4 000 万～6 000 万元净利润波动，难以有大的起色。

话题讨论：

①中国彩棉和金风科技的发展过程中，其商业模式对其各自最终发展结果的重要影响因素有哪些？在这个过程中，管理层的不同视野和格局对最终结果有哪些影响？

②在天彩品牌形成热度，朵彩品牌打开一定市场局面的情况下，你认为是哪些因素导致了最终市场消费者并未形成持续的彩棉内衣消费热潮，以及并未进一步带动彩棉消费进入衬衣、床上用品等方向？这个过程中，中国彩棉还应该做哪些工作？（中国彩棉给自己定位为彩棉生产和科研）如果中国彩棉根据自身彩棉特点主动研究彩棉新应用方

向，并将这些新产品按不同细分市场授权给不同的终端厂家去推广，是否会取得不同的结果？

5. 大型环保公司商业模式研讨。

（1）北控水务集团在2008年之前发展模式分析。

（2）北控水务集团2008年之后商业模式特征分析及取得成功的关键因素分析。

（3）面对当前挑战，分析北控水务集团提出的轻资产战略是否能够解决当前发展所面临的挑战？北控水务集团所提出的双平台战略是否能够支持轻资产战略的顺利实施并实现管理万亿资产的伟大目标？从你对北控水务集团的了解（相关信息可以从公开披露、新闻、招投标等方面获取），提出对目前商业模式的改进意见。

（4）编写一个有关内部创业成功或者失败的案例，分享给同学或者同事，讨论其成功或者失败的关键因素，提出相关改进建议。

6. "产品+服务"型创业企业商业模式研讨。

（1）总结讨论威派格成功的关键因素。

（2）分析讨论威派格当时通过提升产品质量，以定价高于市场平均价格数倍的价格进行新产品、新品牌的推广所面临的风险因素。如果你是威派格创始人，你会作出哪些更好的选择，采取哪些更好的模式？

（3）分析金达莱取得成功的关键因素，尤其是其创始人始终注重技术为本的个人性格对于金达莱成功或者失败的影响。

（4）分析金达莱在产品获得客户认可但未获得专家认可的情况下所采取的市场策略对于其成功的必要性和重要性。

（5）金达莱和南海环境均为装配式污水处理设备公司，分析对比两家公司产品的差异及竞争优势，以及其所面临的细分市场特征，提出你认为最适合二者发展的商业模式。

【实践作业】

1. 生态环境专业实践。

围绕第4章或第5章选定的产品、技术、工艺或服务项目，设计你的商业模式，描述商业逻辑。

2. 通用专业实践。

围绕第4章或第5章的目标客户需求：

（1）设计你的商业模式，描述商业逻辑。

（2）进行商业模式验证迭代（通过讨论、调研，与目标客户验证你的商业模式可行性，并进行迭代完善）。

参考文献

[1] 王方华．市场营销学[M]．上海：复旦大学出版社，2007.

（扫码获取本章课件）

第7章　商业计划书的撰写与实施

学习目标：

1. 面向建设创新创业型国家的战略需求，定位于塑造学生的商业计划思维，培训创新创业能力，帮助学生掌握商业计划书的制作与演示设计的相关理论知识、规律、特点、方法与实践技能；

2. 培养学生提出、分析和解决商业计划书制作中实际问题的能力，结合大赛要求掌握撰写创业计划书的核心构架。

学习要求：

通过认识商业计划书的内涵，了解读者对象的需求，掌握撰写方法与技巧，熟练运用商业计划书模板及有关分析工具、常用附件等，完成一份完美的商业计划书。

高校创新创业教育是国家实施创新驱动发展战略，促进高校毕业生高质量就业创业的重要举措，各级各类创新创业大赛有效激励了高校创新创业教育改革全面发力，一系列政策持续助推“双创”，一大批富有创新精神、敢于承担风险的青年人在探索、在创新、在成长。

商业计划书已成为大学生创新创业大赛作品提交的惯用形式和第一关键要件，设计、撰写商业计划书是大学生参赛不可回避的工作任务。对于创业者而言，商业计划书是创业者对于整个企业的整体规划与设计，它是企业融资必不可少的工具，同时，通过设计、撰写商业计划书，可以重新审视企业的经营情况、深入了解企业的核心竞争力、评估企业的发展策略。当然，除了创业者，企业发展的每个阶段同样需要商业计划书来进行融资，以此扩大企业规模或者拓展发展方向。

商业计划书既是谋划创业远景、目标、路径的市场策略，也是叩开投资者大门的“敲门砖”。创业者了解创业计划书的核心要素、主体框架以及撰写方法，是其成功创业的重要保障。

如何打造一份既吸引人又很实用的商业计划书？需要通过认识商业计划书的内涵，了解对象的需求，掌握撰写方法与技巧，熟练运用商业计划书模板及有关分析工具、常用附件等，来完成一份完美的商业计划书。

7.1 商业计划书及其作用

7.1.1 商业计划书的含义

商业计划书是公司或项目单位为达到招商融资或其他发展目标之目的，在前期对项目进行科学调研分析的基础上，从企业内部的人员、制度、管理、财务以及企业的产品、营销、市场、风险等各个方面，对即将展开的商业项目进行可行性分析，全面展示公司和项目的背景、现状与规划、未来发展前景，进而形成的实现计划的策略文件。

商业计划书有一个共性：提供一份清晰的容易为人理解的资料。

7.1.2 商业计划书的作用

商业计划书是一份全方位的项目计划，既可以成为创业者成功获取融资的“利器”，又可以帮助创业者有计划、有步骤地开展创业活动。

其主要功能体现在以下三个方面。

（1）项目自省：厘清创业路径

在参赛、创业融资之前，商业计划书首先应该是给参赛团队和创业者自己看的。参加大赛、办企业不是“过家家”，参赛团队和创业者应该以认真的态度对自己所有的资源、已知的市场情况和初步的竞争策略做尽可能详尽的分析，并提出一个初步的行动计划，通过商业计划书使自己心中有数。其次商业计划书还是创业资金准备和风险分析的必要手段。对于初创的风险企业来说，商业计划书的作用尤为重要，一个酝酿中的项目往往很模糊，通过制定商业计划书，把正反理由都书写下来，最后再逐条推敲，参赛团队、创业者就能对这一项目有更加清晰的认识，以此判断项目的可行性。

（2）集聚资源：创新项目管理

创业者的自信，使参赛团队和创业者明显感到对项目或企业更容易控制，对经营思路更有把握。因为商业计划书提供了项目或企业全部的现状和未来发展的方向，也为项目或企业提供了良好的效益评价体系和管理监控指标。商业计划书使得创业者在创业实践中有章可循，通过描绘新创企业的发展前景和成长潜力，使管理层和员工对企业及个人的未来充满信心，并明确要从事什么项目和活动，从而使大家了解将要充当什么角色、完成什么工作，以及自己是否能胜任这些工作。

（3）获得融资：提升竞争能力

商业计划书作为一份全方位的项目计划，是对即将开展的创业项目进行可行性分析的过程，也是在向风险投资家、银行、客户和供应商宣传拟建的企业及其经营方式，包括企业的产品、营销、市场及人员、制度、管理等各个方面，在一定程度上也是拟建企业对外进行宣传和包装的文件。设计、撰写一份高质量的商业计划书还可能有机会取得政府的支持与扶持，增强参赛团队和创业者自己的信心，也会增强风险投资家、合作伙伴、员工、供应商、分销商对创业者的信心。

7.1.3　优质商业计划书的标准

商业计划书的内容需要提供有用的信息、数据以及证明能够得到高回报的内容。想要制作一份商业计划书并不是一件很困难的事，但是要制作出一份优质的商业计划书似乎就没有那么简单了。那么，什么样的商业计划书才能称为优质的商业计划书呢？

（1）商业计划书的六大特征

通过对大量成功商业计划书案例的分析发现，它们基本上都具备以下六大特征。

1）内容完整

包括全部或者核心的构成要素，如内容摘要、项目描述、行业及市场分析、竞争性分析、项目执行计划、财务计划、风险分析、管理团队介绍等。

2）亮点突出

主要突出自己项目的特色、商业模式的特色、项目的价值、成熟的团队与超强的运营能力等，尤其是面对投资人这类对象时，能够快速吸引投资人的目光。

3）逻辑清晰

思路清晰，文笔流畅。有一些商业计划书，内容的构成要素十分齐全，但是缺乏一根主线将其串起来，各要素几乎都处于“散落”的状态，甚至让读者读完之后不知所云，这是典型的逻辑不清晰。

4）依据充分

所有的分析结论都有充分的依据，包括客观的调研分析数据、科学的分析工具应用等，如重要的财务预测、营销预测，都有充分的财务数据、市场调研数据予以支撑。

5）主次分明

根据不同的读者对象，能够做到内容主次分明，尤其是针对读者对象，突出体现对方所关注的内容，在内容方面的设计与重点安排上都有所区别。例如，针对投资人，往往侧重关注产品、竞争实力、发展潜力、营销计划、切实可行的行动方案、出色的管理团队、突出的内容摘要、满意的投资回报、周详的退出方案等。

6）可行性强

一方面是指商业模式本身的可行性，另一方面是指具体行动方案的可行性，包括合理的预算、易实现的销售目标、可实施的营销计划、清晰的工作进度安排、明确的工作成果等。

（2）商业计划书的重要版块组成

商业计划书包含的内容很多，有时候制作人并不清楚一份商业计划书的重点内容是什么，许多内容没有写，反而写了很多并不重要的内容。

那么商业计划书中哪些内容是必须要有的呢？下面来看看一份完整商业计划书不可或缺的四大版块。

1）市场分析

一个产品有了市场才有可能获利，没有市场即使产品再好，投资以后也没有什么回报的可能性。而如果这一市场已经饱和了，再进入该市场同样也无利可图。通过市场分析可以了解该项目是否有市场前景，未来是否能在这个市场中占据份额。

投资人在阅读一份商业计划书时不仅关心该项目是否能赚钱，还会考虑能赚钱的空间有多大，如果一个项目仅仅能赚钱，但是整体空间有限，投资人也不会有太多兴趣，因此市场分析是商业计划书中不可缺少的一部分。

2）竞争分析

竞争分析主要分析竞争对手是谁、自己的项目有哪些竞争优势等，竞争分析之所以也是商业计划书中不可缺少的一部分，是因为有竞争力的项目才能持续发展下去。

如果该项目有足够的竞争优势并且能够持续，那么这个项目在一定的时间内是可以获得利润和回报的，而投资人关心的也是利润和回报。在市场竞争激烈的环境下，竞争分析更加重要，因此，这一部分也是商业划书必须包含的内容。

3）商业模式

商业模式，通俗来讲是通过什么途径或方式来赚钱，投资人在知道项目能赚钱后，还想要知道为了达到这一目标创业者会作出哪些决策。一个好的项目能够赚钱，但却不清楚如何才能赚到钱，也只能是一纸空文。投资人在投入资金后也想知道何时才能盈利、哪些因素会影响盈利等。投资人并不会让自己的钱白花，他们给创业者这笔钱是想让创业者把产品做好，让他们获得高额的回报，所以，企业怎样经营是商业计划书的一个重点。

4）融资规划

大多数时候制作商业计划书是为了获得资金，想要融得多少资金，给投资人的回报又是什么，这些内容是必须写清楚的。融资资金并不是越多越好，而应以企业项目的实际需求为准，明确所需资金量后，计划书还要告诉投资人资金会用到哪些地方。

明确了商业计划书不可缺少的四大版块后，在制作时就要把这几个部分都包含在内，并且这四大部分内容都不能空洞无物，要落到实处。

（3）商业计划书的自我检测

一份商业计划书写完后，想要知道这份商业计划书是否合格，可以进行自我检测。

商业计划书是用于解决问题的，因此可以尝试回答以下问题来进行自我检测。

1）项目面对的市场需求是什么，如何去满足这一需求？

商业计划书要能够回答“项目面对的市场需求是什么，如何去满足” 这一问题，如果不能回答这一问题，表明这个项目可能没有存在的理由。

【案例 7-1】“北控水务杯”第三届中国“互联网+”生态环境创新创业大赛金奖项目——西北工业大学“欧卡无人驾驶清洁船”市场需求

智慧环卫需求大，易切入，且可实现规模化。

随着城市发展进程的加快，“宜居”“旅游”“生态”等逐渐成为现代城市发展的关键词，城市水域面积不断增加。水环境作为城市的“血管”，城市水域的清洁管理也越来越受到环境管理部门的关注。在感知到种种社会信号后，陕西欧卡电子智能科技有限公司提出了“水上无人驾驶”这一概念，将无人驾驶技术引入水域新场景。

全民智能时代，人工智能已经取代了大部分的简单人力，此时的水面维护清洁，却还停留在人工打捞阶段。人工打捞的清洁方式不仅成本高、效率低，还存在潜在的安全风险。调查显示，现阶段多数水面保洁员的年龄在 55～60 周岁，年轻人就业趋向高幅度偏向现代服务业，“高危”的保洁工作面临“用人荒”难题。而欧卡智能研发的 ORCA-SMURF 无人驾驶清洁船则能很好地解决上述一系列问题。

2）市场有多大，竞争力如何？

商业计划书中应有能回答“市场有多大”这一问题的数据，如果没有，将无法得知创业的空间到底有多大。如果这个项目可行并且有市场，那么商业计划书还要回答“竞争力如何”这一问题，通过回答这一问题，可以明确公司是否能够存活下去。

【案例 7-2】“北控水务杯”第三届中国“互联网+”生态环境创新创业大赛金奖项目——西北工业大学“欧卡无人驾驶清洁船”竞争力

近年来，水域垃圾污染问题备受重视，河湖长制在全国范围内推行。据欧卡智能的统计，中国目前有 740 万亩人工湖且还在不断扩建，10 万个水库需要实时维护，45 203 条内河，3.2 万 km 的海岸线。这些水域都可能应用水域智能自动化清洁治理方案和健全的水域数据收集与管理，预计市场规模达千亿元人民币。截至目前，欧卡智能已经累积与中国、英国、西班牙 3 个国家近 30 座城市达成了合作，曾为盈峰环境、万华地产等客户提供服务。与此同时，与一线的保洁企业、园区合作，从实际需求中探索产品的设计和研发，使欧卡智能取得了三大先发优势。一是产品性能稳定：在高频刚需的水域清洁场景下，稳定性是最重要的前提，2019 年欧卡智能已在西安、宁波、成都等地建设头部应用示范区共 30 余个，不断在不同城市水域环境中进行试点作业，针对实景问题不断改进设备，稳步提升产品稳定性；二是高性价比：与人工维护对比，ORCA-SMURF 水面清洁机器人的连续成本可达到人力的 1/3，在降低清洁成本的同时，产品还能在一定程度上突破时间（不分昼夜）与空间（无惧“高危”环境）的限制，目前已可以在极少的人力监管下，实现95%以上的水面自动管理；三是可成长性：无人船在水域的运行时间越长，对水域越了解，其工作效率就越能得到不断的提升。

此外，自我学习是人工智能的特长所在，其中海量的数据库是重要基础。对于欧卡智能而言，有足够的数据才能训练出足够优秀的水上无人驾驶决策系统。

3）你的管理团队有谁？

创业的成功与失败和团队是有关系的，在商业计划书中应该能够看到管理团队由哪些成员组成，他们都有哪些经验。

【案例7-3】“北控水务杯”第三届中国“互联网+”生态环境创新创业大赛金奖项目——西北工业大学“欧卡无人驾驶清洁船“管理团队

经过历年的发展，完善且具竞争力的管理、开发、生产与销售团队业已形成。

创始团队方面，朱××为西北工业大学的博士，曾入选2018年福布斯“中国30 Under 30”榜单；核心团队成员大多为来自清华大学、西北工业大学的博士或硕士研究生，团队整体规模近期在60人左右。

4）执行情况如何？

看商业计划书中是否有具体执行情况的说明。如市场营销方针、销售周期和销售渠道的安排及目前进展情况等内容。

【案例7-4】“北控水务杯”第三届中国“互联网+”生态环境创新创业大赛金奖项目——西北工业大学“欧卡无人驾驶清洁船”当前执行情况及未来计划

产品线层面近期还是继续聚焦城市水域清洁场景，把握当前的利基市场，通过加速产品推广，聚焦做好细分市场的占领。技术线层面则随着产品快速铺设，在清洁产品高频刚需的特点下，获取更多的数据流，服务无人驾驶技术，实现产品与技术的双向增长，构建多重“护城河”。

欧卡无人驾驶清洁机器人已完成10轮迭代，为4个国家30多个客户提供了超过10多万km的成熟而稳定的运行服务，相较于水域的其他应用，保洁更加高频刚需，倒逼机器人稳定性，从而获取大量数据。同时城市水域大多是封闭低速场景，为无人驾驶落地可行性提供保障。

未来计划基于成熟的水上无人驾驶技术，辐射更多的水域应用场景，一方面为水环境综合治理提供更多助力；另一方面通过水上交通、水上配送等应用延拓，开启“水上智慧城市”的搭建。

在接下来一年，欧卡智能将正式进入推广阶段，并且预计在今年达到全球最高的无监督航线里程数，以及全球最大的水上无人驾驶数据集。同时也计划通过与城市运营商建立合作，实现城市园区智慧清洁，积极助力智慧城市的落地建设。

5）财务状况如何，融资需求是什么？

检测商业计划书是否有关于未来 3～5 年的财务规划，如资产负债款、项目损益表等能说明财务上具体状况的内容。还可以查看商业计划书是否有成本预算清单，商业计划书中的融资需求部分是否说明了希望得到多少投资、比例如何及资金使用计划等。

6）何时能够盈利？

检测商业计划书时还要查看计划书是否能够解决“何时能够盈利？”这一问题。比如盈利周期的分布情况、在哪个阶段能够实现收支平衡等。

7.2 商业计划书的前期准备及撰写步骤

7.2.1 与商业计划书相关的前期准备

（1）战略规划书

企业战略规划是指依据企业外部环境和自身条件的状况及其变化，制定组织的长期发展目标、规划与具体的实施战略。战略规划是一个动态的过程，在特定时期，企业往往会根据之前战略规划的实施情况来调整，并制定新的战略规划。战略规划书是反映企业战略规划的文件。

清晰的战略规划决定着企业的发展方向、市场定位以及重大经营策略，是商业计划最终获得成功的重要基石。因此，战略规划书也可以单独列出来，为后期撰写商业计划书提供充分的依据，由于战略规划书的内容与商业计划书的内容有重叠部分，因此，其核心内容通常在商业计划书中突出体现即可。

（2）项目可行性分析报告

项目可行性分析通常是指在投资决策之前，对与拟实施项目相关的自然、社会、经济、技术等条件进行调研、分析、比较，预测项目完成后的社会经济效益，并在此基础上科学性地综合论证项目实施的必要性、财务的营利性、经济上的合理性、技术上的先进性和适应性以及实施的可能性和可行性，从而为投资决策提供科学依据。编制项目可行性分析报告是确定启动和实施项目前具有决定性意义的工作。

项目可行性分析也是商业计划书撰写的前提，商业计划书的定义中明确指出，商业计划书是基于项目科学调研分析形成的。因此，项目可行性分析报告是商业计划书衍生的重要内容之一。

（3）年度经营计划

年度经营计划是指企业为达到战略目标、实现企业长远发展而制定的下一年度系列目标、计划及行动方案。由于年度经营计划是商业计划书中初期工作计划落地实施的有力保障，因此，也是商业计划书的重要补充内容之一。

（4）项目管理规划

项目管理规划是对项目管理的各项工作进行的综合性的、完整的、全面的总体计划。

可以将创业项目理解为一个整体项目，将创业过程中产生的一些项目理解为独立的子项目。这里主要指后期的一些子项目的管理规划。项目管理规划是确保商业计划书中各个子项目得以有效实施的重要方案，也是商业计划书的重要补充内容之一。

7.2.2 商业计划书的撰写步骤

（1）确定商业计划书编撰目的

一般而言，根据商业计划书的功能定位，编撰目的主要有两种。一种是广泛应用于融资工具，在这种情况下，通常是创业者处于资源匮乏的环境，或者需要更多的资金来实现自己融资的目的，此时，商业计划书就应该侧重于商业环境分析、竞争性分析、营销计划、管理团队介绍以及财务计划等内容。

另一种是用于公司内部，主要是便于组织内部沟通并认同项目的价值，明确项目的战略规划与行动方案，便于项目的实施管理。在这种情况下，通常是企业本身的资源还比较丰富，重点在于如何高效地执行这个项目。因此，该类商业计划书对于管理团队、经营管理计划方面的内容无须过多描述，而应该强调项目的重要性、项目的实施进度等偏实务方面的内容。

（2）确定商业计划书的读者对象

不同的读者对象，所关注的商业计划书内容侧重点会有较大的差别，这当然与编撰商业计划书的目的，即个人需求存在密切的关系。如果对个人的需求非常明确，对读者对象了如指掌，一定能够将重点信息提供给目标读者。因此，明确个人的需求，了解读者对象的需求，是成功撰写商业计划书的必要准备，也是成功实现个人目的的前提。

1）明确自己的需求

①获取资金支持还是与其他投资人、商业伙伴建立战略联盟关系；

②借款、贷款还是与投资人分享所有权和利润；

③获得投资人的青睐还是获取公司高层的更多支持。

2）了解读者及其需求

如果商业计划书是为了获取资金等资源支持，那么读者就是投资人或者贷款方。投资人最关注的是盈亏平衡点、投资回报、项目的长期发展潜力以及管理团队的能力，贷款方则更多地关注项目的风险。

如果商业计划书仅仅用于企业内部的沟通交流，或者是内部创业的商业计划书，那么读者对象主要是负责投资决策的董事会或者利益相关者。他们最关注的是项目的可行性分析、投资回报以及具体的行动方案。

（3）收集你所需要的信息资料

充足的信息资料将有助于完成一份分析透彻、论据充分、内容丰富的商业计划书。商业计划书涵盖面很广，需要各个构成要素准备所需信息资料；而且，商业环境分析、竞争性分析、目标市场定位以及项目可行性等关键内容都需要充分的数据、信息来支撑。因此，信息资料的收集与准备也是商业计划书撰写过程中的关键环节。具体的实施步骤及相关要点如下：

1）设计商业计划书的主要结构

依据一般商业计划书的主要构成要素，针对创业项目的性质与特点，用全局的眼光来设计商业计划书的主要结构。这个主要结构便是商业计划书所需信息资料的总体指导性纲领，如商业环境、市场、竞争者等主要构成要素。

2）确定所需的重要信息资料以及详细分类

由于商业计划书的主要结构会涵盖一般商业计划书的各个要素，因此，在确保各个部分内容有充足的信息资料支撑的前提下，锁定所需的重要信息资料，例如，能突出宏观经济政策优势、商机优势、竞争优势、管理团队优势的信息等。同时，要求就每一项重点内容，明确细分的信息资料类别，并列出准备收集的信息资料清单，如竞争者分析，应该按照竞争对手分析的理论框架或者关键要素，明确更加细分的数据、资料与信息类别。

3）找出已有的关键信息与缺乏的信息资料

这个步骤也非常重要。大多数创业者平时都有收集商业信息的习惯，这些数据信息中，可能有一些正是本次商业计划书中所要收集的信息资料，这样就避免了重复劳动，不会造成时间浪费、资源浪费。与此同时，对照信息资料清单，明确缺少的信息资料，及时补充。

4）开始收集信息资料

信息资料的收集是一项比较复杂的工程，通常需要创业团队共同完成。当然，也可以聘请兼职学生甚至专业人士，例如，开展系列市场调研活动、获取竞争对手的信息、监测有关商业数据等。以下是常见的信息渠道来源：

①通过公开媒介查询，如各类媒体（包括网络媒体）、出版物、与创业项目相关的各类网站、信息开放平台。

②通过与顾客、供应商访谈等获取一手资料。

③通过问卷调查获取有关数据与信息。

④通过现场考察、评估获取直接的数据与信息。

⑤通过专业公司或者专业人士参与分析，获取有关数据和信息，如情报公司、专业咨询公司等。

5）对信息资料进行重新编码

在原有信息资料清单的基础上，将收集完善的信息资料进行重新分类编码，便于在后期撰写商业计划书的过程中查询、使用。

（4）设计商业计划书框架

这里所称的商业计划书框架，并非通用的商业计划书内容结构框架，而是一个充分体现创业项目特色、各部分子标题更加细分明确的商业计划书框架。具体设计原则如下。

1）五个依据

一是依据撰写目的；二是依据读者对象；三是依据一般商业计划书的主要构成要素；四是依据创业项目的性质与特征；五是依据所收集的信息资料。

2）两个便于

一是便于撰写者后期的撰写，这就要求各部分子标题越详细越好，当然，整体逻辑应当非常消晰，读起来很连贯；二是便于读者找到自己关注的重点内容（一般通过子标题来体现）。

3）一大特色

体现创业项目的特色，在设计的总体框架中，一是整体的思路与逻辑充分体现创业项目的优势特色，二是子标题要体现出创业项目的亮点。

（5）开始撰写商业计划书

这是完成商业计划书的关键步骤，本章其他部分已经对该部分内容进行了详细的阐述以及明确的示范，这里不再详述。但仍然要强调一下有关撰写的基本要求：

①把握商业计划书的各个要素，且内容完整；

②创业项目的特色得以充分体现；

③整体逻辑清晰，行文流畅；

④分析透彻，论据充分、客观；

⑤针对性强，根据不同的读者对象能够突出自己要表达的重点信息，而一些相对不重要的内容不必用过多的篇幅；

⑥令人信服，无论是论证还是团队能力及具体行动方案，都要让人信服。

7.3　基于大赛视角下商业计划书的核心构架

7.3.1　生态环境"互联网+"大赛参赛要求和评审要点

参赛要求：参赛项目能够将新一代信息技术与水资源循环利用、水生态环境保护紧密结合，通过科技成果转化促进专业化水务环境综合服务升级。紧密围绕生态环境领域的节能减排、提质增效、资源化和科技服务等主题，主要包括以下方面管理、技术及装备：水务和环境综合治理、资源化开发和利用、智慧水务、清洁生产。

参赛对象：全国院校大学生创新创业团队、科研院校、社会型创新创业团队或公司均可参赛。

参赛组别：分为创新组、公益组、创业组、命题组 4 个组别。

1）创新组参赛要求和评审要点

参赛项目具有较好的创意、领先的创新技术、优秀的项目团队和较为成型的产品或服务模型，尚未进行工商登记注册。申报人须为团队负责人。创新组评审要点见表 7-1。

表 7-1　创新组评审要点

评审要点	评审内容	分值
创新性	突出原始创新和技术突破的价值，不鼓励模仿。在商业模式、产品服务、管理运营、市场营销、工艺流程、应用场景等方面寻求突破和创新。鼓励项目与高校科技成果转移转化相结合，取得一定数量和质量的创新成果（专利、创新奖励、行业认可等）	40
团队情况	团队成员的教育和工作背景、创新思想、价值观念、分工协作和能力互补情况。项目拟成立公司的组织构架、股权结构与人员配置安排合理。创业顾问、潜在投资人以及战略合作伙伴等外部资源的使用计划和有关情况	30
商业性	商业模式设计完整、可行，项目盈利能力推导过程合理。在商业机会识别与利用、竞争与合作、技术基础、产品或服务设计、资金及人员需求、现行法律法规限制等方面具有可行性。行业调查研究深入翔实，项目市场、技术等调查工作形成一手资料，强调田野调查和实际操作检验。项目目标市场容量及市场前景，未来对相关产业升级或颠覆的可能性，近期融资需求及资金使用规划是否合理	20
社会效益	项目发展战略和规模扩张策略的合理性和可行性，预判项目可能带动社会就业的能力	10

2）公益组参赛要求和评审要点

以社会价值为导向的非营利性项目，在水务和水环境保护、技术扶贫、乡村振兴、社区治理等领域具有较好的创意、产品或服务模式。参赛申报条件为独立的公益项目或社会组织，注册或未注册成立公益机构（或社会组织）的项目均可参赛。公益组评审要点见表 7-2。

表 7-2　公益组评审要点

评审要点	评审内容	分值
公益性	项目以社会价值为导向，以解决社会问题为使命，不以营利为目的，有可预见的公益成果，公益受众的覆盖面广。在公益服务领域有良好产品或服务模式	20
项目团队	团队成员的基本素质、业务能力、奉献意愿和价值观与项目需求相匹配，团队或公司组织架构与分工协作合理，团队权益结构或公司股权结构合理，团队的延续性或接替性	20
实效性	项目对精准扶贫、乡村振兴和社区治理等社会问题的贡献度，在引入社会资源方面对农村组织和农民增收、地方产业结构优化的效果，项目对促进就业、教育、医疗、养老、环境保护与生态建设等方面的效果	20
创新性	鼓励技术或服务创新，引入或运用新技术，鼓励高校科研成果转化；鼓励组织模式创新或进行资源整合	20
可持续性	项目的持续生存能力；创新研发、生产销售、资源整合等持续运营能力；项目模式可复制、可推广、具有示范效应等	20

3）创业组参赛要求和评审要点

参赛项目已进行工商登记注册，并具备独立的法人资格。拥有独立知识产权的创新技术、产品或服务模式。申报人须为企业法人代表。创业组评审要点见表 7-3。

表 7-3　创业组评审要点

评审要点	评审内容	分值
商业性	商业模式设计完整、可行，产品或服务成熟度及市场认可度，已获外部投资情况。经营绩效方面，重点考察项目存续时间、营业收入、企业利润、持续盈利能力、市场份额、客户（用户）情况、税收上缴、投入与产出比等情况。成长性方面，重点考察项目目标市场容量大小及可扩展性，是否有合适的计划和可靠资源（人力、资金、技术等方面）支持其未来持续快速成长。现金流及融资方面，关注维持企业正常经营的现金流情况，以及企业融资需求及资金使用规划是否合理	40
团队情况	团队成员的教育和工作背景、创新思想、价值观念、分工协作和能力互补情况，重点考察成员的投入程度。公司的组织构架、股权结构、人员配置以及激励制度合理。项目对创业顾问、投资人以及战略合作伙伴等外部资源的整合能力。师生共创组须特别关注师生分工协作、利益分配情况及合作关系稳定程度	30
创新性	具有原始创新或技术突破，取得一定数量和质量的创新成果（专利、创新奖励、行业认可等）。在商业模式、产品服务、管理运营、市场营销、工艺流程、应用场景等方面寻求突破和创新。鼓励项目与高校科技成果转移转化相结合，与区域经济发展、产业转型升级相结合	20
社会效益	项目发展战略和规模扩张策略的合理性和可行性，项目实际带动的直接就业人数，考察项目未来持续带动就业的能力	10

4）命题组参赛要求和评审要点

根据组委会发布命题设立参赛题目进行逆向创新。符合参赛条件的个人、团队、企业均可参赛。包括以往的参赛获奖项目或公司，可同时参与多个命题。命题组评审要点见表 7-4。

表 7-4　命题组评审要点

评审要点	评审内容	分值/分
前置条件	项目是否符合命题组的题目要求，如果不符合，不纳入本组别评审	
创新性	突出原始创新和技术突破的价值，不鼓励模仿。在商业模式、产品服务、管理运营、市场营销、工艺流程、应用场景等方面寻求突破和创新。鼓励项目与高校科技成果转移转化相结合，取得一定数量和质量的创新成果（专利、创新奖励、行业认可等）	20
团队情况	团队成员的教育和工作背景、创新思想、价值观念、分工协作和能力互补情况。项目拟成立公司的组织构架、股权结构与人员配置安排合理。创业顾问、潜在投资人以及战略合作伙伴等外部资源的使用计划和有关情况	20
成熟度	创新的基本周期需要历经应用研发阶段、中试研究、示范工程、早期应用、快速推广、成熟应用六大阶段。根据这一周期，判断项目所处的阶段	10
商业性	商业模式设计完整、可行，项目盈利能力推导过程合理。在商业机会识别与利用、竞争与合作、技术基础、产品或服务设计、资金及人员需求、现行法律法规限制等方面具有可行性。行业调查研究深入翔实，项目市场、技术等调查工作形成一手资料，强调田野调查和实际操作检验。项目目标市场容量及市场前景，未来对相关产业升级或颠覆的可能性，近期融资需求及资金使用规划是否合理	20
经济效益	与同类技术相比，技术经济性良好，并且设计、建设、运行和维护复杂程度低	30

7.3.2　商业计划书的十个关键点

无论商业计划书的读者是谁，其关注什么都必须在撰写商业计划书之前了如指掌。做到有的放矢，必然会事半功倍。商业计划书的整体内容应该注意前后逻辑性，即次序安排合理得当，能够自圆其说。例如，可以大致按照以下逻辑主线安排：

What（项目是什么？即项目描述，包括公司概况、项目背景、产品或服务）；

Why（为何选择该项目？即行业市场分析）；

How（如何做这个项目？即研发、生产、营销、经营管理策略）；

Who（谁来做？即管理团队介绍）；

How much（未来能达到什么财务目标？需要多少资金？如何分配资金？即项目财务预测及融资计划）。

无论是参赛还是寻找投资人，根据国内外投资机构或者投资人在融资过程中发表的一些观点，并结合商业计划书的内容规范，梳理出十个关键点。需要提醒的是，这十个关键点并非商业计划书的内容模板，也不完全是陈述逻辑与顺序，只是罗列出沟通过程中需要把握的核心内容，在具体撰写或者沟通过程中，使用者应该根据项目的实际情况，重新组织撰写或者陈述的逻辑。

（1）内容摘要

摘要是对商业计划书的概述，也是对其基本框架（每个部分重要内容）及特点的描述。这是吸引投资人进一步了解项目的唯一机会。内容摘要需要注意以下两个要点：

①合理控制内容摘要的篇幅。比较标准的商业计划书一般不会超过 20 页，内容摘要不超过 300 字，如果用 PPT 演示，最好不要超过 20 张。

②内容言简意赅、突出亮点。即用最简洁的语言表达最具价值的精华，内容应着重展现产品或服务（特殊和独有的商业机会）、创造的客户价值、行业与市场分析（包括竞争者分析）、获得成功的关键战略、管理团队的出色技能、融资要求以及投资回报前景；如果是公益类项目，还要体现可预见的公益效果和公益受众面。

（2）战略定位与商业模式

一个与众不同的战略定位与商业模式，常常会引起市场的变革，给投资人带来巨大的商业回报，并吸引无数投资人的眼球。与此同时，投资人还期望你能够给出一个令人充满期待、看得见够得着的愿景与近期发展规划。

具体内容包括明确的产品或者服务定位、清晰的经营战略以及可实现的企业发展目标、特色的商业模式等。同时，要说明选择这个战略定位与商业模式的理由，包括细分市场的选择、时机的选择、关键策略的制定等。

（3）产品或服务的价值

产品或者服务的价值，是一家企业生存的根本。投资人必然会关心企业是否具备很强的生命力，即产品或服务是否具有创新性，又是否能够为顾客可以带来独特的价值，或者可以解决市场上的什么问题。因此，这一部分不一定要展示核心技术或者商业机密，只需要突出产品或者服务的创意之处即可，尤其是要适当保护自己的专有技术。

（4）营销计划与市场预测

营销计划与市场预测主要指顾客定位以及开发客户、维护客户、拓展市场的有效策略，这实际上就是将产品或者服务销售出去的过程，是创业项目成功的关键步骤。投资人会关心的问题是顾客在哪里？有多大的量？是否能将产品或者服务成功销售出去？能否留住这些客户并不断扩大市场规模？市场占有率将会怎样？如何实现市场占有率目标？

（5）竞争情况

商业计划书中竞争方面的信息，主要目的有两个：一是拥有什么样的核心竞争力，竞争优势在哪里以及如何弥补自己的短板，如何突破行业壁垒；二是预测目前的竞争对手以及潜在的竞争对手是否会给其投资带来潜在的风险。

（6）创业团队

私募股权投资界有一句十分流行的话："投资只有三个标准：第一是人，第二是人，第三还是人。"投资人会非常关注创业团队的技能组合能否支撑创业梦想，这将直接关乎创业的成败。技能组合具体包括团队的知识、技能、经验与品质等。当然，在陈述团队优势的同时，不要担心暴露自己团队的一些弱点，可以提出弥补团队劣势且具有说服力的方案。而且，通过坦诚的沟通，还有可能获得投资人的帮助，如提供团队能力提升的经验或者直接推荐优秀的合作伙伴。

（7）盈亏平衡点与投资回报

获得较好的投资回报，对于任何投资人都是值得鼓舞与高兴的事。因此，一般而言，投资人会关注盈亏平衡点大致出现在什么位置，什么时候开始有较好的回报，是否还有可持续的、更大回报的潜力。在商业计划书中，这些内容主要在财务计划、融资说明部分得以详细的阐述。

（8）投资风险

回报与风险是相伴相随的。对于投资人来说，对项目投资收益与风险概率的比较分析是一项重要的投资分析工作。因此，除了了解竞争者可能带来的投资风险，投资人还需要综合考虑资源风险、市场不确定性风险、研发风险、生产不确定性风险、成本控制风险、竞争风险、政策风险、财务风险、管理风险、破产风险等，从而明确整体项目投资的风险系数及风险概率，为投资决策提供重要依据。

（9）投入程度

作为创业团队的核心领导者，你的投入热情与创业决心，将在很大程度上影响团队的创业热情、项目发展的稳定性与公司持续成长的动力，也就直接决定着投资人对领导者的信任以及投资的决心。具体而言，投资人期望了解领导者为这个创业项目投入了多少时间、多少金钱、多少资源，甚至牺牲了哪些资源与机会，长期专注于一个项目或者一项事业的创业者往往更受投资人的青睐。

（10）易懂的项目

易懂是从整体商业计划书最终展示效果的角度来说的，计划书呈现的应该是一个对方容易看懂或者听懂且乐于接受的项目，而不是一个令人费解的项目。因此，推广项目时，除了必要的沟通能力与逻辑能力，在沟通过程中，还有必要将项目涉及的专业词汇或者专业知识转化为对方能听懂的内容，从而让一些即使对你所处专业领域不熟悉，甚至过去不感兴趣的投资人，也对此项目给予较多的关注。

7.3.3　PPT 版商业计划书构架

展示商业计划书时常常会用到 PPT，这是因为 PPT 演示起来更加方便，内容也更精美，使用 PPT 进行商业计划书的演示，可以让投资人更好地了解商业计划书的内容。

制作商业计划书 PPT 与制作 Word 文档有着格式的区别，而某些制作者常常会把 PPT 版的商业计划书制作成与完整版 Word 文档商业计划书一样的效果，全篇都是“白底黑字”的展示方式，使得投资人查看商业技术书文稿时失去耐心，不便于投资人理解公司各方面情况。

演示版 PPT 可以多方位呈现项目，现场可以进行产品展示、互动。重点体现观赏性和关键部分的展示，以讲解为主，篇幅一般在 20 页以内。

（1）PPT 版商业计划书的基本要求

①PPT 结构中的主要内容是项目的内容要素，仅供参考和说明使用。PPT 的核心目标是“讲清楚”和“说服力”，形式可多样化。

②投资人很看重商业计划书的 PPT，以此来判断创业团队的综合素质，一份逻辑清晰、文字精练、观点鲜明、视觉美观的 PPT 非常重要。

③对于所有阶段的项目，都应着重把自己的产品服务解决方案介绍清楚。判断清楚的标准就是听众会产生购买或合作的冲动。

④商业计划书的 Word 版和 PPT 版只是不同的表现形式，Word 版是扩展详细版，PPT 版是精简概要版，二者的核心逻辑应该保持一致。

好的商业计划书 PPT 一定要思路清晰、逻辑明确、重点突出、观点鲜明。但要达到以上要求，首先在 PPT 的构思阶段，就要拟好大纲，设计好内容的逻辑结构；由现成的文字内容转制 PPT，则要对文字进行提炼，使之精简化、层次化、框架化。

图 7-1～图 7-3 为 PPT 版商业计划书示例及要求。

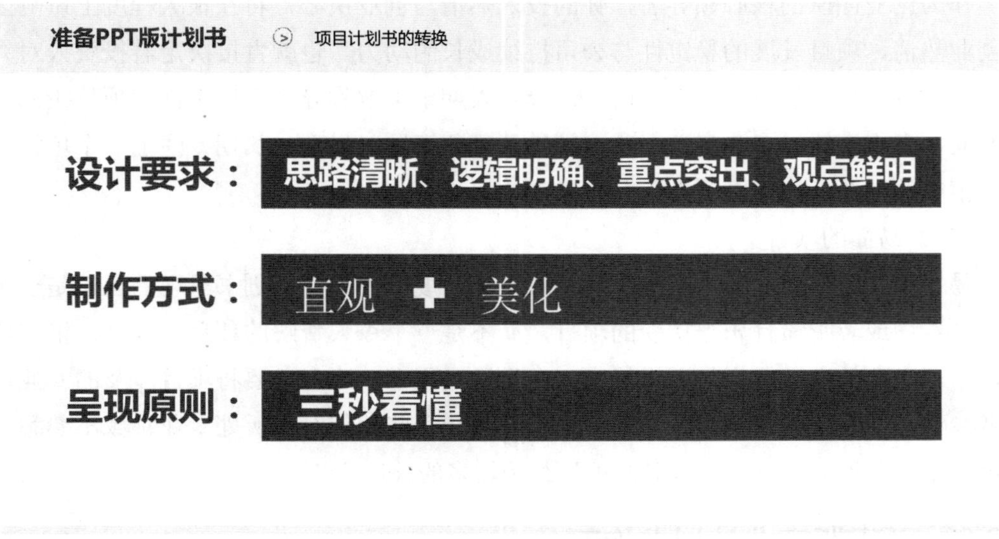

图 7-1　PPT 版商业计划书展示要求

图 7-2　某项目市场背景分析 PPT 展示转换效果

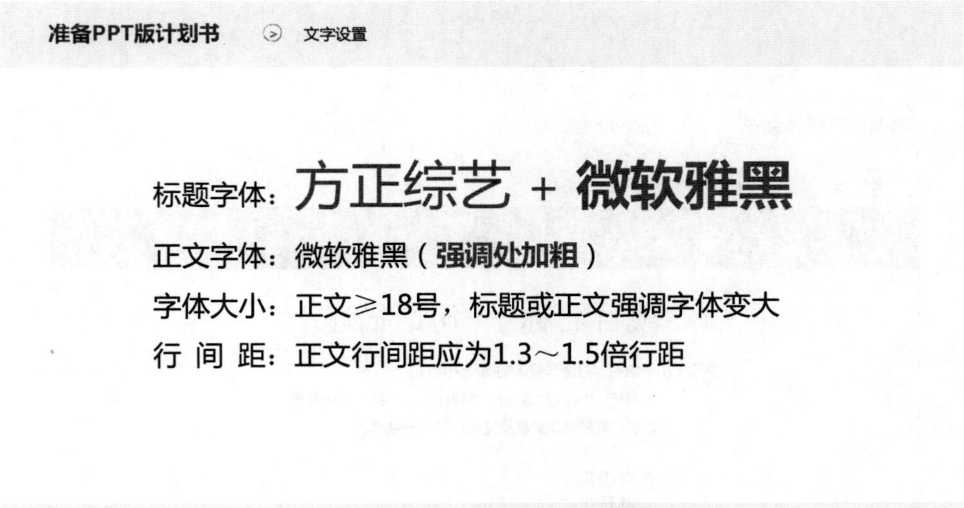

图 7-3　PPT 版商业计划书文字要求

（2）PPT 版商业计划书的常见结构

PPT 版商业计划书的常见结构见图 7-4～图 7-12。

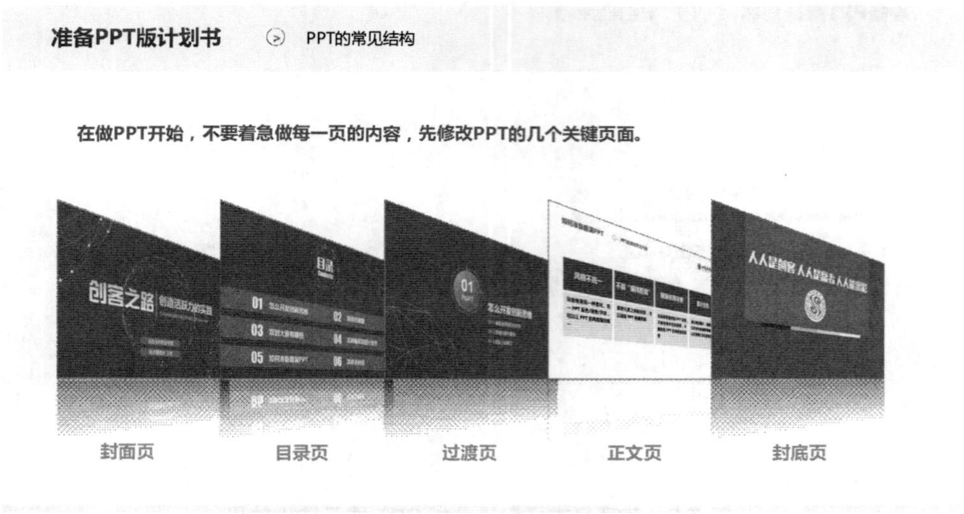

图 7-4　PPT 版商业计划书关键页面

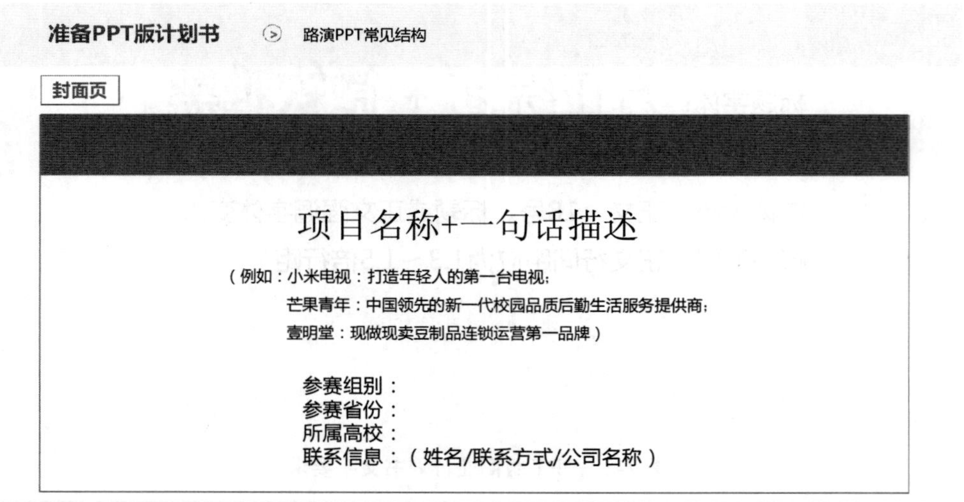

图 7-5　PPT 版商业计划书封面页内容

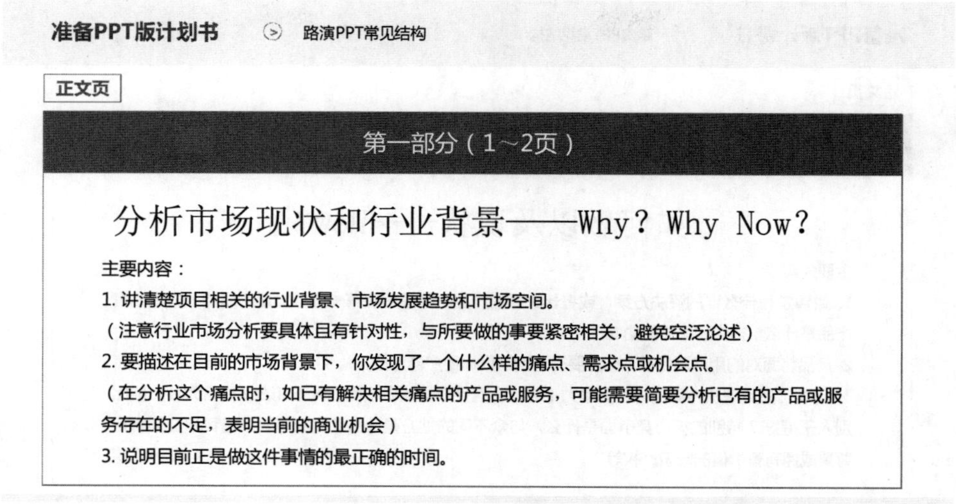

图 7-6　PPT 版商业计划书正文页内容之背景分析

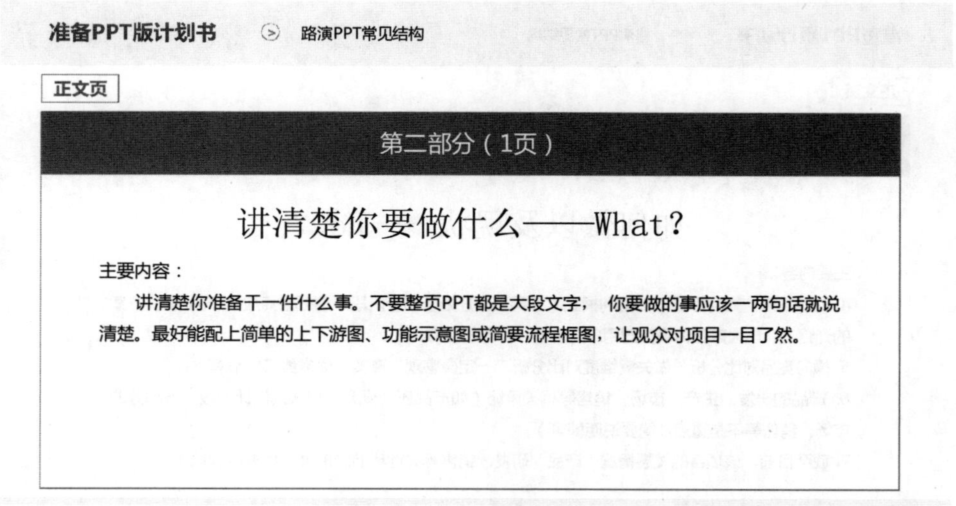

图 7-7　PPT 版商业计划书正文页内容之项目简介

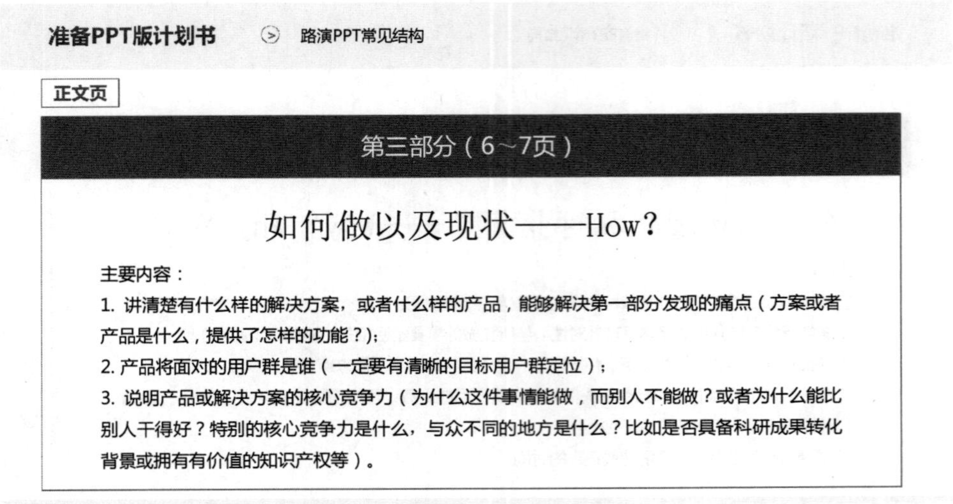

图 7-8　PPT 版商业计划书正文页内容之项目运营（1）

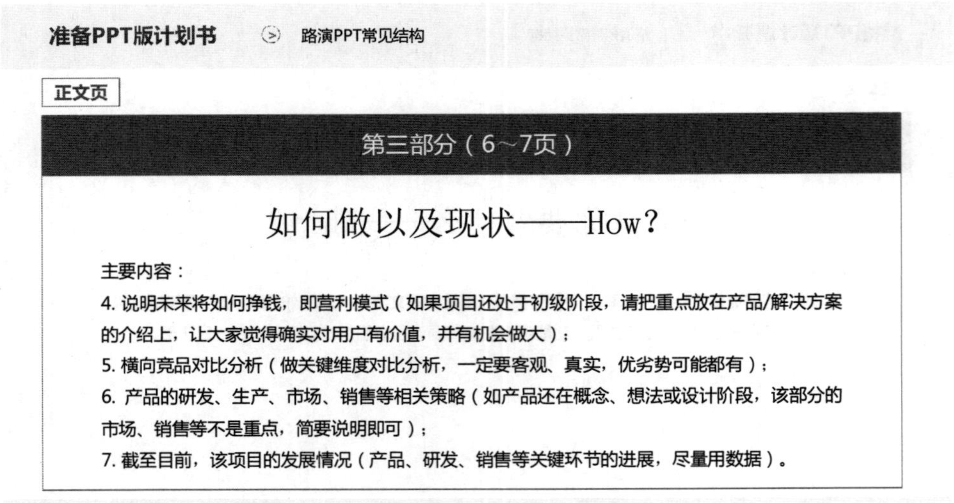

图 7-9　PPT 版商业计划书正文页内容之项目运营（2）

准备PPT版计划书　⊙ 路演PPT常见结构

正文页

第四部分（1页）

项目团队——Who？

主要内容：

1. 团队的人员组成、分工和股份比例；
2. 团队主要成员的背景和特长，并说明个人能力与岗位的匹配度；
3. 团队的核心竞争优势。

（要让听众相信为什么这个事情你们这个团队来做会更靠谱、更容易成功）

图 7-10　PPT 版商业计划书正文页内容之项目团队介绍

准备PPT版计划书　⊙ 路演PPT常见结构

正文页

第五部分（1页）

财务预测与融资计划——How much？

主要内容：

1. 未来1～3年项目收支状况的财务预估（针对较为成熟的项目可进行3～5年的财务预测）；
2. 未来6个月或1年的融资计划（需要多少资金、释放多少股份、用这些资金干什么、达成什么目标）；
3. 之前的融资情况（如果有的话）。

图 7-11　PPT 版商业计划书正文页内容之财务分析

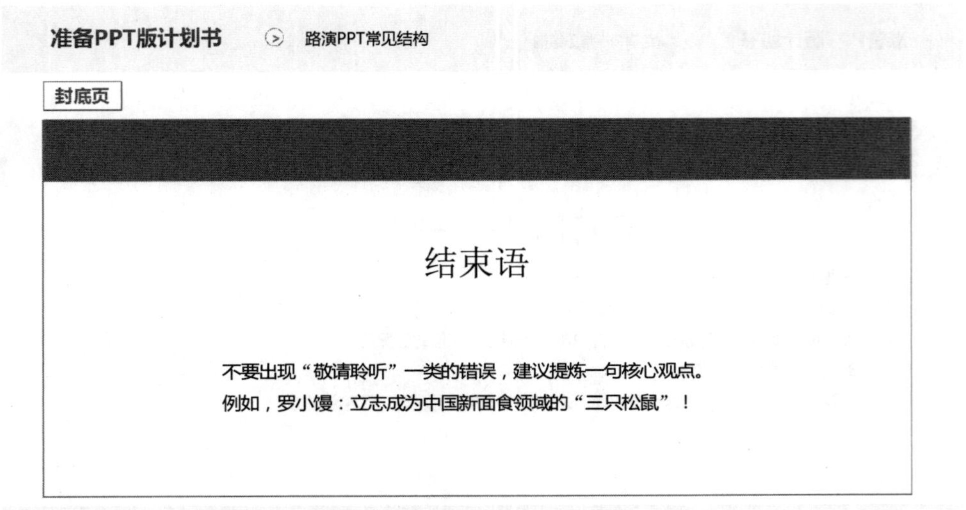

图 7-12　PPT 版商业计划书封底页

7.3.4　Word 版商业计划书构架

（1）摘要

摘要是对商业计划书的概述，也是对计划书基本框架（每个部分重要内容）及特点的描述。其基本功能是用来在短时间内吸引投资人的注意力，应着重突出行业与市场分析、产品或服务及其客户价值（特殊或独有商业机会）、获取成功的关键战略、管理团队、融资要求以及投资回报前景。用最简洁、最能打动人的语言加以描述（表 7-5）。

表 7-5　摘要结构及撰写技巧

<table>
<tr><th>摘要内容</th><th>撰写技巧</th></tr>
<tr><td>项目宗旨及概况</td><td rowspan="9">1. 切忌太长，不宜超过 2 页。
2. 切忌追求多而全，应该突出项目亮点。不能简单地将其理解为浓缩的章节摘要，而应该既能让读者对整体内容有一个大概的了解，又有吸引读者的亮点，从而有效激发读者继续阅读商业计划书的兴趣。例如，突出创新能力、产品和服务为客户所创造的新价值、项目的盈利能力等。
3. 文字字体、字号可适当突出一些，便于从视觉上吸引读者，方便读者阅读（尤其是对重点内容可用彩色文字、颜色加重文字或其他突出表达方式予以提示）。
4. 本部分可以在商业计划书主体内容完成后再撰写</td></tr>
<tr><td>商业模式即产品或服务</td></tr>
<tr><td>创新及时解决了用户的问题</td></tr>
<tr><td>巨大市场规模及潜在的远景</td></tr>
<tr><td>竞争优势</td></tr>
<tr><td>行动计划</td></tr>
<tr><td>能够支撑计划的管理团队</td></tr>
<tr><td>资金需求以及筹措方法</td></tr>
<tr><td>回报及能够看到的未来前景</td></tr>
</table>

（2）公司概况

1）基本信息

①项目公司与关联公司的关系以及基本信息。

②成立日期、发展历程、所属行业、业务范围、法定名称、所有制形式，办公地址、特许经营权、人员规模、硬件资源、技术力量、公共关系资源、生产能力，历史经营业绩等。

2）组织结构

①董事会：董事会背景及治理机制介绍（董事会成员资料可以以附件形式体现）。

②管理层构成：管理队伍构成、相关背景介绍，突出成员的技术、经验等优势（详细内容可在管理团队介绍部分重点阐述）。

③股权结构：描述目前的股权分配情况。

④各部门职能及经营目标：主要指公司组织结构的说明、重要岗位设立情况以及经营目标分解情况。

3）公司价值观及战略规划

主要指公司追求的愿景以及近期（至少是近 2 年的）战略规划，包括研发、生产、市场等方面的战略目标、规划。

4）专利技术与知识产权

①公司所拥有的专利技术与知识产权。

②专利技术的应用情况（主要指在具体产品或服务方面的应用以及表现出来的独有优势、创造的价值，尤其是对本项目所涉及产品或服务的支撑作用）。

③知识产权的保护策略。

5）场地资源与设施设备

主要指公司拥有的土地资源、设施设备等硬件方面的状况，包括设备的先进性、生产能力等情况介绍（如果需要进一步融资扩建、加大投入可做相关说明）。

6）协作与公共关系资源

①供应链合作：主要指公司在供应链方面的一些战略合作关系，如合作研发、委托加工、供应商战略合作、联合营销、售后服务支持等合作关系说明。

②外部智力支持：主要指公司与外部智力机构的合作关系等，如会计师事务所、律师事务所、顾问或咨询公司等。

③政府、媒体及社会资源：描述所获得或积累的行业政策支持、政府支持、媒体支持等资源。

表 7-6 为公司概况撰写技巧，可在撰写时提供参考。

表 7-6　公司概况撰写技巧

<table>
<tr><th>内容要点</th><th>撰写技巧</th></tr>
<tr><td>公司基本信息</td><td rowspan="5">1. 简明扼要，重点体现与项目紧密相关的信息，尽量控制在 2 页以内。
2. 一些重要但无法简单陈述清楚的内容，可采用附件形式予以补充。例如，公司组织结构图、知识产权清单、历史经营业绩、相关成果图片等。
3. 注意与后面内容的衔接，例如，团队成员、技术创新能力等方面的重要内容介绍，在本部分可简要描述，后面章节中再突出描述即可。
4. 关于公司发展历程，需要列出关键发展期，即公司如何实现转折、跨越式发展。其目的是让投资人了解公司的韧性以及成长力。
5. 关于历史经营业绩，主要描述公司过去的经营业绩状况、所建立的营销基础（相关历史财务数据、营销渠道数据可以以附件形式体现）。
6. 关于公司的战略规划，要求尽可能突出公司未来可完成的目标（关键阶段）的信息，让投资人能够清楚看到你们是如何完成计划书所规划的关键指标的</td></tr>
<tr><td>组织机构</td></tr>
<tr><td>价值观与战略规划</td></tr>
<tr><td>历史经营状况</td></tr>
<tr><td>各项资源情况</td></tr>
</table>

（3）项目描述（含产品和服务）

项目描述属于概述性内容，尽量言简意赅，其目的是让读者快速了解项目的性质及其背景、项目的商业模式及其商业理念、创业者对项目的热情以及获取成功的承诺与能力，让投资人树立信心。

具体描述内容包括项目的历史（发展阶段）、基本性质、项目（产品和服务）所创造的价值、市场前景、发展目标、获取成功的承诺与能力、目前财务状况以及经营主体概况。

需要注意的是，项目描述内容与整个商业计划书的摘要内容要有所区分，且侧重点不一样。前者侧重于项目背景、商业模式及其产品或者服务介绍，后者则侧重于整体商业计划的亮点阐述。

1）项目背景

①项目基本性质。

②项目的历史（发展阶段）及现状。

③项目产品和服务及其所创造的价值。

④市场前景。

⑤发展目标。

⑥获取成功的承诺与能力。

⑦目前财务状况。

2）产品和服务

需要注意的是：

①以下所列为内容清单，具体描述过程中可将其中重复的内容予以整合，如产品和服务介绍中的无形资产相关内容与研发及生产中的研发成果相关内容。

②整体突出产品和服务的基本信息、特征、优势及其独特的客户价值。

③研发及生产、储运、包装、服务与支持相关内容，是对产品和服务介绍的补充说明，撰写过程中应根据实际需求进行内容项目的选择，不要追求面面俱到（表 7-7）。

表 7-7　产品和服务撰写技巧

<table>
<tr><th>内容要点</th><th>撰写技巧</th></tr>
<tr><td>产品和服务基本信息</td><td rowspan="5">1. 对商业计划项目中产品和服务的内容及其创造的客户价值进行详细的阐述（一些技术含量高或者需要特别说明的产品和服务，可根据需要设立独立的章节进行描述）。
2. 多使用图表展示，如产品和服务介绍中展示主要产品的分类、名称、规格、型号、产量、价格等信息。
3. 部分重要内容，尤其是体现产品和服务的关键成功要素，可以以附件形式体现，如与产品和服务特色有关的质量管理体系、售后服务体系、成本控制体系等</td></tr>
<tr><td>产品特性</td></tr>
<tr><td>产品功能</td></tr>
<tr><td>产品生命周期</td></tr>
<tr><td>提供的客户价值</td></tr>
</table>

选择原则是突出产品和服务的优势及独特价值，突出影响产品和服务的关键成功要素，如研发能力、原材料供应、质量控制、售后服务体系等。

④研发及生产相关内容应该注意与研发与生产计划内容的协调，这里只需描述现状、突出亮点即可；包装相关内容，在后面营销计划中的产品策略部分可能会提到，这里不必展开描述；服务与支持相关内容在后面的营销计划中也会提到，若这里着重阐述，后面就不宜赘述。

⑤聚焦于现状，而不是未来。部分涉及未来计划、项目发展所需资源及资金、经营管理等方面的内容，可在商业计划书中后面的营销计划或者经营管理计划中再进行重点描述，这里只需要根据个人需求简单陈述或者不陈述。

产品和服务的具体内容如下：

①产品和服务目录。主要指产品的种类、名称、规格、型号、产量、价格等。

②产品特性、功能及提供的客户价值。

③产品生命周期。

④无形资产（商标、知识产权、专利等）。

⑤知识产权策略（与公司概况部分相关内容有重叠，这里仅指产品相关知识产权）。

3）研发及生产

①正在开发、待开发产品的简介（或者未来服务规划）。要求描述新产品或者服务的详细情况并突出为客户提供的新价值。

②以往的研发成果及其技术先进性。

③现有技术开发资源以及技术储备情况。

④资源及原材料供应。

⑤现有生产条件和生产能力。

⑥扩建设施、添加设备、要求及成本，扩增后生产能力。

⑦产品标准、加工工艺、质检（质量控制）和生产成本控制。

⑧健康、安全与环境（HSE）管理策略。

⑨研发计划（含资金、人员投入计划）、产量计划及时间表。

研发及生产撰写技巧见表 7-8。

表 7-8　研发及生产撰写技巧

<table>
<tr><th>内容要点</th><th>撰写技巧</th></tr>
<tr><td>目前研发能力</td><td rowspan="5">1. 位置安排及内容篇幅控制的原则：是否为项目成功的关键因素。
2. 重点阐述研发实力以及拥有的生产条件及生产制造能力。
3. 若研发成果较多，可用表格形式将其相关的突出成果进行陈列。
4. 注意与“知识产权、专利发明”部分相关内容的协调，避免重复。
5. 注意与“经营管理计划”部分的协调，因为研发管理、生产管理有可能涉及研发投入计划、生产计划、管理策略等内容，也可以列入经营管理计划范畴。
6. 注意与“产品竞争优势”部分的协调，由于研发内容所强调的技术、团队等优势有可能是项目的核心竞争力，因此应避免过多的重复，可以在本部分详细阐述其研发优势。
7. 选择影响项目成功的关键因素内容、突出项目的优势或者吸引读者的亮点内容，切忌面面俱到</td></tr>
<tr><td>技术资源优势</td></tr>
<tr><td>未来研发计划与管理</td></tr>
<tr><td>生产能力优势</td></tr>
<tr><td>未来生产制造计划</td></tr>
</table>

4）包装

包装工作需要使储运方和客户都相信你的产品会安全离开货架，且包装的设计与风格最好具有一定的差异化特征，这样可以快速对外树立良好的品牌形象，并获得客户的认同。

5）储运

包括现有的库存、储运条件，以及需要改善的要求、所需资源与成本。

6）服务与支持

详细介绍产品的售前、售中服务相关要求以及售后服务网络和用户技术支持。包括提倡的服务理念、服务标准、服务流程、服务质量体系、服务考核机制等相关内容（有关文件可以附件形式体现）。

需要注意的是，关于公司概况内容（公司经营主体介绍）若已在“（2）公司概况”部分中详细阐述，这里则无须重复叙述，但是可以结合项目背景内容强调公司的一些能力与资源优势。

（4）行业及市场分析

这里所指的行业及市场分析是广义的行业及市场分析，包括整个行业的发展现状及趋势分析、企业所在市场细分领域的发展现状及发展前景分析、竞争分析、项目发展

SWOT分析4个部分内容。

内容重点：行业大环境发展机会；细分市场发展前景；目标市场定位（包括选择目标市场的理由以及为什么目标市场中的客户将购买你公司的产品或服务）；竞争者对比分析（突出竞争优势）；结合SWOT分析得出总体结论（进入行业及市场的机会如何，具备哪些优势，存在哪些劣势与威胁，采取哪些策略来确保项目发挥最大优势、抓住机会并获取成功）。

1）行业分析

行业是指为市场生产和销售产品或者提供服务的公司群体，行业决定着同行与竞争者。这里所指的行业分析，是指企业所处行业大环境分析，而并非细分市场或者细分行业的分析。当然，分析过程中，应该尽量选择对所处细分市场或者产品和服务定位的目标市场影响较大的因素进行分析，而不要摘取一些大的行业分析报告内容，甚至加入一些与项目不相干的行业分析内容。

①行业发展历史、现状与趋势（包括行业市场前景分析与预测）。相关图表包括行业产值增长趋势图、行业近年投资热度分析表。

②行业准入与政策环境分析（包括进入该行业的技术壁垒、贸易壁垒、政策限制等分析）。相关分析工具为PEST分析法、五力模型等。

③对产品利润、利润率影响较大的行业发展因素，如行业的变化、政策的变化、技术的变革、竞争者的数量规模及成长速度等。

2）市场分析

市场是指产品或服务出售的地方，市场决定着机会和客户。这里的市场，实质上就是指产品或服务所定位的目标细分市场。市场细分是指营销者通过市场调研，依据消费者的需要和欲望、购买行为和购买习惯等方面的差异，把某一产品的市场整体划分为若干消费者群的市场分类过程。因此，这部分内容一定要讲清楚所选择的目标市场、选择该目标市场的理由，以及为什么目标市场中的客户将会购买你公司的产品和服务。

①目标市场定位说明（细分市场定位）。主要描述细分市场的特点：消费者结构特征（年龄、性别、学历、职业等）、分布区域、购买动机、购买习惯、购买需求、购买能力等；相关的分析工具为目标市场特征调查分析及策略制定、消费者分析工具。

②细分市场现状及需求预测。

市场发展现状：目前的消费者数量、销售额（含单位销售额与总销售额）、增长速度、目标市场供给情况以及竞争者分析（主要竞争者以及所占市场份额）。

市场增长空间：潜在消费者数量、预计销售额（含单位销售额与总销售额，根据市场的增长速度进行判断）、预计市场供给情况（竞争性）。

影响市场需求的主要因素（尤指良好的发展机遇）：行业变化、技术变革、竞争性、政策变化等。相关分析工具为有关细分市场消费者数量及产品销售额数据统计表、细分市场可行性分析。

③选择该目标市场的理由。市场增长空间以及市场机会如何？产品和服务如何满足市场需求？是否创造了新的客户价值？具备哪些竞争优势？（可结合五力模型分析、竞争分析、SWOT 分析的内容简要阐述）如果存在劣势或者面临新进入者威胁、替代品威胁等，将采取哪些策略获取成功？（可结合五力模型分析、竞争分析、SWOT 分析的内容简要阐述）未来 3～5 年的预计销售额是多少？预计市场占有率是多少？预计利润率是多少？（可以用表格形式呈现）

3）竞争分析

竞争分析，即行业垄断性以及主要竞争对手对比分析，其核心内容为竞争对手分析。竞争对手主要指在同行业生产相似产品或提供类似服务的公司，它们将对创业项目的成功构成威胁。全面了解竞争者，可以减少遭受失败的风险，同时还可以采取有效的竞争策略获取竞争优势。

通常需要了解：谁是直接和潜在的竞争者？自己的产品和服务与竞争对手的有什么区别？竞争对手对项目构成多大的威胁？竞争策略是什么？

①行业垄断态势分析。根据需要安排，大部分都不涉及行业垄断态势分析。行业垄断态势分析，要注意判断行业垄断的可持续性，因为随着政策或者行业市场的变化，垄断地位可能会发生变化。

②主要竞争对手分析（要求选取 5 家以上）。竞争对手概况（名单、所占市场份额、特征、基本信息）；行业内主要竞争对手分析，主要从细分市场的市场份额、增长速度、公司实力、研发能力、产品价格、产品质量、成本、营销渠道、客户群服务支持、管理水平等方面进行比较（可以以表格的形式进行比较分析）；竞争分析结论，公司产品竞争优劣势，并指出公司的竞争优势能够持续多久，主要利用竞争者分析相关工具进行分析。

需要注意的是，主要突出公司的竞争优势，抓住关键的竞争要素（如技术创新的高水平、产品质量的优越性、成本控制的优势、营销渠道的资源优势等）进行对比分析，从而得出公司具备较大竞争优势的结论。

③竞争策略或突破壁垒。针对竞争对手，尤其是针对竞争分析中存在的劣势，采取哪些策略、如何扬长避短、如何攻克薄弱点；如何突破进入目标市场过程中可能遇到的壁垒。

4）SWOT 分析

这里采用的 SWOT 分析，通常是采用 SWOT 分析工具将上述分析过程的项目优势、劣势、机会、威胁进行总结性分析，从而得出总体结论：进入行业及市场的机会如何，具备哪些优势，存在哪些劣势与威胁，采取哪些策略来确保项目发挥最大优势、抓住机会并获取成功。

①项目优势分析。例如，研发、团队、技术、产品质量、营销渠道等方面与竞争者比较，具备较大优势。

②项目弱势分析。例如，新创立公司品牌影响力弱、产品更新速度相对较慢、融资前生产硬件条件有待改善等。

③项目机会分析。例如，行业发展前景巨大、细分市场增长空间大、政策支持行业发展等。

④项目威胁分析。例如，行业新进入者威胁、替代品威胁、行业进入技术壁垒、贸易壁垒、资质要求壁垒、政策限制等。

SWOT 分析的结论如下：

目前，项目进入行业及市场的机会如何，与竞争对手相比，项目具备哪些得天独厚的优势，又存在哪些劣势；项目发展可能会面临哪些威胁，将采取什么样的策略来消除竞争劣势与发展威胁，从而构建竞争优势、抓住最佳机会并获取成功。

行业及市场分析撰写技巧如表 7-9 所示。

表 7-9　行业及市场分析撰写技巧

<table>
<tr><th>内容要点</th><th>撰写技巧</th></tr>
<tr><td>行业分析</td><td rowspan="4">1. 撰写前要做好充分的准备，具体包括 3 个方面：一是明确行业及市场分析的内容要点；二是掌握必备的行业及市场分析工具，如 PEST 分析工具、五力模型分析工具、竞争对手分析工具、SWOT 分析工具等；三是收集充分的数据与信息，甚至开展深入的市场调研活动，并撰写相关分析报告，如行业发展现状及趋势相关数据报告、市场细分领域调研报告、项目可行性调研报告、竞争对手调研分析报告等。
2. 明确主要目的，并紧紧围绕这条主线来撰写相关内容。
3. 多用数字、图表展示，如行业发展相关数据、细分市场潜在客户量数据、五力模型分析图、SWOT 分析图、竞争对手比较分析表等。
4. 注意与“内容摘要”“项目背景”中相关内容的协调，在前面的“内容摘要”及“项目背景”中可能会涉及行业及市场分析内容，但前面主要摘取行业及市场分析的主要结论及内容精华，本部分内容则是详细剖析整个分析过程</td></tr>
<tr><td>市场分析</td></tr>
<tr><td>竞争分析</td></tr>
<tr><td>SWOT 分析</td></tr>
</table>

（5）项目执行计划

这里的项目执行计划，实际上是公司的战略规划，具体包括公司总体战略规划、各项细分职能战略规划（研发与生产计划、营销计划、经营管理计划等）。实际上，本部分内容是在描述完公司概况、项目基本情况、产品及服务、行业及市场分析之后，提出项目将要实现的总体战略目标以及达到预期目标的具体实施方案。

1）总体战略目标与规划

①公司愿景与使命。公司愿景是企业为之奋斗的蓝图，是组织成员发自内心对组织

未来的一种远期追求，明确公司存在的理由、价值观以及战略目标。公司使命是指企业在社会进步和社会经济发展中所应担当的角色和责任，是企业的根本性质和存在的理由，说明企业的经营领域、经营思想，为企业目标的确立与战略的制定提供依据。

②近期战略目标与规划（未来 3～5 年）。在战略规划描述中，应突出项目的关键成功要素，不一定要按照表 7-10 所列项目内容撰写，不同企业关键成功要素（尤其是职能战略目标与规划）不尽相同。

表 7-10　战略目标与规划

财务目标/业绩目标	职能/能力战略目标与规划
1. 销售额	1. 研发及生产战略目标与规划
2. 利润	2. 财务战略目标与规划
3. 市场占有率	3. 营销战略目标与规划
4. 盈亏平衡点	4. 人才战略目标与规划
5. 资本周转能力	5. 公共关系战略目标与规划
……	6. 企业文化战略目标与规划
……	7. 社会责任战略目标与规划

2）研发计划

①研发能力方面：已有研发成果、新开发产品以及关键技术的先进性（包括技术专利、知识产权、获得奖励等）；参与制定产品或技术的行业标准和质量检测标准情况；国内外技术与产品开发竞争优势（与竞争对手比较）。

②研发资源及研发管理方面：目前研发投入情况（可列表说明每年购置开发设备、开发人员工资、试验检测费用、专利申请或技术资格认证费用以及与开发有关的其他费用）；现有技术团队以及技术专利储备情况；现有研发设备情况；现有研发合作资源情况（如高校、研究机构等，包括合作方式说明）；如何确保技术队伍稳定，如技术开发以及创新激励机制与措施。

③研发计划方面：为保证未来研发产品的质量、产品的升级换代以及保持技术领先地位，需要说明公司的技术研发方向、未来重点开发的产品、研发投入计划及管理措施。

未来技术研发方向说明，如重点领域、关键技术突破，要求说明具体的时间进度安排；未来重点开发的产品说明，如即将上市的产品、未来投放市场的创新产品，要求说明具体的时间进度安排；公司未来 3～5 年研发资金、设备与人才投入计划。

管理措施：主要指合作资源的继续拓展、技术队伍的激励、质量与成本的控制等相关说明。

3）生产制造

①生产制造能力方面。

产品生产制造方式：企业自建厂生产、委托生产或其他方式；

生产条件情况：地理位置、厂房及库房面积、环境及设施条件、交通、仓储、物流等；

生产设备情况：设备性质，专用设备还是通用设备；设备先进程度如何；设备价值多少，是否投保；设备生产能力如何，能否满足公司产品销售增长的要求等；

生产管理团队情况：生产管理人员、设备操作特殊技能人才储备情况；生产一线操作人员稳定情况。

②生产管理方面。

生产制造过程、工艺流程说明（简述，并附加图表予以呈现）；主要原材料、配件以及关键零部件的供应情况（进货渠道的稳定性、可靠性、质量、价格及周期，必要情况下可列出主要供应商的名单及其合作历史、优势）；

质量控制：描述生产过程中产品的质量管理体系，如供应质量控制、生产全程质量检测标准、生产制造及工艺流程规范与管理、质量改进等。如何确保生产效率与产品质量，成品率、返修率、废品率等的控制目标范围。

成本控制：描述产品成本与生产成本的控制措施，如何形成成本优势。

③生产计划方面。

一般要明确生产战略规划，并主要描述产量计划、未来3～5年的生产投入计划，以下所列其他内容仅供参考。其中的质量管理、供应商管理、成本控制、HSE管理等策略，应注意与上述“生产管理”部分内容的衔接，避免重复。

产量计划及时间进度安排；未来3～5年生产投入计划，如厂房扩建、生产线扩容、设备添加、设备更新升级、人才引进等；生产制造流程、工艺流程进一步优化；供应商管理策略；质量加强策略；成本控制策略；HSE管理策略。

4）营销计划

将产品或者服务销售出去，是创业项目成功的关键步骤。制订营销计划有两个重要意义：一是为团队明确行之有效的营销战略，并实现产品或者服务的成功销售，是商业计划书中不可分割的一部分；二是成功的营销策略以及优秀的营销能力可以大大增加读者的信任。

通常情况下，营销计划内容需要重点展开描述。商业计划书中的营销计划主要突出描述营销目标与规划、营销策略、客户服务、营销管理，公共关系等内容，完善的营销计划书还包括营销状况分析、SWOT分析、营销预算、营销控制等内容。

①营销目标与规划（预计市场渗透与销量）。明确未来3～5年销售需要达到的目标以及具体的市场开发计划，可按阶段分解总体目标。总体目标也可以用一些关键指标来

衡量：市场份额、有效销售率、实际完成率、潜在的购买者（用户）、总销售量（销售额）、每个购买者的购买量、平均购买价格、广告宣传（出版物）上宣传的目标数量、渠道商发展数量、品牌地位（品牌价值）。

需要注意的是，部分内容可能与战略规划中涉及的战略目标相同，但这里强调的是营销战略目标；可以用图表形式表达，并列出未来3～5年每年的预期目标。

②营销策略。营销策略主要包括产品策略、价格策略、分销策略、促销策略4个部分。

产品策略：常用的有产品的差异化定位、产品包装设计、产品组合策略等。

价格策略：产品销售成本的构成及销售价格制定的依据，影响价格变化的因素和对策。

分销策略：主要指建立销售渠道的策略与实施，分为直销和销售商。

促销策略：主要促销方式包括折扣优惠、礼品派赠、产品展示会、直投、与渠道商联合促销、活动促销等，要求对所采用促销方式的特点、具体内容、时间安排、作用以及预计产生的效果进行说明；广告宣传与公关活动包括广告宣传、资料宣传、自媒体宣传、公关活动、品牌活动等。

③客户服务。客户服务主要包括售后服务以及日常客户关系维护两个方面的内容。

售后服务：描述产品售后服务方面的策略与实施方案。如服务理念、服务标准、服务流程、服务管理体系。

客户关系维护：描述客户关系维护的主要策略，如客户满意度调查、客户需求调研、客户数据分析、客户开发与维护管理制度、客户关系拓展及维护活动。

④营销管理。营销管理主要包括营销队伍建设以及日常销售业务管理两方面的工作内容。

营销队伍建设：包括营销队伍现状、营销队伍建设计划、培训计划、配套的销售管理机制。

销售业务管理：这里主要指日常销售业务管理、销售资料统计、客户数据信息化、客户数据统计与分析、销售周期计算等。

⑤公共关系。通过公共关系的维护，在社会与公众心目中树立企业的良好形象；通过公关活动，与社会公众形成良好互动，树立品牌形象；定期与政府、媒体、研究机构等机构进行关系维护，借助第三方的力量将企业的声音传递出去；积极承担社会责任，构建利益共同体。

这部分内容与促销策略中广告宣传、公关活动等内容比较类似，但这里强调的是公共关系维护以及品牌形象的树立，而促销策略强调的是如何促进销售、如何渗透市场。如果这部分内容不多，可以整合到促销策略部分予以描述。

营销计划撰写技巧如表7-11所示。

表 7-11　营销计划撰写技巧

<table>
<tr><th>内容要点</th><th>撰写技巧</th></tr>
<tr><td>营销目标</td><td rowspan="5">1. 在撰写之前开展营销调研分析工作，例如，细分市场分析与预测、消费者分析、竞争者分析、产品分析、价格分析、渠道分析、促销分析等，其中部分调研分析工作，可结合行业与市场分析以及竞争分析同时进行。
2. 根据目前所掌握的最精准、最客观、最新的信息资料来制订营销计划。
3. 聚焦顾客。详细说明营销计划如何满足顾客需求、如何为顾客创造价值，又如何让顾客接受产品或者服务。
4. 突出策略组合。详细阐述你的产品策略、价格策略、渠道策略与促销策略，并明确执行进度表。
5. 说明营销计划的灵活性。需要表明自己的方案并非一成不变，可以对它进行审核和调整，而且可能会因为环境的变化、竞争对手的变化而及时调整，甚至作出根本性的改变。
6. 注意与文中其他部分内容的协调。例如，在“行业与市场分析”“竞争分析”“战略规划”等部分都可能涉及营销计划与营销策略的相关内容，尤其是营销规划本身，也是战略规划的重要组成部分。这里强调的是营销战略实施内容，因此，在这部分应着重就营销策略、客户服务、营销管理等计划工作展开描述。
7. 注意与前面行业与市场分析内容的衔接，例如，本部分中的营销策略是基于行业与市场分析、竞争分析、SWOT 分析提出的</td></tr>
<tr><td>营销策略</td></tr>
<tr><td>客户服务</td></tr>
<tr><td>营销管理</td></tr>
<tr><td>公共关系</td></tr>
</table>

5）经营管理计划

经营管理计划是指项目运营的日常工作计划以及指导这些工作的策略，是确保营销计划和整体商业计划获取成功的基础。

经营管理计划部分，应该突出描述其中那些支撑项目获取成功的关键因素，即影响为利益相关方创造经济价值回报的重要因素。例如，盈亏平衡点控制、原材料采购优势以及成本控制管理、生产或者营销过程中的技术革新、质量的管控、人力资源获取的便利性、有效的定价策略、优越的地理位置、优秀的管理团队。

①组织结构及公司治理。

组织结构设计：设立哪些机构或部门、配备哪些人员、各部门职能与经营目标。要求体现能够支撑未来公司战略与商业计划的组织结构。可用图表形式展示。

企业决策机制（程序）说明。

其他需说明的问题：公司是否存在关联经营和家族管理问题；公司与董事会、董事、主要管理者、关键员工之间是否有实际存在或潜在的利益冲突及其解决办法。

②管理团队介绍。若在其他部分或者独立的章节中已经详细介绍了管理团队，这里只需要简单强调团队优势即可。

③薪酬、福利与员工激励机制以及员工利益保障。

④人员招聘、培养与绩效管理计划。

⑤企业文化建设规划。

⑥知识产权管理。

描述企业对知识产权、技术秘密和商业秘密的保护措施。例如，签订保密协议、签订竞业禁止协议、知识产权及专利管理制度等。

⑦研发与生产管理计划。

突出描述为保证未来研发产品的质量、产品的升级换代以及保持技术领先地位，公司未来的技术研发方向、重点开发的产品以及具体的研发投入计划及管理措施。（此处无须展开，突出关键要素即可。详细内容见研发与生产计划部分）

⑧阶段目标、工作计划及项目实施进度。

⑨其他需要重要说明的内容。

经营管理计划撰写技巧见表 7-12。

表 7-12　经营管理计划撰写技巧

<table>
<tr><th>内容要点</th><th>撰写技巧</th></tr>
<tr><td>组织结构及公司治理</td><td rowspan="9">1. 突出描述那些支撑项目获取成功的关键因素，即影响为利益相关方创造经济价值回报的重要因素。例如，盈亏平衡点控制、原材料采购优势以及成本控制管理、生产或者营销过程中的技术革新、质量的管控、人力资源获取的便利性；有效的定价策略、优越的地理位置、优秀的管理团队。
2. 注意与“公司概况”部分的经营管理内容区分开来。“公司概况”中的内容是公司当前或者近期的状态，这里所列的则是未来支撑商业计划所需要的管理团队、组织结构以及配套的人力资源制度、薪酬方案、股权激励机制等。
3. 注意与其他相关章节内容的协调，切忌过多重复。例如，战略规划、营销计划、研发与生产、财务计划、管理团队介绍等，都可能设立了独立的篇章或者小节，在这种情况下，与其相关的内容应“点到为止”，突出项目获取成功的关键因素，更多地描述配套的人才引进计划、薪酬方案、股权激励机制等其他篇章没有谈到的内容。
4. 关于工作计划或者项目实施进度描述，需要注意以下几个问题：①只需涉及关键事件或者关键成果，不必叙述每一具体步骤及其相关细节。②关键成果应该是能够明确定义以及便于计量的结果。例如，产品试制模型完成、设备安装完成、市场测试完成、第一笔销售业务完成、市场占有率突破 10%等。③切忌使用具体日期，建议使用非特指日期，如第三年第一季度或者第几个月。④注意防患于未然，即对存在潜在风险的工作成果、重要事件或者难以预料的问题，要有所准备，并给自己留有一定的余地。包括制定危机应对方案，便于及时采取补救措施，以免影响正常的工作进程。⑤最好制订一个具有一定挑战性，同时又非常肯定能够实现的工作成果里程碑计划。这样的计划会让读者对你的创业计划充满信心，并留下深刻印象，同时也能够提高声誉</td></tr>
<tr><td>管理团队介绍</td></tr>
<tr><td>人力资源管理</td></tr>
<tr><td>企业文化管理</td></tr>
<tr><td>知识产权管理</td></tr>
<tr><td>研发与生产管理</td></tr>
<tr><td>盈亏平衡点控制</td></tr>
<tr><td>资本运作计划</td></tr>
<tr><td>阶段目标与工作计划</td></tr>
</table>

（6）财务预测与融资计划

财务预测与融资计划，可以理解为广义的财务计划，包括财务预测、投资分析、融资说明等内容。一个项目必须有健康的现金流以及获利的长期潜力，否则，项目的存在就失去了意义。因此，财务预测与融资计划是商业计划书内容的关键组成部分，因为它将项目的所有其他部分，包括商业环境分析（商业机会）、竞争性分析（竞争优势）、营销计划、经营管理计划和管理团队，都转换成了预期的财务成果。

本部分要求描述财务预测分析过程及其结论，具体包括财务假设、财务预测与分析（依据财务报表，着重进行损益预估、现金流预估、资产负债预测、盈亏平衡分析、资产价值分析、资产折现率规划，其中包括项目盈利能力分析、偿债能力分析、成长能力分析、营运能力分析等关键财务指标的分析）、项目投资效益分析、融资计划等内容。

1）历史财务状况

简单描述公司过去的财务状况，并突出经营成果，要求提供过去至少 3 年的现金流量表、资产负债表、利润表以及每年度的财务总结报告书。

需要注意的是，财务现状也是后面财务预测假设的基础，可以提高风险投资人对财务预测内容的信任度。

2）财务预测与分析

①利润表分析。

提供附件内容：未来 3～5 年预计利润表。分析过程中，可以编制一个简单的表格（表 7-13）。

表 7-13　未来 3～5 年预计利润

项目	基期	1 年	2 年	3 年	4 年	5 年
营业收入/元						
营业利润/元						
营业利润率						
净利润/元						
净利润率						

分析要点：强调和解释利润预测表中主要数字的重要性，这些数字是该项目 3～5 年内的营业收入、营业利润、营业利润率、净利润和净利润率。说明预计该项目何时开始营利以及未来的营利能力。

②现金流量表分析。

提供附件内容：未来 3～5 年预计现金流量表。分析过程中，可以编制一个简单的表格（表 7-14）。

表 7-14 未来 3～5 年预计现金流量

项目	基期	1 年	2 年	3 年	4 年	5 年
经营活动净现金流量						
投资活动净现金流量						
筹资活动净现金流量						
总现金流入量						
总现金流出量						
总净现金流量						

分析要点：描述公司现金流入流出的结构、真实的收益能力、净现金流的趋势和公司的成长性，并指出现金流出现峰值需要和峰值供应的时间，证明你的商业计划书已经考虑了现金流动的各种可能性。

③资产负债表分析。

提供附件内容：未来 3～5 年预计资产负债表。分析过程中，可以编制一个简单的表格（表 7-15）。

表 7-15 未来 3～5 年预计现金负债

项目	基期	1 年	2 年	3 年	4 年	5 年
流动资产						
非流动资产						
总负债						
流动负债						
非流动负债						
所有者权益						

分析要点：说明公司的资金来源、去向；公司的财务结构状况；公司的偿债能力以及营运能力。

3）融资计划

通过融资计划说明，投资人通常可以得到以下信息：

①融资需求。主要指项目的资金需求与使用计划，资金需求包括需求量、需求时间、资金用途、贷款方式等；使用计划是指如何使用这些资金。融资资金需求与使用计划除了简单的文字陈述，还可以用表格呈现（表 7-16）。

表 7-16　融资资金需求与使用计划　　单位：万元

项目	金额
生产设备	
厂房仓库建设/租赁	
办公设备	
人员工资	
制造费用	
购买原材料	
销售与管理费用	
总计	

需要注意的是，资金需求一般做一年的使用规划，即这一年项目要达成什么目标，达成这个目标需要什么资金，主要投入在哪些方面，具体如何分配使用。

②资本结构。需要对资本结构进行说明，包括原负债结构说明，并说明吸纳投资后的股权结构、股权成本（包括融资后将稀释多少比例的股份），如表 7-17 所示。

表 7-17　资本结构说明

股本来源、股本规模	某公司			投资人
	货币入股	技术入股	设备入股	
金额/元				
比例/%				
合计				

需要注意的是，股份稀释的比例最好不要超过 30%，追求公司与投资人的“双赢”，并兼顾后期融资及可持续成长；出资要符合相关法律的规定；注册资本不包含银行借款。

③回报与偿还计划。该内容已经在投资分析的投资回报期分析中进行了详细阐述，此处略作说明即可。但是，如果项目有贷款，需要就贷款偿还计划作出特别说明。

④投资人监督与管理权限。主要对投资人介入公司管理程度及界限进行相关说明。

⑤投资回报与退出。主要指对股票上市、股权转让、股权回购、股利等形式的说明。

股票上市：对公司上市的可能性作出分析，对上市退出的条件作出说明；

利润分红：对利润分红作出说明，投资人可以通过公司利润分红达到收回投资的目的；

股权回购：依照规定，公司实施股权回购计划应向投资人说明；

股权转让：投资人可以通过股权转让的方式收回投资，公司应对投资人进行股权转让的说明。

（7）项目风险与机遇

项目风险分析主要包括资源风险、市场不确定性风险、研发风险、成本不确定性风险、成本控制风险、竞争风险、政策风险、财务风险、管理风险、破产风险等内容，通过描述风险控制的策略与方法，让读者对你充满信心。机遇分析主要指项目面临的行业及市场发展机遇与良好前景，一旦战胜风险，项目所带来的机遇与无限的发展前景，将让投资人为之所动。

1）项目风险分析

描述项目可能存在的风险以及每项风险的控制策略，如常见的技术风险、市场风险、财务风险、生产风险、管理风险、政策影响风险等。

2）项目机遇分析

描述项目本身的发展机遇以及为投资人带来的高价值回报，如项目所在行业市场增长空间巨大、项目盈利能力强、政策环境利好等。同时，该项目如果能为投资人带来财务收益与其他回报，考虑项目存在的风险系数，更加值得投资人进行投资。

如果行业及市场分析、财务计划中对相关市场机遇、投资收益与回报内容已经进行了详细阐述，此处概述即可。必要时可以就风险概率与投资收益进行详细分析，并用图表呈现出来，让读者清楚地了解项目带来的机遇与回报远胜于项目存在的风险。

（8）管理团队概述

管理层在创业初期一般就是创业团队，而创业团队的情况正是众多投资人最为关注的内容之一，也是很多投资人通常会首先阅读的部分。因此，应该突出进行描述，并强调管理团队的整体优势。既可以在公司概况中突出介绍，也可以在经营管理计划中进行描述，本模板将其设立为独立篇章。

内容应突出团队核心成员的个人特长、相互弥补的整体优势以及已经取得的合作成就。关于管理团队成员的个人简历最好以附件形式体现。

1）管理团队介绍

对整个管理团队的综合性描述，可以让读者了解高效的创业团队是如何形成的，为了突出整个管理团队的优势，一般需要从以下几个方面进行描述：

证实管理团队的力量，描述团队中每位成员的知识、技能与经验是如何在集体中相辅相成的，是如何形成强大的技能组合的；

表达管理团队的文化与管理机制，描述团队共同认可的价值观、团队章程（管理规范），以及如何确保团队力量得以充分发挥；

强调管理团队的历史合作成果，这证明团队已经拥有成熟的团队合作经验，并且相对于一个新组成的管理团队，具有更大的竞争优势以及更高的成功概率；

必要时可以诚实地描述团队的弱点，并说明未来弥补团队弱点、提升团队整体能力的方案。

2）管理团队组成人员介绍

个人资料信息主要包括姓名、职务、性别、年龄、所持公司的股份或选择权、毕业院校、受教育程度、个人工作经历、专业水平、知识与技能、历史成果、业界影响力、创业态度与动机等。

可以附上核心成员的个人简历。即使读者可能已经对团队有所了解，但为了方便读者深入了解团队，也应该在商业计划书的附件中加入团队核心成员的个人简历。

描述管理团队成员或者个人简历，要求能够充分回答投资人关注的如下问题：

每位成员的工作经历，尤其是团队成员在本行业或者相关行业的经验情况，以及与本项目直接相关的经验，取得这些经验的证明人或者相关资质证书；

每位成员的知识与技能，尤其是拥有特殊技能的成员所带来的优势，从简历中能清晰地看到成员之间的知识与技能是否具有很强的互补性，同时也可以表明团队还需要补充哪些知识与技能的人才；

每位成员的历史成就，通过历史成就，再结合团队成员的知识、技能与经验，可以判断团队能否达成项目目标；

每位成员的业界声望，通过个人的业界声望可以知道团队成员是否正直诚实、是否勤奋、是否专注于事业、是否拥有坚韧不拔的毅力等；

每位成员的创业态度，通过创业态度，可以判断团队成员能否坚信自己的理念、能否保持战胜困难的信心、能否认识到风险并且对不可避免的问题采取正确的行动；

每位成员的创业动机，了解每一位团队成员的创业动机及其相似性，可以判断团队的凝聚力以及未来持续发展的潜力。

（9）附录

商业计划书的附录虽然不是商业计划书的主体内容，但其功能与作用不可小觑。附录是对商业计划书主体内容的有益补充，也是商业计划书中所陈述观点或者分析结论的重要依据，可以证明商业计划的可行性以及制作商业计划书的严谨性，帮助读者深入了解你想表达的观点，并提高读者对商业计划书的信任度与认同度。

最好对附录的内容进行分类，并突出重点（靠前放置），例如，管理团队成员简历、财务预测报表、行业及市场分析数据、商业计划书主文中需要补充说明的重要观点或者分析结论。同时，尽量使用图表，让读者轻松、快速掌握相关信息。

以下所列内容清单仅供参考，撰写过程中应根据实际需求予以安排。

1）专业术语说明

对于一些特殊项目的商业计划书，可能会涉及一些陌生的专业术语，有必要进行说明，以帮助读者更好地理解商业计划。

2）管理团队介绍

管理团队成员简历，包括管理团队所取得的历史成果或者突出业绩。

3）财务历史数据表、预测分析表

①历史财务数据表：包括资产负债表、利润表、现金流量表、固定资产明细表等。

②一般财务预测分析表：包括未来3～5年的资产负债表、利润表、现金流量表、销售收入明细表、成本费用明细表、薪资水平明细表、固定资产明细表等。

③财务指标分析表：财务盈利能力分析、项目偿债能力分析、项目成长能力分析、项目营运能力分析等。

④财务分析报告或者报告摘要内容。

4）营销方面

①企业客户名单。

②产品或服务有关信息。

③行业及市场分析数据及详细材料。

④产品、定价、渠道、促销分析资料。

⑤竞争分析数据及详细材料。

5）研发与生产方面

①知识产权、专利发明清单。

②研发所获认证、奖励证明。

③生产能力分析表或者相关补充说明。

④供应商名单及相关说明。

⑤生产作业指导书。

⑥工艺流程。

⑦研发与生产费用投入表。

6）经营管理计划方面

①部分重要的管理制度。

②部分重要经营策略说明。

③组织结构图。

④项目里程碑。

⑤项目实施进度表。

7）公司介绍方面

①产品样本及说明。

②公司现场图片（如生产现场、办公现场）。

③公司突出成果与荣誉。

④品牌活动图片。

⑤新闻报道、媒体采访剪报。

⑥公司企业文化说明。

⑦公司战略合作机构名单（具有竞争优势的）。

8）其他

其他对商业计划书中主文内容进行补充说明的内容。例如，项目风险分析、部分重要的分析工具说明等。

【实践作业】

1．生态环境专业实践。

围绕第 6 章所设计的商业模式和商业逻辑，完成一份商业计划书 PPT 版本和一份商业计划书 Word 版本，以小组形式路演，每组时长 5 分钟。

2．通用专业实践。

围绕第 6 章所设计的商业模式和商业模式迭代，完成一份商业计划书 PPT 版本和一份商业计划书 Word 版本，以小组形式路演，每组时长 5 分钟。

参考文献

[1] 杨光瑶．快速打动投资人：优质商业计划书精彩集锦[M]．2 版．北京：中国铁道出版社，2019.

[2] 席圣文. 从 0 到 1 创业课[M]. 北京：现代出版社，2017.

[3] 何建湘. 创业者实战手册[M]. 北京：中国人民大学出版社，2016.

[4] 朱素阳. 大学生创新创业大赛商业计划书设计关键技术研究[J]. 文化创新比较研究，2020（34）：190-191.

[5] 王歆，聂艳萍. 基于财务视角的大学生创业商业计划书探究[J]. 科技创业，2020，33（12）：98-99.

[6] 李佳. 创业教育翻转课堂教学设计研究——以“撰写商业计划书”教学单元为例[D]. 保定：河北大学，2017.

（扫码获取本章课件）

第8章　生态环境创新创业案例分析与实战训练

学习目标：

1. 提取出优秀创新创业项目成功实施的关键要点；
2. 能够展示创新创业学习成果。

学习要求：

1. 要求学生结合创新创业案例，理解并掌握生态环境领域创新创业核心理论与创新发展方向，对创新创业形成初步框架；
2. 要求学生通过创新创业实战训练掌握参与创新创业活动的基本技能。

在“大众创业、万众创新”的时代背景下，创新创业已然成为推动社会经济发展的重要驱动力。高校大学生作为创新创业生力军，企业作为科技创新重要主体，对凝聚社会多方力量，实现“坚持创新驱动发展、全面塑造发展新优势”的远景目标具有重要作用。

因此，分析总结大学生和企业创新创业成果，探析创新创业优秀案例对高校创新创业教育的启示及其创新发展的一般规律，能够有效激发大学生创新创业热情，让大学生将理论知识在实践中用到实处并创造价值，进而提高大学生创新创业成功率，完善创新创业教育生态“闭环”模式。本章从历届“北控水务杯”中国“互联网+”生态环境创新创业大赛中选取了含高校、企业两个维度的创新创业案例，并以创新创业大赛为主线，通过“确定选题”“组建团队”“撰写PPT”“项目实践”“路演对接”五大实战训练内容，帮助参与者明确参与创新创业大赛的基本流程，并为其提供一些在创新创业实践中的实战经验和技巧方法。

8.1　“北控水务杯”中国“互联网+”生态环境创新创业大赛项目案例

本部分内容共选取了3个案例，第1个是高校项目，属于院校科研成果；第2个和第3个为企业创业项目。

8.1.1　案例一：颠覆传统的绿色污水处理技术领航者

"颠覆传统的绿色污水处理技术领航者"，选自"北控水务杯"第二届中国"互联网+"生态环境创新创业大赛冠军项目。该项目是为解决污水处理中负荷低、能耗高、污泥处置难等问题，以新型水处理工艺即微生物电化学污水处理技术为基础构筑的一体化污水处理设备。

（1）项目介绍

本项目基于微生物电化学技术（microbial electrochemical technology，MET），寻找有效的污泥减量化方法实现源头上的污泥减量，并在提升污染物负荷的同时极大降低运行能耗。

该技术具有微生物、电化学、材料等多学科交叉渗透的典型特征，完美融合好氧、厌氧两种工艺，对高分子量、毒性较强以及难以降解的有机污染物的分解去除具有非常显著的效果。2004 年，Liu 等开发了空气阴极微生物电化学系统，并提出了污水处理和同步电能回收的理念，从此 MET 作为潜在的污水处理技术受到广泛重视。本项目是以同步污水净化与污水中能量回收利用为核心，充分运用微生物电化学系统（microbial electrochemical system，MES）原理（图 8-1），由哈尔滨工业大学师生依托"城市水资源与水环境国家重点实验室"和"城市水资源开发利用（北方）国家工程研究中心"两大国家级研发与转化平台，历经 17 年潜心探索形成的科研成果。

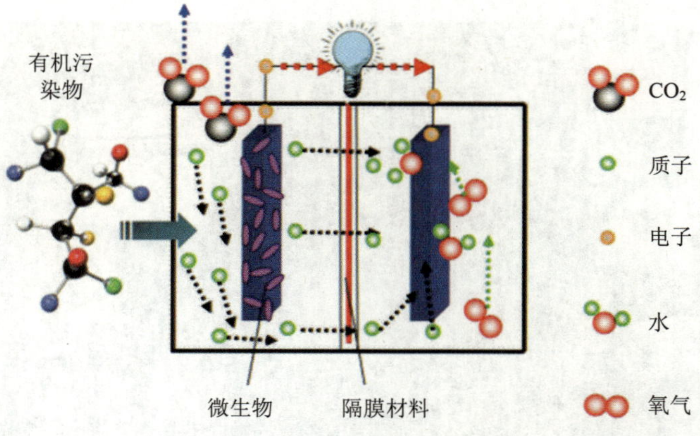

图 8-1　微生物电化学系统原理

（2）产品服务

1）产品定位

项目所涉及的"微生物电化学污（废）水净化同步能量转换与利用的技术与装备"，

以能量自持运行协同的污水净化为工艺目标，基于电化学促进的微生物代谢强化理论，通过模块化的构筑体系，实现污水处理过程的绿色循环，可最大限度地降低污水处理过程中的能耗，降低污泥产率，节约时间与空间成本。

其主要针对包括生活污水、制药废水、养殖废水和食品加工废水等各分散式污水处理项目，解决传统污水处理工艺水处理耗时长、污染物负荷低、能耗巨大以及剩余污泥产量高等弊端。能够满足城市、县城、村镇等主体的分散式或小规模集中式水处理市场需求。同时，项目以 MES 主导的污水处理工具包能够针对不同场景提供整体解决方案，实现污水处理过程的低碳、高效、资源化与能源化的目标。

2）关键技术

①微生物电化学技术的颠覆性。项目的核心技术为 MET，其在降解有机物的过程中具有明显的颠覆性，包括正常的细胞呼吸链的阻断和电子的空间隔离。该技术通过电子收集体的介入，基于阳极微生物的胞外电子传递过程可将有机物分解过程释放的电子导出，从而刺激细胞代谢活性，实现促进污染物分解的目标。同时，导出的电子在阴极与受体氧结合，实现能量的转移，使得在消耗有机底物的同时，控制污泥量的产出。

②微生物电化学污水处理系统装备化。项目所研制的一体化电极分置式 MES 设备置于装配电系统、泵系统和光系统的可移动箱内，如图 8-2 所示，其整体安置于污水处理厂的初沉池与曝气池之间。整个装备的工艺核心为 MES 池，通过模块化交替式电极和能量收集与转换再分配单元，在实现污水高效处理的过程中，实现污水中富含的化学能的提取与再利用，以满足系统自持运行或者抵消部分运行能耗（图 8-3）。

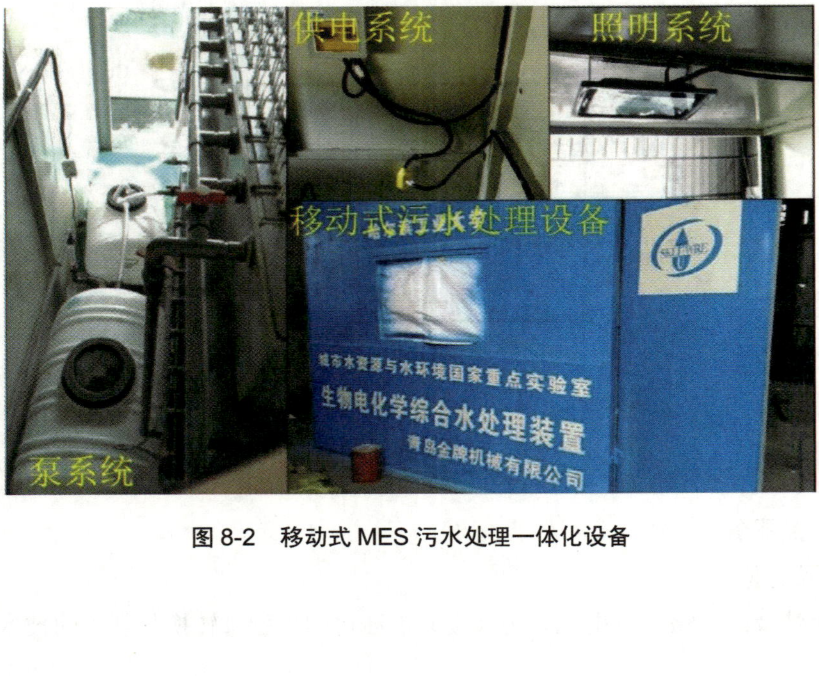

图 8-2　移动式 MES 污水处理一体化设备

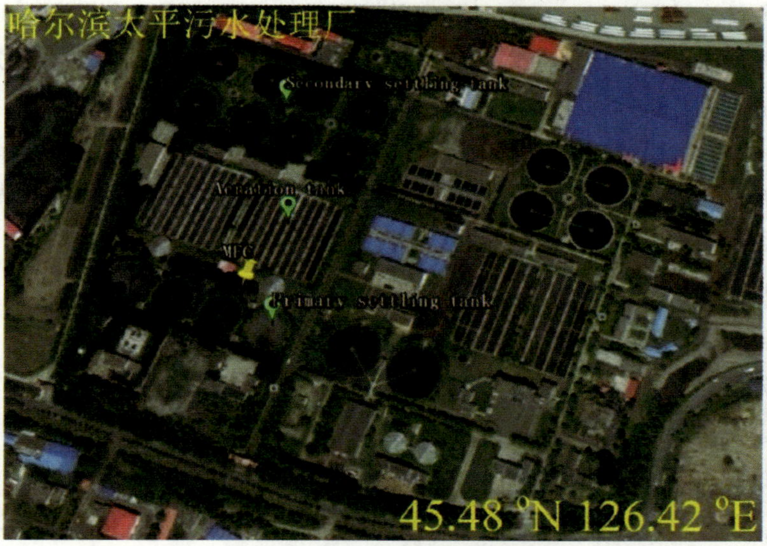

图 8-3　设备测试场地

3）盈利模式

①产品：产品一次性销售收入，如关键设备的一次性销售。

②服务：工程技术服务收入，如工艺设计、工程调试、技术升级等。

③技术：基于精准调控技术的实时监测与工艺诊断技术等。

4）营销策略

在致力于产品销售和工程技术服务的同时，注重品牌战略。根据技术产品特色，确定短期内打开市场的主要客户群。项目目前主攻处理低强度生活污水，且对处理时间与效果有较为严格要求的客户。在代表性行业中建立 1～2 个示范点，然后逐步推广。由于所开发的项目产品具有高技术性特点，科研技术人员将与营销人员密切合作开拓市场，一部分科研人员可直接担当公司的推销员。利用公司科技人员较多的特点，可针对客户的特殊需求开发交钥匙型成套系统，不仅能开拓新的客户群，还可以形成主打产品的衍生产品系列。

本技术产品在污泥处理市场上份额不断扩大：进入期，高品质定价，奠定良好的市场基础和企业形象；成长期，稳定价格，树立品牌形象，逐步提高市场占有率；成熟期，适当降价，扩大市场覆盖面。此外，本项目拟通过环保展销会、行业会议、现场示范等方式进行营销；争取入选生态环境部推荐的环境污染防治新技术名录，以申报住建部和国家发展改革委示范工程的方式不断彰显本技术的高科技特点，促进推广应用。

5）发展战略

项目目前已经完成了中试系统的测试，其一体化设备表现出了非常好的性能。在长久发展上，项目将投入市场，成立公司，并期望推动分散式污水净化领域实现跨越式发展，努力向高新技术企业靠拢。初期以科研成果积累获得企业生存，中期以企业业绩进一步集聚科研力量，后期实现科技创新成果与企业实力的和谐发展。

在新发展阶段，将注重企业技术产品的系列化、专业化并实现标准化生产，靠赢得广泛客户扩大市场份额，同时靠不断升级且精确的关键调控模块以及数值模拟预测的技术服务争取利润。针对市政领域和主要工业行业推出各种规格产品和技术，快速从开拓市场发展到占领市场。从单纯的提供反应器设备、产品，逐渐过渡到提供全套工程服务，以取得更大利润。

（3）优势亮点

1）技术优势

项目基于 MES，具有五大技术优势：第一，污水处理效果佳，冲击力强；第二，剩余污泥产率低，污泥处理费用降低；第三，污水处理流程短，可实现一体化碳、氮同步处理达标；第四，自驱动运行能量回收，能耗大幅降低；第五，模块化设计，结构灵活缩放，适应性极强。综合五大技术优势，能够很大程度上解决污水处理难题，满足国家重大需求。

2）资源优势

项目依托于“国家级应用基础研究平台——城市水资源与水环境国家重点实验室”和“国家级水环境综合整治研发转化中心——城市水资源开发利用（北方）国家工程研究中心”两大研发基地。前者注重基础理论研究，是污水处理技术研发基地；后者强调技术转化与落地，是国家级“产学研用”转化平台。两者相辅相成，为项目提供了有力的开发与转化基础。

3）模式优势

在项目发展中，采用“产学研用”深度融合新模式，依托北控水务集团、国家工程研究中心、水资源与水环境国家重点实验室，以及学科领域带头人、企业专家、教授、在研硕（博）士等群体，与国家重大专项、重点研发计划、国际科技合作、重大横向课题等进行紧密合作，解决院校科研创新成果无人接手、“卡”在实验室、信息不互通等诸多问题。对推动构建“产学研用”协同创新的生态体系，提供了良好的典型经验。

（4）综合评述

本项目作为院校科研成果，在市场空间、核心能力、外部资源、应用场景和实际效果上都有首屈一指的优势，尤其是核心技术的领先性、较强的技术壁垒以及对细分市场的充足把控力，都能够推动项目走得更远。但 MET 作为新一代的污水处理技术，目前还处于由中试示范向商业化过渡的阶段，具有诸多的挑战性。因此，还需立足近期、着眼长远，加大力度推动“产学研用”深度融合，并不断研究，以更好地推动 MET 在污水治理中的应用，真正实现科研成果的落地转化。

8.1.2　案例二：高浓度超微气泡发生装置的研发及应用

"高浓度超微气泡发生装置的研发及应用"，选自"北控水务杯"第二届中国"互联网+"生态环境创新创业大赛亚军项目。该项目通过纳米级别小气泡快速吸附并分解水中有机物，从而净化水质，改善环境。项目在 2015 年已完成工商注册登记，企业名称为"宁波筑鸿纳米科技有限公司"（以下简称筑鸿纳米）。

（1）项目介绍

"高浓度超微气泡发生装置的研发及应用"为筑鸿纳米自主研发项目。该公司是由宁波市政府和江东区政府共同注资的高科技环保类企业，2015年11月入选宁波市江东区（现鄞州区）"新城杯"创业团队项目，2016 年 10 月入选宁波市"3315 计划"项目，2020 年 12 月获评国家高新技术企业，2020 年入选国家人才计划。筑鸿纳米专注于超微气泡及相关领域的研发及应用，基于国际领先的超微气泡发生技术，以水体治理、养殖增氧、环境消毒、医疗设备为主要方向，逐渐推进以高新技术产业代替传统低效高耗能生产方式，实现迅速提高处理效率，大幅提升气液混合传质效果，为中国水环境的改善、空气环境净化、人类健康生活质量的提高提供有力保障。

1）荣誉资质

公司目前已取得 2 项商标、2 项发明专利、9 项实用型专利。获得"2020 年全球海洋人才创新创业大赛"一等奖、"第四届创客广东大赛"企业组三等奖、"第十四届中国留学人员创新创业大赛"优胜奖、"第七届中国创新创业大赛"宁波赛区优秀企业奖、宁波市"海高会"优秀会员等荣誉。

2）企业文化

企业文化：在追求全体员工物质和精神两方面的幸福的同时，为中国的青山绿水以及居住在这里的人们创造美好的生活贡献力量。

企业愿景：成为能够满足全球客户需求，中国纳米气泡领域中最有影响力的企业。

价值观和行为准则：时刻保持"诚信""谦虚""胸怀大志，排除万难"的态度，诚实、认真地回报社会给予的信赖；不断挑战新的领域，不断突破各种困难，大胆开创走在时代前列的事业；保持"自由""公平"的传统，最大限度地发挥公司与个人的力量；在自我提升和主动热情的基础上，培育充满创造力和责任感的均衡型人才。

（2）产品服务

经过研发及终试，产品从第一代的 1 喷头便携式，到第二代的 5 喷头大流量集成式，流量效率提高了 5 倍以上，第三代产品在实现大流量的同时，产品结构进行了大幅优化，可以实现前后、左右、上下 6 个方向大面积覆盖，将整个水体立体循环。当年产品技术研发取得了突破性进展，纳米级别气泡数量由 4 400 万个/mL 提升到 2.4 亿个/mL。第四代新产品也已经开发成功，可实现批量生产。该项目主要以产品研发销售为主，以定制化服务方案为辅。

1）纳米气泡技术

该项目所使用的超微气泡技术，可以代替已经沿用近20年的溶气方式，被业内专家称为颠覆性技术。通常将直径50 μm以下的气泡称为微纳米气泡，而把直径1～1 000 nm的气泡称为纳米气泡。纳米气泡与一般气泡的对比如图8-4所示。研究发现，当气泡小到纳米级时，会产生一些不同于常规气泡的独有特性，如气泡表面带有负电荷、水中滞留时间长、氧传质效率高、产生大量羟基自由基等。微纳米气泡的特性引起了很多学者的关注，并已将研究应用到医学、工矿业、农业、环保等领域。微纳米气泡技术早在20世纪90年代就应用于水产领域，由日本科学家首先研制出微纳米气泡发生设备，并应用于牡蛎和扇贝养殖，取得了良好的效果。之后，循环水养殖系统水处理单元的悬浮颗粒物去除、微藻细胞的采收等也涉及该技术，但这些应用中的微纳米气泡基本处于微米级，纳米级气泡数量相对非常少。随着气泡发生装备技术的不断进步，国内现在已能生产具有独立知识产权的微纳米级气泡发生装置。

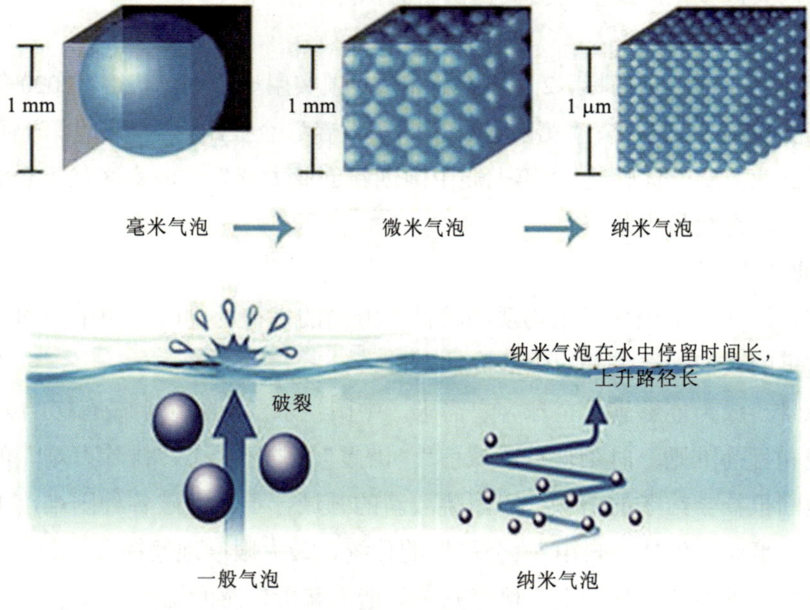

图8-4　纳米气泡与一般气泡对比

纳米气泡可以自行收缩，内部压力趋向于无限大，最终破裂产生“压坏反应”。在破裂瞬间，高浓度离子将积蓄的化学能释放，激发产生大量的羟基自由基，可降解水中正常条件下难以氧化分解的污染物，如苯酚（C_6H_5OH）等。在标准状况下，气体溶解度很难达到饱和溶解度以上，而微纳米气泡由于其内部的压力高于环境压力，可迅速提高气体在水中的溶解度。并且纳米气泡几乎不受浮力影响，气泡与水的接触面积大幅增加，接触时间延长进一步提高了净化效果。这种方式代替水处理中传统曝气方式，可以降低能耗、提升污水处理效率、减少设备占地，从而助力于实现产业升级。

二维面光源观测超微气泡及其表面带电荷现象如图 8-5、图 8-6 所示。

图 8-5　二维面光源观测超微气泡分布

图 8-6　超微气泡表面带电荷

2）纳米气泡发生装置

筑鸿纳米科技的纳米气泡发生装置有 4 种主要形式，其水体处理效果普遍具有低功耗、高效率、无噪声、不易堵塞、高度集成等特点。

一是小型沉水式超微气泡发生装置，如图 8-7 所示。主要用于小型水体、小型污水处理净化槽。设备开启后，可立即产生大量超微气泡，全面覆盖整个水体。设备能够通入其他气体，如纯氧、氮气等；可完全沉入水中使用，配以进口水泵和金属网架，运行稳定，防腐性能良好，整体尺寸小巧轻便，无噪声，入水后接电即可使用，操作简单灵活；可长时间运行。

图 8-7　小型沉水式超微气泡发生装置

二是陆地式超微气泡发生装置，如图 8-8 所示。主要用于河道、公园景区水榭、家庭水池、污水处理净化槽、水产养殖池、水产暂养池。设备开启后，立即产生大量超微气泡，全面覆盖整个水体。可通入其他气体，如纯氧、臭氧、氮气等。此设备无噪声，无须配鼓风机，运行稳定，防腐性能良好，整体尺寸小巧轻便，拆装方便，机动性高，操作简单灵活。

图 8-8　陆地式超微气泡发生装置

三是大型沉水式超微气泡发生装置，如图 8-9 所示。主要用于河道、公园景区水榭、家庭水池、污水处理净化槽、水产养殖池。设备开启后，立即产生大量超微气泡，全面覆盖整个水体。可通入其他气体，如纯氧、臭氧、氮气等。可完全沉入水中使用，运行稳定，防腐性能良好，安装方便，无须铺设管路，水下运行无噪声，不影响河道表面景观，入水后接电即可使用，操作简单灵活。设备须放置在水下使用，可长时间无故障运行。

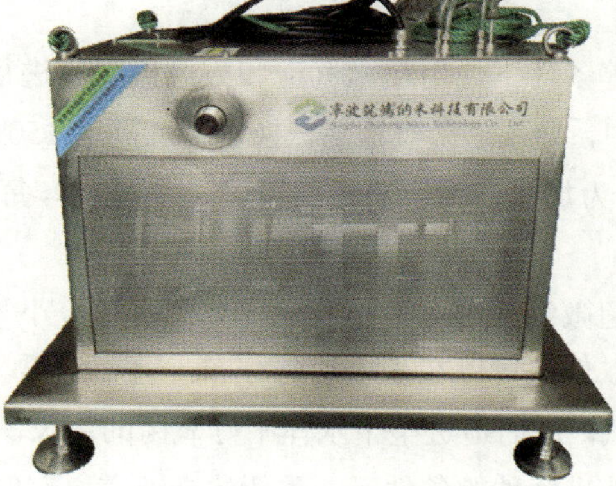

图 8-9　大型沉水式超微气泡发生装置

四是超微气泡发生器，如图 8-10 所示。主要用于公园景区水榭、家庭水池、城市内河水质提升、中小型水产养殖池、中小型污水处理净化槽。须配套动力源，如陆地式水泵或潜水式水泵。设备可通入其他气体，如纯氧、臭氧、氮气等。超微气泡发生器采用高防腐材料，耐腐蚀性能卓越，运行中不易堵塞，维护成本低。入口处和出口处都配有英制螺纹，安装方便。设备可横向、纵向、斜向使用，可长时间运行。

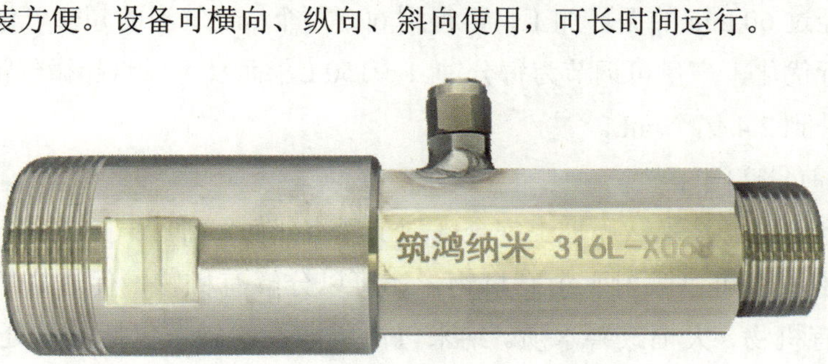

图 8-10　超微气泡发生器

（3）优势亮点

1）技术创新

①不添加任何化学物质。通过本装置，可在短时间内提高水中氧气浓度，制造超微气泡以及将超微气泡注入水中的过程100%为物理反应，不添加任何化学物质，对原水水质、水中生物及周围环境完全零污染。

②迅速提高溶氧度。在水中注入超微气泡后，水中含氧量迅速提高，且保氧时间长，进而促进水中好氧菌生长，进一步分解水中有机物，水质改善效率大幅提高，时间大幅缩短。

③节能减排。在同等条件下使用超微气泡和鼓风机曝气进行对比，能耗大幅节约。如在水产养殖使用过程中，导入超微气泡后，换水量从高达150%降低到40%。不仅大幅降低用水成本，还节约了为加热换水所消耗的用煤、用电成本，每天节约能耗成本约3 000元。

④主动净化水质。超微气泡可以将小气泡释放到水底，小气泡随着水流运动，由于气泡浮力几乎为零，所以气泡可以在水中均匀分布，且不上浮。超微气泡可主动对中层水和下层水进行充分增氧，进而促进整个水体中好氧菌的生长，同时改善河底底泥状态，这样可以实现在不引入外来菌种的条件下，重新建立河道原有的生态系统。

⑤气泡直径极小。该设备制造的超微气泡直径极小，可达到1×10^{-8}～5×10^{-7} m，其中以100～200 nm的居多，可达50%以上。

⑥技术世界领先。实现了超微气泡发生装置结构方式和内部构造的改善，这样进一步提高了超微气泡水的浓度。与上一代产品相比，每毫升的气泡数量提高了至少一个数量级。远优于国外超声波注氧或电解注氧等低效方式。

⑦产品性能得到大幅提高。初级产品的生产方式为单管多次循环加工，生产200 L超微气泡水要经过60 min的循环加工，可得到600万个/mL气泡的超微气泡水。2017年公司将结构进行优化，产量可调节为每分钟 1～150 L，而且可以将超微气泡水中纳米级别气泡数量提升到2.4亿个/mL。

2）市场前景广阔

纳米气泡水这一技术从原理上完全区别于现有任何一种曝气方式，气泡可以达到纳米级别。气泡不但可以吸附水中有机物，还可以分解有机物，促进好氧菌生长，从而进一步分解有机物，大幅改善水质。纳米气泡所涉及的领域包括污水处理、河道治理、水产养殖等任何可以用传统鼓风机曝气的场合，同时在医疗、农作物灌溉增产、健康饮料、半导体清洗等诸多领域得以应用。以河道治理为例，河道黑臭是河道治理中的主要问题之一。目前，我国城市黑臭水体治理已初见成效。生态环境部相关统计数据显示，截至2019年年底，全国295个地级及以上城市（不含州、盟）共有黑臭水体2 899

个，消除数量 2 513 个，消除比例为 86.7%。其中，36 个重点城市（直辖市、省会城市、计划单列市）有黑臭水体 1 063 个，消除数量 1 023 个，消除比例为 96.2%；259 个其他地级城市有黑臭水体 1 836 个，消除数量 1 490 个，消除比例为 81.2%。整体来看，我国城市黑臭水体治理取得积极进展。生态环境部《关于 2020 年 1—9 月水环境目标任务完成情况的函》显示：山西、黑龙江、广东等 15 省（区、市）部分城市黑臭水体消除比例低于 90%，治理进度滞后。因此，城市黑臭水体治理仍有诸多突出问题，再加上 2019 年 7 月发布的《关于推进农村黑臭水体治理工作的指导意见》，要求在 2035 年前基本消灭农村黑臭水体，可见河道治理工程在农村及非建成区黑臭水体治理及黑臭水体运营维护上仍有较大需求。

3）核心人物能力突出

该项目的发起人即公司的董事长兼研发总监，负责公司项目研发和运营管理工作。该负责人于 2003 年赴日求学，并于 2011 年毕业于日本国立筑波大学，主要研究方向为水理学、能源工学、海洋环境学。在日本工作后，被委任到公司最重要的战略企划部，共同参与医疗、高分子氢气水（水素水）健康饮料、水产养殖、农作物增产等领域的研发及市场拓展。掌握先进技术的他，在新技术研发、质量和生产管理等方面，都以专注和极致的匠人精神对产品进行严苛的审核，经过几年的不懈努力，筑鸿纳米的品牌影响力迅速提升。此外，在公司团队构成上，成员分工明确、敢闯会闯、能力突出，凝聚了行业专家、学者等高学历、高素养、高执行力的超微气泡发生装置研发和推广人才。

4）应用成果实效性强

该项目由于技术的先进性，在河道治理、工业废水、环境消毒、水产养殖、公园景区等方面均得到了良好的验证。

在河道治理方面，典型案例为 2017 年纳米气泡（超微气泡）在宁波市北仑区老贺村内河的治理（图 8-11），数据分析显示，使用纳米气泡（超微气泡）发生装置 2 个月后，检测水质由劣Ⅴ类水提升至Ⅴ类水标准，COD 参数达到Ⅲ类水标准。赤虫完全消失，透明度大幅提高，大量鱼群洄游。

在工业废水治理上，典型案例为 2017 年纳米气泡（超微气泡）在象山威霖一家企业的工业废水治理（图 8-12），数据分析显示，使用前平均 COD：进水 619 mg/L、出水 249 mg/L，去除率为 60%；使用后平均 COD：进水 553 mg/L、出水 104 mg/L，去除率为 81%。用筑鸿纳米超微气泡发生装置代替传统罗茨鼓风机曝气进行水处理，能耗降低 25%，去除效率提高 35%。

（a）使用前效果状态

（b）使用后效果状态

图 8-11　2017 年 3—5 月宁波北仑老贺村河道筑鸿纳米气泡曝气设备使用前后效果对比

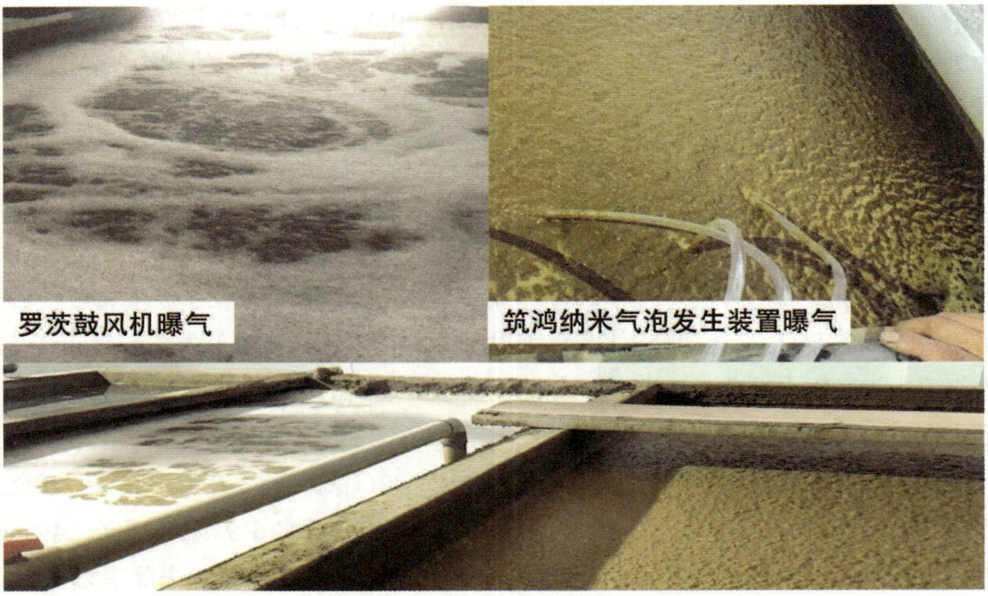

图 8-12　2017 年 9 月象山威霖罗茨鼓风机、筑鸿纳米气泡发生装置曝气运行 20 min 效果对比

在公园景区水质治理上，典型案例为 2019 年纳米气泡（超微气泡）在宁波市月湖公园景区水则碑附近的治理（图 8-13）。设备使用前，水体浑浊，呈乳白色，为劣Ⅴ类水；

使用 11 d 后，水质迅速提升，水质明显改善，各项指标均达到地表III类水标准，检测 COD 指标为 4.91 mg/L、氨氮指标为 0.998 mg/L、总磷指标为 0.236 mg/L。

（a）使用前效果状态

（b）使用后效果状态

图 8-13　2019 年 3 月宁波市月湖公园景区筑鸿纳米气泡曝气设备使用前后效果对比

5）外部资源

该项目凭借先进的技术和过硬的团队，已与日本筑波大学、我国哈尔滨工业大学等高校，北控水务集团有限公司、青科控股集团有限公司、宁波天河水生态科技股份有限公司等水务企业，宁波市海洋与渔业研究院、宁波市农业科学研究院等科研机构共同开展密切合作，在推动“产学研用”融合发展上发挥了重要推动作用。此外，在媒体宣传上，筑鸿纳米受到宁波电视台 1 套、宁波北仑电视台、浙江卫视、中新网、甬派 App、鄞州日报等媒体平台的专访及报道，对提升品牌影响力、宣传超微气泡技术等具有重要推动作用。

（4）综合评述

本项目作为企业创业项目，市场前景优势大、技术较为成熟。但截至 2020 年年底，我国在超微气泡技术应用方面还未建立行业标准，因此，该项技术更应该继续加大产业化试验验证，优化商业模式，着力汇聚政、校、企、研、金等多方资源，推动“超微气泡”的科研和应用成为学界共识，促进技术在医疗和大健康、农作物种植、功能饮料、污水处理、水产养殖、工业清洗等方面的实际运用和成功效果输出。

8.1.3 案例三：稀土永磁物联网节能潜水电机

“稀土永磁物联网节能潜水电机”，选自“北控水务杯”第一届中国“互联网+”生态环境创新创业大赛银奖项目。该项目是针对解决智慧水务公司采取地下水能耗大的问题所研发的产品。项目在2016年已完成工商注册登记，企业名称为“沈阳众创高科节能电机技术有限公司”（以下简称众创高科）。

（1）项目介绍

“稀土永磁物联网节能潜水电机”为众创高科自主研发项目。该公司成立于2016年，主要研发和制造下一代稀土永磁节能潜水电机，通过技术、资金及团队对传统行业进行整合，实现创新、升级，引领行业未来的目标。

公司研发的UT系列永磁同步节能潜水电机效率比传统电机提升13%以上，达到国家能效二级标准，符合国家绿色环保的可持续发展战略。相较于传统高能耗的潜水电机，UT系列电机体积和重量更小，配备温度、震动、电流值数据采集和远传功能，可以进行自动故障诊断，通过物联网等智能化管理使得产品寿命长久。

1）荣誉资质

公司已通过ISO9001、ISO14001、ISO18000三体系认证；拥有2项发明、14项实用新型专利、1项外观设计专利；公司产品已列入《战略性新兴产业目录》《重大技术装备研制目录》（2016年）；已获得科技部成果专家鉴定（鉴定结论：国内一流）；辽宁省专精特新产品，入选《辽宁省重点节能减排技术推荐目录》，2019年公司产品入选《国家工业节能技术装备推荐目录》，2020年永磁同步潜水电泵系统入选《国家工业节能技术装备推荐目录》。2020 年获得辽宁省科技进步奖，同年成为国家级绿色设计产品。公司还荣获“2017中国海智创新创业大赛”金奖、“2019年科技部创业创新大赛辽宁省赛区”第一名。公司为中国节能协会会员单位、中石油入网单位。

公司已牵头制定了国内首份稀土永磁潜水电动机标准（T/CECA-G 0027—2020），填补了国内空白。并于2020年由中国节能协会颁布实施。同时，公司作为重要的参与单位，参加了由中国市政工程中南设计研究总院有限公司牵头的《中小型泵站节能技术导则》标准编制工作，预计2021年颁布实施。

2）企业文化

企业使命：高科节能，创造美好新生活；

企业愿景：为社会提供基于电、磁技术领域的相关产品及服务，成为全球领先的节能电机领导者；

企业追求：保护环境，节能环保，为保护地球尽自己的一份力；

经营方针：创新、升级，引领行业未来；

经营理念：树立一流企业管理风范，把产品的质量和员工的品格交给世界。

（2）产品服务

公司研发的新一代永磁高效节能物联网潜水电机是应用前沿科技手段，基于有限元法，针对电机内部多物理场进行联合仿真设计，通过更加紧凑、科学的结构设计，使得电机效率获得最大限度的提升，此项技术也正在被用于开发永磁节能电动车用电机、电梯电机等。

永磁同步电机具有结构简单、体积小、效率功率因数高等优点。公司所研发出的高效节能潜水电机在保留永磁同步电机的技术优势基础上，优化了电动机的电磁性能，提高了电动机运行的稳定性，采用国内首创的磁钢内置式永磁同步潜水电机转子，使得电机运行更加稳定，同时也提高了相关材料的利用率。

目前公司产品主要包括 6 大类，分别为变频控制系统、电力矿业、节能电机及远程操控系统、生活供水、石油化工、市政工程。

1）变频控制系统

变频器控制柜（变频器电控柜、电气控制柜）可广泛应用于冶金、化工、石油、供水、矿山、建材、电机行业等泵类、风机、空气压缩机、轧钢机、注塑机、皮带运输机等各种中压电机设备。

2）电力矿业

该类别主要包括 AH 渣浆泵、JZ 型渣浆泵、SP 液下渣浆泵、ZGB 渣浆泵、凝结水泵，分别如图 8-14（a）～（e）所示。

（a）　（b）　（c）　（d）　（e）

图 8-14　电力矿业设备

3）节能电机及远程操控系统

适用领域：农田灌溉、市政工业、生活用水、矿业排水、海水提升、温泉洗浴。如图 8-15、图 8-16 所示。

图 8-15　节能潜水电机设备

图 8-16　潜水电泵远程操控系统

4）生活供水

主要包括不锈钢深井泵、管中泵、锅炉给水泵。如图 8-17 所示。

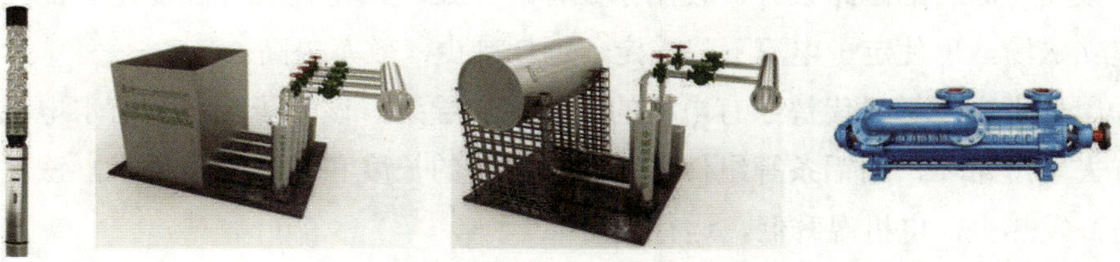

图 8-17　生活供水设备

5）石油化工

主要包括电动隔膜泵、耐腐蚀泵、屏蔽泵、气动隔膜泵、无泄漏泵，分别如图 8-18（a）～（e）所示。

（a）　（b）　（c）　（d）　（e）

图 8-18　石油化工设备

6）市政工程

主要包括卧式混流泵、立式管道泵、潜污泵、双吸泵、卧式离心泵，分别如图 8-19（a）～（e）所示。

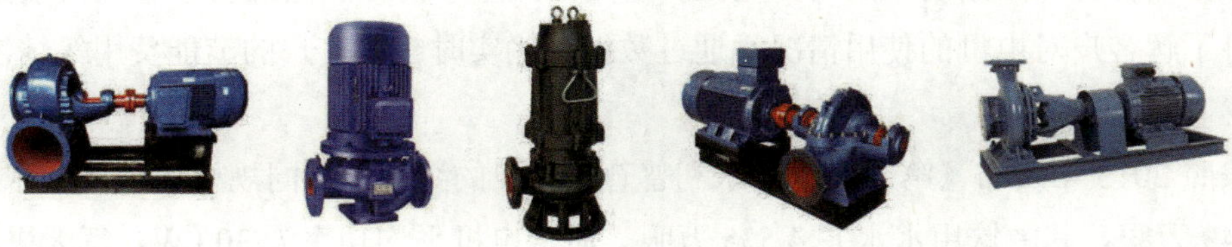

（a）　（b）　（c）　（d）　（e）

图 8-19　市政工程设备

（3）优势亮点

1）技术优势明显

稀土永磁高效节能潜水电机，其体积和重量更小，且具备温度、震动、电流值数据采集和远传功能，可以进行自动故障诊断，并通过客户使用情况进行能耗分析，为客户提供节能方案，通过物联网、大数据、云平台等智能化管理使得产品寿命长久。

①改变了原有的磁路设计。使用永磁体产生磁场，不需要外加能量就能在转子周围空间建立磁场。也使定子电流下降，定子铜耗减少，效率提高。

②用稀土永磁材料代替原有电机的铜（铝）导条。该转子与现有潜水电机的转子相比，省去了短路环、铜铝条等组件，减少了铁芯的长度和体积，磁密小，铁耗小，功率密度高，发热少，电机温升低，运行更可靠。

③稀土材料在使用环境的防腐功效。在永磁体片表面设置镀镍层，镀镍层外再涂刷环氧涂层，可有效减缓永磁体片的氧化过程，提高永磁体片在水中的使用寿命，同时外表面的电泳涂层作为又一道屏障，使用寿命可达 30 年。

④电机部件与常规潜水电机实现完全通用，减少浪费。永磁同步电动机由于转子上磁块的磁性对定子的作用力，使定转子组装、拆装都具备很高的工艺难度，本公司发明了一批永磁同步潜水电机半自动化装配设备，大大提升了永磁同步潜水电机的生产效率，目前已投入使用。

⑤对定、转子矽钢片开槽重新设计，提高了磁通及槽满率。

⑥提高了矽钢片的牌号，降低铁损。矽钢片的好坏取决于矽钢片的材质，提高矽钢片牌号后，定转子性能相当提升 7%～10%。

⑦工作频率设置为 100 Hz，使用变频驱动，变频器采用先进的富士变频，利用变频的软启动，使启动电流从 0 开始，最大值也不会超过额定电流，延长了设备的使用寿命，节省了设备的维修费用。

2）物联网节能技术

物联网功能可实现远程监控以及数据传输。本公司采用物联网技术，依附云平台实现了客户端各种大数据的采集（如电流、电压、流量、扬程、电机功率等相关数据），可以实时了解客户对电机的使用情况，通过数据传输实时掌握客户的节能费用等情况。

3）市场前景广阔

按照 2013 年发布《第一次全国水利普查公报》的数据，不同规模地下水取水井数量为 9 749 万眼，其中饮用水水井 4 535 万眼。假定电机平均功率为 30 kW，每天平均工作 10 h（多数供水企业 24 h 供水运行），如果全部替换为节能潜水电机，每年将为国家节省 1 000 亿 kW·h 电，节约电费约合 800 亿元/年，对节能电机有直接需求的市场规模约为 9.7 万亿元，带动相关配套产业规模可达数十万亿元。

潜水电机是电机行业的细分市场，截至 2018 年，全国范围尚无专门的潜水电机制造公司，均为潜水泵行业承担电机制造工作。该项目所开发的节能潜水电机，比目前的常规电机节能 13%以上，以 30 kW 电机为例，24 h 运行，每年节省电费 3 万元，这对自来水水厂、电厂、节水灌溉、水源热泵领域来说无疑是重大利好。

另外，项目所使用的稀土永磁材料是机械电子工业的重要基础功能材料，是现代社会和工业发展的重要组成部分。在所有的磁性材料中，稀土永磁是目前已知的综合性能最高的一种永磁材料，也是稀土资源最重要的应用领域之一。从行业角度看，稀土永磁材料行业具有需求端政策利好，市场份额逐渐扩容，供给格局相对稳定，稀土价格温和走高，高端产能利润稳定等发展趋势。因此，在保证稀土资源良好开采的前提下，稀土永磁行业产业链能够保持健康可持续发展。

4）商业模式创新

该项目在经营中，通过直接销售、租赁或者“免费”使用的方式将产品“送给”客户，并依赖物联网、云平台、大数据等手段，实现与用户、产业链关键点的无缝连接，既避免了与客户间的付款纠纷，又可以为客户提供在线节能服务保障，解决了设备的节电分享付款问题。

5）项目成果显化

该项目已在国内多家自来水公司安装使用，实际使用节能效果显著。目前，公司依托核心技术，已形成了设计—生产—质检流程，永磁同步潜水电机也逐步实现了批量化、标准化生产。随着产量的进一步提高，市场占有率会有更大的提升空间，可实现的节能效果以及产品效益也会有进一步的提升。

以山西省某供排水集团有限公司五水厂 15#井为例，公司根据客户的以往数据，设计改造技术方案，并免费提供稀土永磁物联网深井泵 N 台套（含常规深井泵泵头+永磁潜水电动机+远程物联网变频驱动控制系统）。如图 8-20 所示，与 2019 年 2 月的数据进行对比，改造后千吨水耗电量下降了 22.03%，和 2019 年年均千吨水耗电量比，能耗下降了 23.9%。

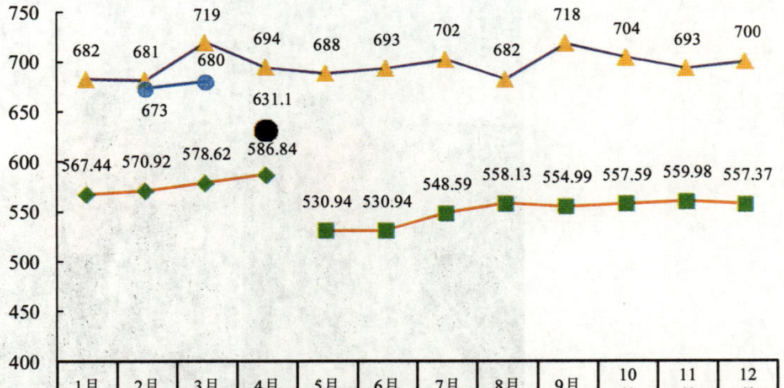

	1月	2月	3月	4月	5月	6月	7月	8月	9月	10月	11月	12月
2019年异步电机	682	681	719	694	688	693	702	682	718	704	693	700
2020年异步电机		673	680									
2020年异步电机计量单耗				631.1								
2020年永磁电机					530.94	530.94	548.59	558.13	554.99	557.59	559.98	557.37
2021年永磁电机	567.44	570.92	578.62	586.84								

图 8-20　某供排水集团五水厂 15#井节能改造前后的吨水耗电量情况

其他使用永磁同步潜水电机企业如图 8-21～图 8-23 所示。

图 8-21　北控水务南阳水务集团安装现场

图 8-22　邹城自来水节能改造项目

图 8-23　苏尼特左旗给排水有限公司潜水电机节能改造项目

（4）综合评述

该项目从孕育开始，便一直致力于在“政产学研”合作中努力探索，通过与沈阳工业大学联合设计开发新一代永磁高效物联网电机，为我国在该领域的空白找到了标准。

通过与中国勘察设计院协会、中国市政工程中南设计研究总院等行业领袖开展标准化合作，在中小型泵站节能市场开拓领域又有了新的突破。项目通过不断的技术研发、迭代改进、真实验证，已获得工业和信息化部的“国家级”背书，在山西、山东、河北、内蒙古、河南、辽宁等多个地区也得到充分、有效验证。此外，项目团队创始人大多来自 IC 制造及 IC 装备制造领域，具有很高的行业高度和丰富的管理和市场经验，同时又在潜水泵行业从业多年，对项目的良好发展起到了至关重要的作用，通过与政府互动，得到了地方乃至国家的认可和支持，使公司发展迅速占领行业的制高点，引领行业逐步转型升级驶入蓝海。综合来看，该项目作为战略新兴产业，在市场前景、发展规划、社会贡献等方面都有较大的优势。

8.2　生态环境创新创业实战训练

8.2.1　确定创新项目选题

“项目选题”是参与创新创业的第一步。在结合兴趣、知识等内在逻辑下，基于创新性、合规性、可行性、经济性、差异性的选题原则，通过提出问题、聚焦选题、科技查新、开题报告的选题方法，以及生态环境产业发展趋势和需求来确定创新创业方向，再根据项目评价理论、方法，分析项目的可行性及相关指标，力求做到理论与实践相结合，充分发挥出团队成员的主观能动性。

当项目选题确定之后，还要根据选题进行调研，可结合定量研究（调查法、相关法和实验法等）和定性研究（访谈等）的方法，在设计思维的理论基础上，充分发挥二者的长处和优势，深度挖掘客户信息，详细描述用户画像，形成初步的解决方案。

8.2.2　组建创新创业团队

（1）创新创业团队的构成要素

1）团队目标

创新创业团队应具有共同的目标，这是提升团队凝聚力，保证团队持续发展的前提条件。团队目标的制定需着眼于企业价值创造，要具有衡量性、可接受性、实际性和时限性，只有在保证目标清晰、明确的情况下，目标才能指导团队成员的努力方向。当团队目标被明确确立后，团队成员会把个人目标升华到团队目标之中。为了目标的实现，成员间会相互协作，提高彼此间的认同感，使得团队在发生威胁性的冲突时能够顺利转变形势，团结一致向前。

2）团队定位

创新创业团队定位基本包括两层含义：一是团队本身的定位，需要明确核心创业者是谁，核心创业者的认知和创新创业技能决定了其是否要组建团队，同时还需要明确团队在企业中处于什么样的位置、团队对谁负责、成员由谁选择；二是团队成员的定位，需要明确团队成员的各自角色，成员的职务、责任、权限越明确，角色间的冲突就越小，定位不清往往会产生不确定的潜在风险，导致工作受阻，企业发展受损。

3）团队职权

创新创业团队职权是指团队担负的职责和享有的权限。因此，确定团队职权还需要明确团队工作的范围、团队对企业事务的影响程度、团队的自主决策范围等。职权的确定会在团队规模、结构和类型下，因目标和定位的不同而产生变化。一般认为，解决团队职权问题，会采用“轻重缓急”原则，以在复杂多变的环境下，保证问题的有效解决。

4）团队计划

创新创业团队计划是指成员应该做和如何做哪些工作，是为实现目标的达成而作出的具体工作程序和安排。可行的计划能够使得目标有效实现，以及实施过程的控制和调整。

5）团队人员

目标是通过人员具体实现的，所以人员的选择是创业团队中非常重要的一个部分，在一个团队中可能需要有人出主意、有人定计划、有人实施、有人组织协调，还要有人监督团队工作的进展、评价团队最终的贡献，不同的人通过分工来共同完成团队的目标。因此，在人员选择方面要考虑到人员的知识、能力和经验，技能是否互补。

（2）创新创业团队组建原则及程序

1）创新创业团队组建原则

①目标明确合理原则。目标必须明确，这样才能使团队成员清楚地认识到共同的奋斗方向。与此同时，目标也必须是合理的、切实可行的，这样才能真正起到激励的作用。

②互补原则。创业者之所以寻求团队合作，其目的就在于弥补创业目标与自身能力间的差距。只有当团队成员相互间在知识、技能、经验等方面实现互补时，才有可能通过相互协作发挥出“1+1＞2”的协同效应。

③精简高效原则。为了减少创业期的运作成本、最大比例地分享成果，创业团队人员构成应在保证企业高效运作的前提下尽量精简。

④动态开放原则。在组建创业团队时，应注意保持团队的动态性和开放性，使真正完美匹配的人员能被吸纳到创业团队中。

2）创新创业团队组建程序

①明确创业目标。创业团队的总目标就是通过完成创业阶段的技术、市场、规划、组织、管理等各项工作，实现企业从无到有、从起步到成熟。总目标确定之后，为了推动团队最终实现创业目标，再将总目标加以分解，设定若干可行的、阶段性的子目标。

②制订创业计划。确定了阶段性目标以及总目标之后，紧接着就要研究如何实现这些目标，这就需要制订周密的创业计划。创业计划是在对创业目标进行具体分解的基础上，以团队为整体来考虑的计划，创业计划确定了在不同的创业阶段需要完成的阶段性任务，通过逐步实现这些阶段性目标最终实现创业目标。

③招募合适的人员。主要考虑两个方面：一是考虑互补性，即考虑其能否与其他成员在能力或技术上形成互补。一般而言，创业团队至少需要管理、技术和营销 3 个方面的人才。二是考虑适度规模，适度的团队规模是保证团队高效运转的重要条件。团队成员太少无法实现团队的功能和优势，而过多又可能会产生交流的障碍，团队很可能会因此分裂成许多较小的团体，进而大大削弱团队的凝聚力。

④职权划分。创业团队的职权划分就是根据执行创业计划的需要，具体确定每个团队成员所要担负的职责以及相应所享有的权限。团队成员间职权的划分必须明确，既要避免职权的重叠和交叉，也要避免无人承担造成工作上的疏漏。

⑤构建创业团队制度体系。创业团队制度体系体现了创业团队对成员的控制和激励能力，主要包括团队的各种约束制度和各种激励制度。需要注意的是，创业团队的制度体系应以规范化的书面形式确定下来，以免带来不必要的混乱。

⑥团队的调整融合。完美组合的创业团队并非创业一开始就能建立起来，很多时候是在企业创立一定时间以后，随着企业的发展逐步形成的。随着团队的运作，团队组建时在人员匹配、制度设计、职权划分等方面的不合理之处会逐渐暴露出来，这时就需要对团队进行调整融合。

【实践练习 8-1】 组建团队，设计团队文化

目的：

（1）能够组建合适的创新创业团队，培养合作能力；

（2）提高团队成员的凝聚力。

内容：

（1）给你的项目团队起个名字，并设计 Logo、愿景等；

（2）进行团队的岗位设置、人员分工；

（3）设计并撰写项目公约；

（4）团队股权设计；

（5）分析下面案例，并回答问题。

1）汤臣龙和张一腾组合成为创业团队的原因是什么？带给你什么启发？

2）你认为组建“牢不可破”的创业团队最终需要的是什么？

创业梦想照进现实——汤臣龙和张一腾的创业故事

汤臣龙和张一腾是同寝室的室友，平日里一起上课、一起下课，几乎形影不离，情同手足。

提起学校五食堂旁的“水晶锅贴”，同学们一定不会陌生。这家以风味独特、价格合理而著称的小吃店，在校园内拥有大批固定客源。可你不会料到，这家“其貌不扬”的小店铺在不到2年的时间里就发展成了拥有数家连锁店的“好味餐饮有限公司”；更令人吃惊的是，公司的“掌门人”竟是在校大学生，他们就是汤臣龙和张一腾。

不打不相识

缘分往往很奇妙，汤臣龙与张一腾的相识充满了戏剧性。

两人的缘分始于南汇的篮球场上。作为各自专业的主力，汤臣龙与张一腾在大一的一场学院内部对抗赛上初次相遇。由于位置相同，两人在比赛中常常针锋相对，发生了不少摩擦，彼此都没有给对方留下好的印象。比赛后，汤臣龙与张一腾较上了劲，之后每次碰面，双方总是口角不断、互不相让。然而，这对矛盾不断的“死敌”间的关系却因为一个偶然的安排发生了转机。从南汇回到总校区，学院需要成立篮球队，球技出众的汤臣龙与张一腾双双入选，两人从对手变成了队友。在互相磨合的过程中，矛盾渐渐变成了动力。虽然来自不同的地域，性格也大相径庭，但随着相知渐深，汤臣龙与张一腾之间也越来越投机，两人都从对方身上发现了不少优点，一种“惺惺相惜”之感油然而生。经过协商调配，原本“相隔千里”的汤、张二人搬进了一间寝室，从此“化敌为友”。

创业之路

与很多人找不到工作才选择创业不同，汤臣龙与张一腾从很早就坚定了自己的创业计划。经过一番详细的调查，两人一致认为，依托背后稳定的大学生消费市场，发展迎合大学生需要的业务是他们创业的根本。2006年年底，汤臣龙和张一腾与几个同学一起，在学校里租了个小摊位，加盟了“茶风暴”，开始了第一次创业之旅。依靠“茶风暴”成熟的体系和运作模式，再加上有力的宣传和监管，小店的生意十分火爆。“初战告捷”给了汤臣龙和张一腾极大的自信，在充分锻炼了经营头脑的同时，两人也摸索出一套完整的经营模式和操作流程，一个大胆的想法也随之浮现在两人的脑海中——打造属于自己的品牌。于是，在两人大三的时候，他们盘下了学校附近的一个店铺，做起了上海的传统小吃——锅贴。由于准备充分、价格公道，锅贴店很快获得了同学们的青睐，成功的喜悦涌动在二人心中。

成功贵在坚持

正当汤臣龙与张一腾的事业步入正轨的时候，命运却和他们开了个玩笑。2007 年年底，好不容易经营成功的锅贴店被一场大火烧毁。这场大火所造成的损失不仅在经济上，更对两人心理产生了巨大打击。在残酷的现实面前，当初一起入股创业的几个同学纷纷离去，只剩下了汤臣龙和张一腾。"谁说我们就这样结束了，锅贴店一定要再开起来"。正是抱着这种信念，两人在最困难的时候咬牙坚持了下来。通过诚恳的沟通和交流，他们硬是从五食堂旁"说"来了一间店铺，一家崭新的锅贴店又重新开张了。历经磨难的汤臣龙与张一腾倍加珍惜这次来之不易的机会，一次机缘巧合之下，两人结识了一位富有多年锅贴经营经历的技师，在他的帮助下，锅贴店开发出了新的品种，改良了原本的运作手段，生意也越来越红火。后来，汤、张二人的锅贴店又走进了复旦大学、同济大学等其他兄弟院校，"水晶锅贴"终于在上海高校界打响了自己的品牌。"现在回想当初，那个时候能够撑下来真的很不容易。许多与我们一样怀揣梦想创业的大学生在能力上其实并不比我们差，但他们在遇到困难的时候选择了放弃，而我们却坚持了下来，这大概就是我们取得成功的原因吧"。

共同的梦想铸就"黄金搭档"

在汤臣龙与张一腾的"微型小吃王国"中，前者负责日常事务的执行和财务整理，后者负责宣传和策划，内外结合，配合默契。两人能够形成这种良好的互补，建立起牢不可破的合作关系，秘诀在哪里？汤臣龙给出了他的答案——共同的梦想。"我们都有一个共同的梦想，利用我们自己的经营方式和理念，把小吃店做大、做强，有朝一日能够冲出校园，走向社会。"基于这个共同的梦想，两人有了彼此之间的信任，即使在对某一问题有不同看法的时候，两人也能坐下来一起讨论，共同解决问题。而一旦决定了一件事，两人就会坚定不移地朝着一个方向迈进，绝不回头。

8.2.3 开展创新项目实践

（1）学习创新创业在线课程

通过"投智圈"App 学习创新创业在线课程，包括备赛专栏、行业创新专栏、市场营销专栏、知识产权专栏等内容。项目团队在课程学习的过程中，赋能"双创"知识，全面提升"双创"基础能力。

（2）创建项目云孵化工作室

基于"投智圈"App 创建项目工作室，如图 8-24 所示。团队成员在工作室中完成项目关键文档存储、项目资料学习、项目系统自测、项目团队研讨、项目管理设置等项目管理与运维，支持项目创新成长。

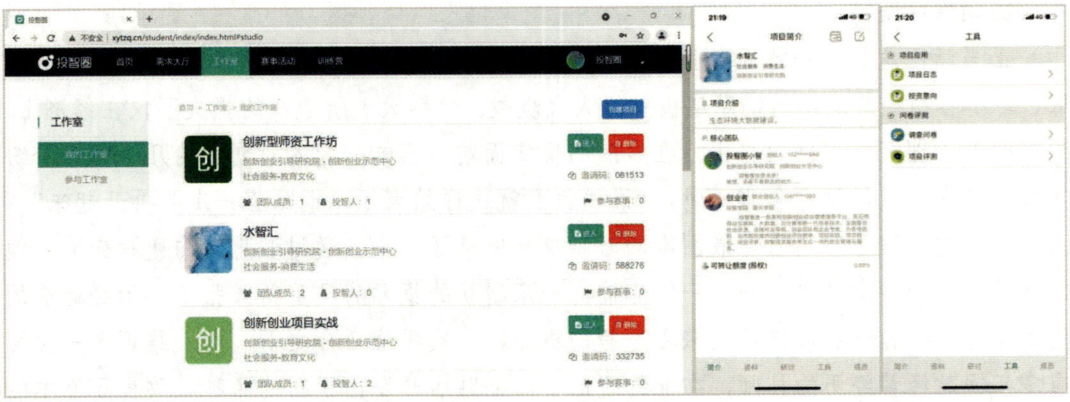

图 8-24 “投智圈”项目云孵化工作室

（3）产品/服务原型制作与测试迭代

首先，根据本书第 4 章和第 5 章的学习，对生态环境工艺、技术、产品和服务创新有了充分的认知和学习，基于此，进行原型制作。常见的原型制作类型有模型、故事板、角色扮演和制作视频。模型一般会就地取材，使用铅笔、纸、剪刀、乐高等常见的工具进行模型的制作，对于互联网性质的产品可借助 Axure RP、InVision 等专业工具进行制作。故事板是通过一系列连起来的插画还原一个故事，来展示各个相关人物的角色、事件和场景是如何连接起来的，能够带给用户比较完整的体验。角色扮演是真实模拟产品/服务的使用场景和流程，充分表达其实用性。视频重要的是内容本身，侧重于传播。

其次，进行测试、迭代。与目标客户进行原型测试，站在用户角度进行系列的体验。包括小范围测试和真实场景测试。小范围测试一般重在功能、交互等基础性测试；真实场景测试一般范围较大，通常称为“用户内测”。测试时要进行记录，测试后要总结评估反馈的信息，进行迭代优化。

（4）完善创业核心内容

通过对第 6 章“生态环境创业企业商业模式选择”的学习，可以清晰地设计自己项目的商业模式。但同时，商业模式会根据初创企业的发展阶段和市场情况而动态调整，因此在完善商业模式时，还要考虑保持项目持续发展的要素有哪些，并进行评估。评估指标可从“独特价值、不可复制、可操作性、持续稳定、扩展延伸、整体协调、营利性、创新性”等方面考虑。

8.2.4 撰写商业计划书

在参加创新创业大赛时，商业计划书 PPT 版和 Word 版等资料是必不可少的。

PPT 版商业计划书是让投资者、评委了解商业计划最为有效、直观的材料，因此制作一份结构清晰、逻辑清楚、层次分明的 PPT 至关重要。它要通过数据、图表以及简短精准的总结性文字充分展示项目的价值、亮点、资质、技术壁垒、战略格局等，切忌内容空泛、造假。同时要给 PPT 即项目起个好名字，让人眼前一亮、记忆深刻。

Word 版商业计划书相比于 PPT 版，其内容要更为翔实，但篇幅长度要适宜。文字撰写要有明确的针对性，语言需言简意赅。财务分析部分不要出现知识性错误，要与现代财务系统保持一致。对组织良好的结构和管理人员要突出阐明，对未来的利润和风险要有可信的控制措施。

除此之外，视频等多媒体资料也是展现项目的重要工具，能够让评委或投资人更为直观地了解项目的情况。视频的节奏要清晰、内容要聚焦、结构要合理，整个画面要有故事、有情怀，并配以简单、应景的音乐和语音，以更吸引观者。（详见 7.3.3 节）

8.2.5　参与创新路演对接

路演（roadshow）最初是国际上广泛采用的证券发行推广方式，指证券发行商发行证券前针对机构投资者的推介活动，是在投融资双方充分交流的条件下促进股票成功发行的重要推介、宣传手段。当前，路演一词也被广泛用在创业企业进行融资和推介自己项目时的一种展示自我、获得关注的手段，同时也是创业者自我锻炼、提高创新创业能力的一种成长方式。

（1）大学生常见的路演模式

项目路演的核心环节是展示和答辩。根据活动性质，一般有“5+3”（5 min 展示、3 min 答辩）、“10+3”（10 min 展示、3 min 答辩）等多种时间安排。创业者需要在特定的时间和要求内，清晰地阐述自己的项目，并回答评委或投资人的问题。

1）比赛路演

比赛路演指大学生或创业者在参加“互联网+”大学生创新创业大赛、“挑战杯”、“创青春”等赛事中进行的路演活动。这类路演以创新创业教育为核心，旨在通过比赛的形式提高参赛者尤其是学生参赛者的创新创业意识和能力，以营造良好的“大众创业、万众创新”的文化氛围，鼓励更多青年敢创新、会创新，拥有创业的自信心和能力。

同时，比赛路演对参赛者的资料准备，如商业计划书、路演 PPT、视频等资料及其格式内容都有较为严格的要求，其指导性和学习性更强。为了提高大赛的教育意义，通常会组织有关媒体进行宣传示范，因此对参赛者的表现、赛事流程等方面会有更多的设计。

2）商业路演

商业路演指的是用于商业行为的路演，相比于比赛路演，它更侧重于项目的落地转化，旨在促成投资者与创业者之间的对接。

目前，商业路演主要有开放式和封闭式两种形式。开放式路演对参与者的门槛较低，面对的观众人群较为复杂；封闭式路演往往定向式邀请观众，并按照既定的规则有序地进行路演展示、交流、对接，投融资的目的性更强。

（2）路演准备

1）报名参赛

大学生主要以大赛的形式参与路演活动，因此，要充分了解各类创新创业大赛的参赛资格、参赛要求、参赛形式等，保证报对赛事、选对赛道。

中国国际"互联网+"大学生创新创业大赛报名及相关信息网站：https://cy.ncss.cn；

全国大学生节能减排社会实践与科技竞赛官方网站：http://www.jienengjianpai.org；

"挑战杯"全国大学生课外学术科技作品竞赛官方网站：http://www.tiaozhanbei.net；

"挑战杯"中国大学生创业计划竞赛官方网站：http://www.tiaozhanbei.net；

"北控水务杯"中国"互联网+"生态环境创新创业大赛报名网站：http://www.xytzq.cn。

2）路演资料准备

①路演 PPT、商业计划书和视频（详见 7.3.3 节）。

②路演演讲稿。路演讲稿一般包括开场白、正文和结尾三部分。开场白可以通过打动人心的故事切入，引起共鸣；正文部分要用细节、数据和实例说话，包括客户痛点、产品服务、市场分析、发展前景等方面；结尾部分要展示项目的初衷和愿景，用极具感染力的语言作为结束语。同时演讲稿要反复地演练，直到演讲人将其熟记于心，可以脱口而出。

3）路演注意事项

①明确路演听众。路演要明确评委或投资人所关注的内容，针对性地进行阐述和说明。一般来讲，包括项目的可行性及壁垒、项目创始人对项目的掌控力、商业模式的清晰度、项目的落地情况、项目的潜在风险、项目的市场前景和空间等。

②确定路演演讲者。路演演讲者需要具有很好的表达能力、逻辑思维能力、应变能力，特别是要对项目的情况非常熟悉。一般来讲，项目创始人是演讲的第一人选，如果创始人演讲能力欠佳，应该按照对项目的重要性和责任的排序，选择熟悉项目情况的人担任。

③路演问答要清晰简洁。路演时要注意服装、表情、眼神、手势、站姿以及路演节奏的大方和自信，要实事求是，亮点突出，一招制胜，把控全场，要用翔实的数据、具体的案例和故事进行清晰的讲述。

路演提问一般有以下几个方面：

公司运营：公司的愿景是什么，公司名字的由来，公司的管理架构和团队分工如何，作为大学生如何确保能兼顾学业和公司经营，目前发展受到最大的制约，做大企业的优势，未来 3～5 年的规划；

产品或服务：产品的独特优势，技术是否已经商用化，产品成本如何控制，产品的最大卖点，主要竞争对手；

市场推广：进入的市场规模是怎么得来的，获客的手段，运营方式，转化率如何，对市场未来乐观预期的依据，渠道方和你们合作的理由，对销售渠道是否有拓展规划；

财务情况：运营成本如何，何时开始有收入，何时实现收支平衡，如何让投资退出，是否需要融资，融资将如何使用，准备进行何种类别的融资（股权、债权、天使、风险投资公司、战略投资者），是否做好引进投资的准备（发展阶段、技术、业务、管理、人才、心理……），股权架构如何；

风险评估：公司发展面临最大的风险，是否在风险防范上有措施，如何规避核心人才流失，如何确保创业团队稳定，如何应对其他公司的模仿，公司的壁垒是什么。

（3）项目对接

项目对接是指通过会议洽谈，进行资源的选择、汲取与配置，并创造出新的资源的动态过程，其内容一般是项目介绍、投资洽谈、签订投资意向等。以“北控水务杯”中国“互联网+”生态环境创新创业大赛为例，在大赛决赛之后，组委会会组织举办“创新创业项目对接会”，旨在为项目团队提供专项科研资金、开放式科研与孵化平台、市场化平台等资源，携手促进项目成果转化。如图 8-25 所示。

一般来讲，参与项目对接会要注意资料的准备和洽谈沟通技巧，要在有限的时间内，充分展示自己对行业的理解、需求的认知，要阐述清楚你用什么产品/服务来解决痛点以及项目的壁垒和优势，同时要学会做一个倾听者，能够控制气氛、推动沟通。

图 8-25　“北控水务杯”第三届中国“互联网+”生态环境创新创业大赛项目对接会现场

【实践练习 8-2】 项目路演展示

目的：

（1）检验创新创业学习成果；

（2）培养学生应变、总结等实战能力。

内容：

（1）各小组结合商业计划书和路演 PPT，撰写路演稿；

（2）各组推选 1 名成员上台进行 5 min 路演；

（3）班级同学与任课教师组成评委组，针对路演项目提问、评分；

（4）各小组完善路演 PPT。

主要要求如下：

（1）路演 PPT 应包括：项目定位、需求痛点、解决方案、竞争优势、成功案例、团队构成、财务融资、发展规划等；内容要价值亮点突出、市场明确、数据翔实。

（2）路演答辩应注意：路演内容准备要翔实、充分，现场路演答辩要与团队成员相互配合、时间适宜、表达自然，要充分打动听众，获得评委认可。

【练习题】

1. 谈谈在生活中，你认为可以创新或创业的项目及思路。

分析思路：可从兴趣、朝阳产业、风险等方面思考。

2. 你认为创新创业项目能够成功实施的关键要点有哪些？

分析思路：项目拥有充足的市场需求和空间、拥有核心技术与能力、拥有灵魂人物、拥有可靠的外部资源、拥有应用场景和可以打磨的商业模式、拥有可落地的实效性和真实的业务数据。

3. 如果你是一名创业者，你将如何选择合作伙伴？如何建立团队的管理制度？

分析思路：伙伴间具有相同的价值观、能力和专业互补、性格匹配、敢于试错的精神等方面；团队管理制度可从团队管理者、团队精神、工作氛围、规范秩序、有效沟通、激励机制等方面考虑。

4. 通过对市场调研以及商业模式的学习，你认为项目的市场策略该如何制定？

分析思路：首先，做好充分的调研，进行项目市场的系统性思考，做到“知己知彼”。其次，基于市场环境，了解目标市场、用户习惯、用户痛点，做好营销规划。再次，找到项目的“种子用户”，并依托“种子用户”进行产品的测试与迭代。最后，通过竞争不断打磨商业模式，促进产品市场推广。

5. 结合本书内容，请总结大学生创业的核心内容及关键步骤。

分析思路：合理即可。

6. 观看“双创”大赛路演视频，请总结参赛项目的优、劣势。

分析思路：合理即可。

【实践作业】

1. 生态环境专业实践。

根据第 7 章所完成的商业计划书，报名参加“北控水务杯”中国“互联网+”生态环境创新创业大赛，并参加项目路演（线上或线下）。

2. 通用专业实践。

围绕第 7 章所完成的商业计划书，报名参加中国国际“互联网+”大学生创新创业大赛，并参加项目路演（线上或线下）。

参考文献

[1] 叶明全，陈付龙．“互联网+”大学生创新创业基础与实践[M]．北京：科学出版社，2017.

[2] 许丹宇，段晓雨．2020 年水污染治理行业发展评述及展望[J]．中国环保产业，2021（2）：23-25.

[3] 何伟华，刘佳，王海曼，等．微生物电化学污水处理技术的优势与挑战[J]．电化学，2017，23（3）：283-296.

[4] 张维蓉，张梦然．当前我国水污染现状、原因及应对措施研究[J]．水利技术监督，2020（6）：93-98.

[5] 王扬才，刘又毓，孙元，等．超微气泡技术在对虾室内养殖中的初步应用[J]．渔业现代化，2020，45（2）：21-28.

[6] 申璐．稀土永磁材料行业发展现状及建议[J]．经济研究导刊，2019（24）：35-36.

[7] 赵贵钟，张婷婷，郭得胜，等．永磁同步潜水电机技术与应用[J]．中国科技成果，2019，20（8）：62-63.

[8] 郑懿，熊晓曦．大学生创新创业基础：微课版[M]．北京：人民邮电出版社，2020.

（扫码获取本章课件）